雷电防护系列教材
南京信息工程大学
防雷工程技术中心组编

防雷装置检测审核与验收
（修订版）

杨仲江　编著

气象出版社
China Meteorological Press

内容简介

　　本书介绍了防雷产品质量检验机构(实验室)从事防雷装置检测与验收、防雷工程设计方案审核等工作所需的理论、技术和方法。内容包括计量基础知识、质量检验机构质量管理体系、建筑物防雷装置检测技术规范及理解要点、电气装置测试理论与测试设备(包括各种防雷装置)、包括电气识图知识在内的防雷工程设计方案图纸审核、防雷工程验收以及与防雷装置安全检测与验收相关的法律法规等。

　　本书可作为高等院校安全工程、雷电科学与技术以及相关专业的教材,也可作为专业的防雷产品质量检验机构业务培训教材或从事雷电防护工作技术人员的参考用书。

图书在版编目(CIP)数据

　　防雷装置检测审核与验收/杨仲江编著. —修订本. —北京:气象出版社,2014.2(2016.8 重印)
　　ISBN 978-7-5029-5885-5

　　Ⅰ.①防⋯　Ⅱ.①杨⋯　Ⅲ.①防雷设施-检测-高等学校-教材　Ⅳ.①TM862

　　中国版本图书馆 CIP 数据核字(2014)第 028795 号

出版发行:气象出版社

地　　址:北京市海淀区中关村南大街 46 号		邮政编码:100081	
总 编 室:010-68407112		发 行 部:010-68409198	
网　　址:http://www.qxcbs.com		**E-mail**:qxcbs@cma.gov.cn	
责任编辑:张锐锐　李太宇		终　　审:周诗健	
封面设计:博雅思企划		责任技编:吴庭芳	
印　　刷:三河市百盛印装有限公司			
开　　本:720 mm×960 mm　1/16		印　　张:23.5	
字　　数:600 千字			
版　　次:2014 年 2 月第 1 版		印　　次:2016 年 8 月第 2 次印刷	
定　　价:68.00 元			

修订说明

  防雷装置检测、审核与验收是防雷减灾工作中最重要也是最基础的的任务之一。随着我国现代化事业的快速发展,对防雷减灾工作的要求也越来越高。作为高等院校安全工程、雷电科学与技术以及相关专业的教材,以及作为防雷产品质量检验机构业务培训教材,由气象出版社出版的《防雷工程检测审核与验收》得到了大家认可。

  2010 年,国家发布实施了《建筑物防雷设计规范》GB50057—2010,新版规范许多内容发生了变化。因此,防雷装置检测、审核与验收工作的有关内容、标准与要求也必须随之改变。为适应中华人民共和国国家标准《建筑物防雷设计规范》GB50057—2010 并修改《建筑物防雷装置检测技术规范》(GB/T 21431—2008)中的相关内容使后者符合前者的要求,同时为贯彻实施《实验室资质认定评审准则》,适应防雷事业的快速发展,应有关部门的要求,本版《防雷装置检测审核与验收》主要修订了相关内容。另外,根据近年来防雷检测技术的发展,适当增加或修改了一些内容使之符合现代防雷技术发展的潮流。新版《防雷装置检测审核与验收》还增加了一些习题供防雷技术人员或学生学习。

  近年来,我国防雷技术标准或规范逐步与国际标准、规范接轨。各地防雷机构的管理水平和技术水平不断提高。为了保证与新开工建设项目相关的防雷工程质量,同时确保在用的各种防雷装置的有效性,要求从事防雷工程检测、审核与验收的防雷产品质量检验机构必须以最新的国家、行业和 IEC 防雷标准、规范为基础,按照国际上通行的对实验室质量管理体系的建立与运行的要求,从组织、人员、测试方法、测试设备、记录、报告证书等多方面提高水平,拓展防雷工程检测相关业务范围,提高科技含量,为社会提供防雷工程质量检验的具有真实性、科学性、公正性、权威性数据,确保防雷工程的有效性,排除雷击事故隐患,最大限度地减轻雷击对人类社会造成的危害。

  各类防雷装置的设计安装与低压供配电线路及设备,特别是低压控制、保护设备联系最为紧密,密不可分。包括 SPD 的安装位置、能量配合、绝缘配合等问题在检测中都要考虑到,这些在用的低压控制、保护设备的有效性包括电源质量也必须得到检验。这就要求防雷工程质量检测技术人员必须掌握更多的电气装置及其测试理论和测试方法。

目前,我国防雷建设工程已经逐步纳入法制化管理的轨导。各级气象主管机构依据《中华人民共和国气象法》(1999年10月31日主席令第23号)、《防雷减灾管理办法》(2005年中国气象局第8号令)、《防雷工程专业资质管理办法》(2005年中国气象局第10号令)、《防雷装置设计审核和竣工验收规定》(2005年中国气象局第11号令)以及地方各级法律法规加强了防雷管理和指导工作。同时,许多地方还将防雷安全工作作为安全生产的基本任务来管理。

各级防雷产品质量检验机构出具的数据若具备了真实性、科学性、公正性,就可以提供对各种雷电事故性质进行判定的依据。此外,国家已明确了气象主管机构对防雷工程进行方案(包括图纸)审核、跟踪检测、竣工验收等。这就要求防雷审核技术人员掌握相关建筑识图尤其是电气识图知识。防雷技术不断发展,要求防雷产品检验方法、检验手段和检验装备不断更新,也要求有更多高素质的防雷技术人员为之不断研究、探索。为此,国家非常重视防雷技术包括防雷检测技术人才的培养。2005年,教育部批准南京信息工程大学申报的"雷电防护科学与技术专业",专业代码081007S,学制4年,学位授予门类为工学。2007年,教育部又批准南京信息工程大学设置雷电科学与技术专业硕士点和博士点,这必将极大地促进我国雷电科学与技术教育事业的发展。2013年,中国教育部重新修订学科及专业目录,将雷电科学与技术纳入到一级学科安全工程中。我国的安全工程学科又出现了一个特色鲜明的雷电安全工程专业。

本书是作者在10届雷电科学与技术本科专业和多届成人教育的教学基础上,结合多年从事防雷装置检测、审核与验收工作和科研积累的经验,对《防雷工程检测、审核与验收》教材进一步修改、补充而成。

限于作者的能力和水平,本书难免出现错误、疏漏和不当之处,敬请读者批评指正。

本书的编写得到了中国气象局、中国气象学会、南京菲尼克斯电气有限公司以及南京信息工程大学各级领导的关心和支持,在此一并表示感谢!

作者

2014年1月

目　录

绪　　论

一、防雷装置检测、审核与验收课程的作用与任务

防雷装置检测、审核与验收是安全工程包括雷电科学与技术专业最重要的专业课程之一。随着我国现代化事业的快速发展,社会对防雷减灾工作的要求越来越高。国家也越来越重视防雷工作。因而,我国的防雷事业持续快速发展。目前,我国各级部门不断推出防雷新标准或技术规范。这些新发布的防雷标准、技术规范等逐步与国际标准、规范接轨,无论从指导思想还是技术措施和技术要求都在不断更新、提高。这就要求从事防雷装置检测、审核与验收的防雷产品质量检验机构必须以最新的国家、行业和 IEC 防雷标准、规范为基础,按照国际上通行的对实验室质量管理体系的建立与运行的要求,从组织、人员、测试方法、测试设备、记录、报告证书等多方面提高水平,拓展防雷工程检测相关业务范围,提高科技含量,为社会提供防雷工程质量检验的具有真实性、科学性、公正性、权威性数据,确保防雷工程的有效性,排除雷击事故隐患,最大限度地减轻雷击对人类社会造成的危害。

对安全工程以及雷电科学与技术专业的学生而言,本课程与今后的工作联系甚为紧密。为此,课程的内容加强了理论联系实际的防雷装置检测实践内容,培养学生分析问题、解决问题和动手的能力。

二、防雷装置检测审核与验收工作发展概况

20 世纪 90 年代以前,我国的防雷工程建设大多集中在电力、广播电视、通信等受雷击危害严重的行业和部门,防雷技术措施也以防范直击雷击和线路雷击过电压为主。这些行业和部门一般由自己的防雷工程技术人员对本系统的防雷工程进行建设、维护和试验等。之后,以微电子技术为基础的电子、计算机信息网络系统高度发展,其在生产、生活领域中得到了广泛应用,极大地影响了工农业生产、科学技术和国防建设及社会生活的各个方面。而由于微电子芯片耐过电压水平低(抗毁能力低)和信息系统网络化的特点,使得它们极易受雷击的侵害。雷击灾害的频率及波及面大

大增加,严重影响了社会生产和生活,已成为联合国规定的十种最严重自然灾害之一。因此,加强雷电灾害防御的管理工作成为一项紧迫的任务。

20世纪90年代初,我国各级政府为加强雷电灾害防御的管理,陆续委托本行政辖区的气象部门成立了防雷工程质量检验所(站),负责对全社会各行业、各部门的防雷工程设施进行定期检验,以确保已有防雷装置的有效性。随着《气象法》和其他雷电灾害防御工作管理规定的实施,各级防雷管理机构已全面负责防雷工程设计、方案审核、防雷装置分阶段检测和竣工验收、周期性安全检测、雷击事故调查鉴定、雷电灾害风险评估等工作。

防雷产品质量检验机构由于对社会进行防雷产品(泛指一切用于建(构)筑物、电力、通讯、化工等设施的防雷保护装置,包括外部防雷装置和内部防雷装置)的委托检验、监督检验和仲裁检验,因而要求质检机构(实验室)按照国际通行的实验室资质认定评审准则要求,建立和运行实验室管理体系,确保检验质量。

目前,各种电气及电子设备的数量迅猛增加,遍及千家万户,用电设备密集程度越来越大。而空间及频谱资源毕竟是有限的,因而空间电磁环境已越来越恶化。因此,必须研究开发电磁兼容新技术,采取行之有效的防护措施,在电磁兼容基本原理的基础上,提出如何对电气系统、设备等进行电磁兼容预测,对可能出现的各种电磁干扰进行分析,并提出抑制干扰的各项措施。这些研究已经成为全世界关注的重大课题。雷击电磁脉冲对线路、设备的影响是一种越来越严重的电磁干扰现象,相应的防雷技术措施,计算机中的电磁兼容性等需要我们了解电磁兼容的试验场地、测量设备、测量仪器、测量方法,为全面开展雷电防护安全检测,包括计算机机房电磁环境安全检测方面打下基础。

防雷技术不断发展,要求防雷产品检验方法、检验手段和检验装备不断更新,也要求有更多高素质的防雷技术人员为之不断研究、探索。

三、防雷产品质量检验机构的主要任务

(1)对防雷产品质量进行委托检验、监督检验和仲裁检验。

①委托检验。

防雷工程建设单位或施工单位以及防雷产品制造商等委托有信誉有能力的防雷产品质量检验机构(实验室)进行的防雷产品质量检验工作。随着全社会对防雷减灾工作的认识不断提高,且防雷产品质量检验机构(实验室)的检验质量能有保证、水平令人信服,这样的委托检验任务将越来越多。

②对已有防雷设施进行周期检定。

目前,按照《气象法》和其他雷电灾害防御工作管理规定的要求,防雷安全属于国家生产安全。各级防雷检测机构对全社会的防雷装置进行安全检测,带有一定的政

府行为,故其进行的周期检验应属监督检验。其目的是强制检验在用的防雷装置的有效性,确保人民生命和财产的安全。

定期检测所针对的对象是投入使用后的防雷装置。周期检定一般每年一次,对爆炸危险环境场所每半年检测一次。

③对新建、改建和扩建的建设工程,其中防雷工程部分的设计方案要进行审核,并对防雷工程进行分阶段检测和竣工总验收。

对新建的建设工程,建筑设计部门对防雷工程的设计一般仅限于考虑防范直击雷击的外部防雷装置,对于有防雷特殊要求的建、构筑物,其防雷设计应全面考虑外部和内部防雷技术措施,应有专门的防雷设计方案。而这些防雷技术措施必须与土建中的建筑结构有机地结合起来才能做到高效、经济和完整可靠。尤其是许多防雷技术措施需要在基础的隐蔽工程中应用。若设计不周,将导致今后在做防雷工程时浪费更多的人力和财力,甚至永远达不到最佳的防雷效果。因此,对新建、改建、扩建的建设工程中的防雷工程部分设计方案进行审核,并对防雷工程进行分阶段检测和竣工总验收的重要性是不言而喻的。

新建、改建、扩建工程的防雷装置必须与主体工程同时设计、同时施工、同时投入使用。出具检测报告的防雷检测单位,应当对隐蔽工程进行逐项检测,并对检测结果负责。检测报告作为竣工验收的技术依据。验收合格的,由气象主管机构出具合格证书。验收不合格的,负责验收的气象主管机构做出不予核准的决定,书面告知理由。未取得合格证书的,不得投入使用。

④对雷击灾害进行调查、鉴定。

作为权威的、有信誉、有能力的防雷产品质量检验机构(实验室),对发生的重大雷击灾害应及时进行调查、鉴定工作。其检验结果可作为仲裁检验具备科学性、公正性和法律效力的供证,供有关政府部门或法庭调用。

目前,我国各地方已将防雷安全工作作为国家生产安全的基本任务来加以管理,各级防雷产品质量检验机构出具的数据若具备了以上三性,就可以提供对各种雷电事故性质进行判定的依据。政府管理部门据此可判断有无人员应对雷击事故造成的损失负责。一些保险公司也需要权威的检测数据来判断是否应该受理因雷灾造成的人员、财产损失保险赔付事宜。

(2)对不合格防雷产品提出整改意见,对被测单位的防雷管理工作进行指导。

我国在全社会加强雷电灾害防御工作管理的时间并不长,各企事业单位一般不配备掌握专业防雷知识的技术人员。因此,防雷产品质量检验机构的技术人员在日常的检验工作中除了应对不合格防雷产品提出整改意见外,还应对被测单位的防雷管理工作进行指导,并进行防雷技术咨询、培训等工作。

四、本课程学习要求及方法

本课程是雷电防护专业最重要的专业课，今后要将所学的知识直接应用到防雷工作中去。因此，有关防雷的技术术语用词要规范，许多重要的防雷技术条文要在理解的基础上做到烂熟于胸。要加强理论联系实际，多观察、多动手、多思考以提高分析问题解决问题以及动手的能力。应全面掌握电气装置从原理、方法、测试要求、误差分析以及数据处理等的测试理论。学会正确选择和使用仪表，准确读取数据，编写出符合国际惯例要求的检验报告。

第一章　建筑物防雷装置检测技术规范及理解要点

　　雷电是一种严重的自然灾害,它时刻威胁着人类的生命和财产的安全。而完善良好的防雷装置是防御雷电灾害的重要措施。新建防雷装置的分阶段检测和竣工总验收可以保证防雷装置符合技术要求;对已有防雷设施进行周期检定的目的则是为了确保防雷装置处于有效的工作状态。由中国气象局提出,中华人民共和国国家质量监督检验检疫总局和中国国家标准化管理委员会联合发布的《建筑物防雷装置检测技术规范》采用了中国国标、部分行业标准,以及 IEC、ITU 等国际组织、机构相关的防雷标准。本章按《建筑物防雷装置检测技术规范》(GB/T 21431—2008)的原章节列出条文(楷体部分),并对其要点进行分析理解,但对其中不符合《建筑物防雷设计规范》GB 50057—2010 的部分内容做相应修改。

§1.1　范　围

一、条文

　　1. 范围

　　本标准规定了建筑物防雷装置的检测项目、检测要求和方法、检测周期、检测程序和检测数据整理。

　　本标准适用于建筑物防雷装置的检测。以下情况不属于本标准的范围:

　　a)铁路系统;

　　b)车辆、船舶、飞机及离岸装置;

　　c)地下高压管道;与建筑物不相连的管道、电力线和通信线。

二、条文理解要点

防雷装置的检测应包括对外部防雷装置、内部防雷装置(包括雷电电磁脉冲防护装置)的检查与测量。包括对以上装置采取的等电位连接、屏蔽、综合布线、电涌保护、共用接地措施等的检查与测量。

实际上这些装置不仅仅只用于防雷目的。当今人们最为关心的电磁环境中电磁干扰因素包括很多，如按频谱划分，可粗略分为以下几类：

(1)工频干扰(50 Hz)：包括输配电以及电力牵引系统，波长为 6 000 km；

(2)甚低频干扰(30 kHz 以下)：波长大于 10 km；

(3)载频干扰：包括高压直流输电谐波干扰、交流输电谐波干扰及交流电气铁道的谐波干扰等，频谱在 10～300 kHz 之间，波长大于 1 km；

(4)射频、视频干扰(300 kHz～300 MHz)：工科医疗设备、输电线电晕放电、高压设备和电力牵引系统的火花放电以及内燃机、电动机、家用电器、照明电器等都在此范围，波长在 1～1 000 m 之间；

(5)微波干扰(300 MHz～300 GHz)：包括特高频、超高频、极高频干扰，波长为 1 mm～1 m；

(6)雷电及核电磁脉冲干扰：由吉赫直至接近直流，范围很宽。

由此可见，对雷电电磁脉冲干扰的防护措施是实现电磁兼容环境的措施之一部分。对微电子设备和机房的雷电电磁脉冲防护的屏蔽环境、静电电压、电源污染、各类电涌保护装置的技术指标的检查与测量也能有效防止其他种类的电磁干扰(例如操作过电压)。这些电磁干扰有的是传导方式通过阻性、容性和感性耦合到线路和设备中，有的则是通过电磁辐射方式干扰、损坏设备。

在各类防雷装置的设计安装中，它们尤其与低压供配电线路及设备特别是低压控制、保护设备联系最为紧密，密不可分。包括安装位置、能量配合、绝缘配合等问题在检测中都要考虑到，这些在用的低压控制、保护设备的有效性，包括电源质量也必须得到检验。

该标准主要适用于建筑物的防雷装置。一些独立系统的检测，如高压电力系统避雷装置的检测和对大、中型火电厂，水力发电厂，大、中型变电站等大地网以及对离岸飞行器、离岸船舶等的防雷装置的检测另有标准。主要是因为到目前为止这些大地网系统的接地电阻测试方法相当复杂，干扰严重、测试设备笨重，耗时较长。这些大系统的接地电阻有的需要根据当地土壤电气特性和接地体的尺寸、形状等来推算，有的是通过大电流测试法，需要引数百米长的测试线，并且需要开挖。因此，检测工作不易与这些系统的正常工作相协调。这些系统有专门的试验技术人员按照国家有关标准规范进行检测。

§1.2　规范性引用文件

一、条文

2　规范性引用文件

下列文件中的条款通过本标准的引用而成为本标准的条款。凡是注日期的引用文件,其随后所有的修订单(不包括勘误的内容)或修订版均不适用于本标准,然而,鼓励根据本标准达成协议的各方研究是否可使用这些文件的最新版本。凡是不注日期的引用文件,其最新版本适用于本标准。

GB 16895.3—2004　建筑物电气装置　第5—54部分:电气设备的选择和安装　接地配置、保护导体和保护连接导体(IEC 60364-5-54:2002,IDT)

GB 16895.4—1997　建筑物电气装置　第5部分:电气设备的选择和安装　第53章:开关设备和控制设备(idt IEC 60364-5-53:1994)

GB/T 1 6895.9—2000　建筑物电气装置　第7部分:特殊装置或场所的要求　第707节:数据处理设备用电气装置的接地要求(idt IEC 60364-7-707:1984)

GB 16895.12—2001　建筑物电气装置　第4部分:安全防护　第44章:过电压保护　第443节:大气过电压或操作过电压保护(idt IEC 60364-4-443:1995)

GB/T 16895.16—2002　建筑物电气装置　第4部分:安全防护　第44章:过电压保护　第444节:建筑物电气装置电磁干扰(EMI)防护(IEC 60364-4-444:1996,IDT)

GB/T 16895.17—2002　建筑物电气装置　第5部分:电气设备的选择和安装　第548节:信息技术装置的接地配置和等电位连接(IEC 60364-5-548:1996,IDT)

GB 16895.22—2004　建筑物电气装置　第5—53部分:电气设备的选择和安装　隔离、开关和控制设备　第534节:过电压保护器(IEC 60364-5-534:2001 A1:2002,IDT)

GB/T 17949.1—2000　接地系统的土壤电阻率、接地阻抗和地面电位测量导则　第1部分:常规测量(idt ANSI/IEEE81:1983)

GB 18802.1—2002　低压配电系统的电涌保护器(SPD)　第1部分:性能要求和试验方法(IEC 61643-1:1998,IDT)

GB/T 18802.21—2004　低压电涌保护器　第21部分:电信和信号网络的电涌保护器(SPD)——性能要求和试验方法(IEC 61643-21:2000,IDT)

GB/T 19271.1—2003　雷电电磁脉冲的防护　第1部分:通则(IEC 61312-1:

1995,IDT)

GB/T 19663—2005　信息系统雷电防护术语

GB 50057—2010　建筑物防雷设计规范

GB 50174—2008　电子信息系统机房设计规范

GB 50303—2002　建筑电气工程施工质量验收规范

GB/T 50312—2000　建筑与建筑群综合布线系统工程验收规范

IEC 61024-1:1990　建筑物防雷　第1部分:通则

IEC 61024-1-2:1998　建筑物防雷　第1部分:通则　第2分部分:指南B——防雷装置的设计、安装、维护和检查

IEC 61643-12:2002　低压配电系统电涌保护器(SPD)　第12部分:选择和使用导则

IEC 61643-22:2004　低压电涌保护器(SPD)　第22部分:电信和信号网络的电涌保护器——选择和使用导则

IEC 62305-1:2005　雷电防护　第1部分:总则

IEC 62305-2:2005　雷电防护　第2部分:风险管理

IEC 62305-3:2005　雷电防护　第3部分:建筑物的物理损坏和生命危险

IEC 62305-4:2005　雷电防护　第4部分:建筑物内的电气和电子系统

二、条文理解要点

标准是为促进最佳的共同利益,在科学、技术、经验成果的基础上,由各有关方面合作起草并协商一致或基本同意而制定的适于公用并经标准化机构批准的技术规范和其他文件。世界上有 ISO(国际标准化组织)与 IEC(国际电工委员会)以及 ITU (国际电信联盟)等标准化组织在致力于国际标准化工作。IEC 在其所颁布的标准前言部分宣称:为促进国际上的统一,各 IEC 国家委员会应尽最大可能地将 IEC 标准作为他们的标准,对国家标准与 IEC 相应标准中的任何分歧,应在该国家标准中明确指出。采用和推广国际标准是世界上一项重要的廉价技术转让。《中华人民共和国标准化法》规定:"国家鼓励采用国际标准和国外先进标准"。目前世界上含我国在内的大多数国家,均采用等效使用的原则,大量使用国际标准,促进本国技术进步。

各国电工委员会(IEC 国家委员会)参加 IEC 关于电气和电子领域标准化的国际合作,并履行义务,将 IEC 标准等效(eqv)或等同(idt)采用为该国国家标准。防雷技术标准的编制工作主要由 IEC 和 ITU 进行。根据协议,IEC 与 ISO 紧密协作。国际电工委员会下设有第 81 技术委员会(IEC-TC81),该技术委员会的工作任务是负责编制有关防雷的技术报告、指南或规范。如 GB 50057—2010《建筑物防雷设计规范》就是按 IEC 防雷标准并结合我国国情制订的,其他行业的防雷标准或规范通常

引用国家标准和国际标准,一些要求可能会高于国家标准。各级防雷工程质量检验机构在对某行业进行防雷检测时,更适合以行业标准为依据,若有原则冲突,应以国家标准为准。

在防雷技术标准的颁布上,除 TC81 外,相关的还有 TC64、TC37、TC77 等颁布的建筑物电气装置、过电压保护装置、电磁兼容(EMC)等有关标准。ITU 和 CIGRE(国际大电网会议)也分别结合电信行业、供电系统行业特点,颁布涉及本行业的防雷技术标准,其原则是在与 IEC 标准不矛盾的情况下制定更具体可行的技术标准。国内的 GB50054—2011《低压配电设计》、GB/T1762×—××××《电磁兼容××》系列等与防雷装置不可分开的电气装置的相应防护标准也应是防雷产品质检机构熟练掌握的内容。

在 IEC 标准中有如下说明:本标准出版时的版本是有效的,鼓励采用标准文件的最新版本。我国国家标准也常用下达"修订单"的形式进行标准修改,或在新标准颁布的通知中说明原标准作废。由于防雷技术发展的历史并不长,防雷技术并不完善,需要应对的电磁环境越来越复杂,所以,防雷技术不断在改进,防雷技术标准不断在修订,因而应掌握和使用被引用标准的最新版本,以保证引用标准和使用本标准的先进性。从事防雷工作的技术人员应注意经常上网查询、检索。

§1.3　术语和定义

一、条文

3. 术语和定义

本标准采用下列术语和定义。本标准未特别给出的通用性的术语和定义参见 GB 50057、GB/T 17949.1、GB 18802.1 和相关标准的定义。

3.1

防雷装置　lightning protection system;LPS

用以对某一空间进行雷电效应防护的整套装置,它由外部防雷装置和内部防雷装置两部分组成。在特定情况下,防雷装置可以仅由外部防雷装置或内部防雷装置组成。也称雷电防护系统。

注:改写 GB/T 19663—2005,定义 7.32,

3.2

外部防雷装置　external lightning protection system

由接闪器、引下线和接地装置组成,主要用于防护直击雷的防雷装置。

［GB/T 19663—2005,定义 7.41］

3.3

内部防雷装置　internal lightning protection system

除外部防雷装置外,所有其他附加设施均为内部防雷装置,主要用于减小和防护雷电流在需防护空间内所产生的电磁效应。

［GB/T 19663—2002,定义 7.36］

3.4

接地　earth;ground

一种有意或非有意的导电连接,由于这种连接,可使电路或电气设备接到大地或接到代替大地的某种较大的导电体。

注:接地的目的是:a. 使连接到地的导体具有等于或近似于大地(或代替大地的导电体)的电位;b. 引导入地电流流入和流出大地(或代替大地的导电体)。

［GB/T 17949.1—2003,定义 4.1］

3.5

自然接地极　natural earthing electrodes

具有兼作接地功能的但不是为此目的而专门设置的各种金属构件、钢筋混凝土中的钢筋、埋地金属管道和设备等统称为自然接地极。

［GB/T 19663—2005,定义 5.44］

3.6

人工接地体　made earth electrode

为接地需要而埋设的接地体。人工接地体可分为人工垂直接地体和人工水平接地体。

3.7

共用接地系统　common earthing system

将各部分防雷装置、建筑物金属构件、低压配电保护线(PE)、设备保护地、屏蔽体接地、防静电接地和信息设备逻辑地等连接在一起的接地装置。

［GB/T 19663—2005,定义 5.19］

3.8

等电位连接　equipotential bonding

将分开的装置、诸导电物体用等电位连接导体或电涌保护器连接起来以减少雷电流在它们之间产生的电位差。

［GB/T 19663—2005,定义 5.8］

3.9

电涌保护器　surge protection device SPD

用于限制暂态过电压和分流浪涌电流的装置。它至少应包含一个非线性电压限制元件。也称浪涌保护器。

注：改写 GB/T 19663 2005，定义 7.31。

3.10

过电流保护　overcurrent protection

位于 SPD 外部的前端，作为电气装置的一部分的电流装置（如，断路器或熔断器）。

[GB 18802.1—2002，定义 3.36]

3.11

剩余电流动作保护器　residual current device RCD

在规定的条件下，当剩余电流或不平衡电流达到给定值时能使触头断开的机械开关电器或组合电器。

[GB 18802.1—2002，定义 3.37]

3.12

退耦元件　decoupling elements

在被保护线路中并联接入多级 SPD 时，如果开关型 SPD 与限压型 SPD 之间的线路长度小于 10 m 或限压型 SPD 之间的线路长度小于 5 m 时，为实现多级 SPD 间的能量配合，应在 SPD 之间的线路上串接适当的电阻或电感，这些电阻或电感元件称为退耦元件。

注：电感多用于低压配电系统，电阻多用于信息线路中多级 SPD 之间的能量配合。

3.13

SPD 的脱离器　SPD disconnector

把 SPD 从电路中脱开所需要的装置（内部的和/或外部的）。

注：这种断开装置不需要具有隔离能力，它防止系统持续故障并可用来给出 SPD 故障的指示。除了具有脱离功能外，还可具有其他功能，例如过电流保护功能和热保护功能。这些功能可以组合在一个装置或几个装置中来完成。

[GB 18802.1—2002，定义 3.29]

3.14

低压电源电涌保护器（SPD）冲击试验分类　impulse test classification

3.14.1

Ⅰ级分类试验　class Ⅰ tests

用标称放电电流 I_n、1.2/50 μs 冲击电压和冲击电流 I_{imp} 做的试验。I_{imp} 在 10 ms 内通过的电荷 Q(As)的数值等于电流幅值 I_{peak}(kA)的二分之一。

注:IEC/TC 81 文件规定:Ⅰ级分类试验的 SPD 由 I_{imp}、Q 和 W/R 参数决定,冲击试验电流应在 50 μs 内达到 I_{peak},应在 10 ms 内输送电荷 Q 和应在 10 ms 内达到单位能量 W/R。冲击试验符合上述参数的可能方法之一是 10/350 μs 波形。

3.14.2

Ⅱ级分类试验　class Ⅱ tests

用标称放电电流 I_n,1.2/50 μs 冲击电压和最大放电电流 I_{max} 进行的试验。

3.14.3

Ⅲ级分类试验　class Ⅲ tests

用复合波(1.2/50 μs 冲击电压和 8/20 μs 冲击电流)做的试验。

注:改写 GB/T 18802.1—2002,定义 3.35。

3.15

信号系统电涌保护器(SPD)冲击试验分类　impulse test classification

类别	试验类型	开路电压	短路电流
A1	很慢的上升速率	≥1 kV 上升率 0.1 kV/s～100 kV/s	10 A 0.1 A/μs～2 A/μs ≥1 000 μs(持续时间)
B1 B2	慢的上升速率	1 kV 10/1 000 μs 1 kV 或 4 kV	100 A 10/1 000 μs 25 A 或 100 A,5/300 μs
C1 C2 C3	快的上升速率	0.5 kV 或 1 kV 1.2/50 μs 2 kV,4 kV 或 10 kV 1.2/50 μs	0.25 kA 或 0.5 kA 8/20 μs 1 kA,2 kA 或 5 kA 8/20 μs
D1 D2	高能量	≥1 kV ≥1 kV	0.5 kA、1 kA 或 0.5 kA 10/350 μs 1 kA 或 2.5 kA

3.16

插入损耗　insertion loss

由于在传输系统中插入了一个 SPD 所引起的损耗。它是在 SPD 插入前传递到后面的系统部分的功率与 SPD 插入后传递到同一部分的功率之比。插入损耗通常用 dB(分贝)表示。

注:改写 GB/T 14733.2—1993 中定义 06—07。

3.17

回波损耗　return loss

反射系数倒数的模。一般以分贝(dB)来表示。

注:当阻抗可以确定时,回波损耗(单位:dB)由下式给出:

$$20 \lg MOD [(Z_1 + Z_2)/(Z_1 - Z_2)]$$

式中:

Z_1——阻抗不连续点之前传输线的特性阻抗,即源阻抗。

Z_2——不连续点之后的特性阻抗或从源和负载间的结合点所测到的负载阻抗。

3.18

比特差错率　bit error ratio,BER

在给定时间内,误码数与所传递的总码数之比。

3.19

近端串扰　near-end crosstalk

NEXT

串扰在被干扰的通道中传输,其方向与该通道中电流传输的方向相反。被干扰通道的端部基本上靠近产生干扰的通道的激励端,或与之重合。

3.20

纵向平衡　longitudinal balance

3.20.1

纵向平衡(模拟音频电路)(analogue voice frequency circuits)longitudinal balance

组成一个线对的两根导线在电气上的对地对称。

3.20.2

纵向平衡(数据传输电路)(data transmission)longitudinal balance

一对平衡电路中两个及两个以上导线的对地(或公共点)阻抗相似性的量度。该术语用于表示对共模干扰的敏感度。

3.20.3

纵向平衡(通信和控制电缆)(communication and control cables)longitudinal balance

骚扰的对地共模电压(纵向的)V_s(r. m. s)与受试 SPD 的合成差模电压(金属线的)V_m(r. m. s)之比,以分贝(dB)来表示。

注:以 dB 表示的纵向平衡值由下式给出:$20 \times 1 g(V_s/V_m)$,式中:V_s、V_m 是以同一频率测量的。

3.20.4

纵向平衡(电信线路的)(telecommunications)longitudinal balance

骚扰的共模电压(纵向的)V_s 与受试 SPD 的合成差模电压(金属线的)V_m 之比,

以分贝(dB)来表示。

3.21

最大持续运行电压　maximum continuous operating voltage　U_c

允许持久地施加在 SPD 上的最大交流电压有效值或直流电压。其值等于额定电压。

[GB 18802.1—2002,定义 3.11]

3.22

残压　residual voltage　U_{res}

放电电流流过 SPD 时,在其端子间的电压峰值。

[GB 18802.1—2002,定义 3.17]

3.23

(实测)限制电压　measured limiting voltage　U_m

在 SPD 试验中施加规定波形和幅值的冲击电压时,在 SPD 接线端子间测得的最大电压峰值。

[GB 18802.1—2002,定义 3.16]

3.24

开关型 SPD 的放电电压　sparkover voltage of a voltage switching SPD

在 SPD 的间隙电极之间,发生击穿放电前的最大电压值。

[GB 18802.1 2002,定义 3.38]

3.25

电压保护水平　voltage protection level　U_p

表征 SPD 限制接线端子间电压的性能参数,其值可从优选值的列表中选择。该值应大于限制电压的最高值。

[GB 18802.1—2002,定义 3.15]

3.26

SPD 的直流参考电压　direct-current reference voltage of SPD　$U_{res}(1\ mA)$

当 SPD 上通过规定的直流参考电流时,从其两端测得的电压值。一般将通过 1 mA 直流电流时的参考电压称为压敏电压 $U_{res}(1\ mA)$。

3.27

泄漏电流 leakage current　I_{ie}

除放电间隙外,SPD 在并联接入线路后所通过的微安级电流。在测试中常用 0.75 倍的直流参考电压进行。

注1:泄漏电流值是限压型 SPD 劣化程度的重要参数指标。

注2:改写 GB 11032—2000 定义 2.36。

3.28

多极 SPD　multipole SPD

多于一种保护模式的 SPD,或者电气上相互连接的作为一个单元供货的 SPD 组件。

3.29

总放电电流 total curret　I_{Total}

多极 SPD 生产厂在产品上标注的多极 SPD 放电电流之和。此值用于在形式试验中流过多极(如 L_1、L_2、L_3、N) SPD 到 PE 线的电流之和的检验。

3.30

耐冲击过电压额定值　rated impulse withstand voltage level　　U_w

由生产厂给出的设备或设备主要部件的耐受冲击过电压的额定值,该值规定了设备或设备主要部件的绝缘对过电压的耐受能力特性。

[IEC 62305-4:2005,定义 3.6]

3.31

防雷装置检查　lightning protection system check up

对防雷装置的外观部分进行目测检查,对隐蔽部分利用原设计资料或质量监督资料核实的过程。

3.32

防雷装置检测　lightning protection system check and measure

按照建筑物防雷装置的设计标准确定防雷装置满足标准要求而进行的检查、测量及信息综合分析处理全过程。

二、条文理解要点

这些防雷技术术语或定义属于最基本的防雷理论,作为防雷最基本工作的防雷工程检测、审核与验收的技术人员,应能深刻理解并牢记。

3.1　IEC62305、61312、61643 等规定的防雷装置的构成框图见图 1-1。应注意防雷装置除了明显的、专用的、为大家所熟知的接闪器、引下线、接地装置、电涌保护器(SPD)外,还有许多可以兼作防雷用的其他金属装置。例如剪力墙中的钢筋,接了地的金属门窗及其他所有连接导体,它们的作用往往不被人们所认识,但实际上它们同样重要,不可或缺。再如在建筑物玻璃幕墙的设计中,应将玻璃幕墙的金属竖向龙骨、横向龙骨和建筑物的框架柱、梁内钢筋等防雷网接通,连成一个格栅更密的整体防雷法拉第笼,把可能施加于玻璃幕墙的巨大雷电能量,通过建筑物的接地系统,迅速地泄放到大地,保护玻璃幕墙和建筑物免遭雷电破坏。在这里,玻璃幕墙的金属龙骨自然也就具备了接闪器的功能,可以有效防止侧击雷的危害,同时还加强了电磁屏蔽效能。

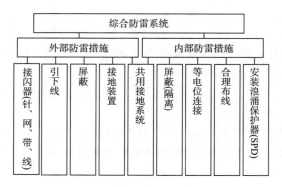

图 1-1　IEC 标准规定的防雷装置

　　3.2　外部防雷装置由于可能直接截收直击雷击,需要承受强大雷电流带来的电效应、热效应和机械效应等,所以,强调使用的导体的规格尺寸。与上一条一样,要注意用作接闪、引下的金属屋面和金属构件等同样是外部防雷装置的一部分。例如:金属的广告架、旗杆、栏杆、水箱、放散管、爬梯等。

　　3.3　内部防雷装置利用的主要防雷技术措施是屏蔽、分流、等电位、接地、电涌保护以及合理布线等,用来减小和防止雷电流在需防护空间所产生的电磁效应。所以,甚至连重要设备的安放位置都属于内部防雷技术中的一部分。显然,重要且敏感的电气电子设备与建筑物外墙以及作为引下线的结构柱筋距离不同,则雷电发生时敏感电子设备所受的干扰水平大不一样。

　　3.4　接地是最重要的防雷技术措施之一,它是雷电防护技术中最基础的技术环节。同时,良好的接地也是电工技术中电气设备和人员安全的基本保障措施之一。接地装置的好坏不能简单地用接地电阻值来衡量。例如,同样的接地电阻但不同的接地体规格尺寸,或者同样的接地体规格尺寸但不同的接地线,都会影响到雷电流散流入地的效果。

　　接地按电流频率可分为直流接地、交流接地(工频)和冲击接地(雷电、投切操作、核电磁脉冲等)。它们的功能有所差异,在设计施工时就有所不同。例如:交流接地(工频)的工频接地电阻主要决定于土壤电阻率和接地网的面积。因此,变电所和发电厂的大地网常常主要由水平接地带组成面积很大的网格状接地。在发生工频故障短路电流时,网格式地网接地电阻与地网面积的平方根成正比,这是因为电位分布均匀,全部地网的导体都起散流作用,整个接地网都起到泄流的作用。对于冲击接地装置,由于雷电流的冲击特性,接地电阻与工频接地电阻不同,其主要原因是冲击电流的幅值可能很大,会引起土壤放电,而且冲击电流的等效频率又比工频高得多。当冲击电流进入接地体时,会引起一系列复杂的过渡过程,每一瞬间接地体呈现的等效电阻值都可能有所不同,而且接地体上最大电压出现的时刻不一定就是电流最大的时刻。网格式地网在冲击电流作用下,由于电感作用,电位分布很不均匀,远处电位很低,只有在接闪处电流注入附近小范围内的导体起散流作用。也就是说,冲击接地装置中的接地体不宜过长,GB 50057—2010 规定冲击接地装置中的接地体长度不应大于有效长度,即 $l_e = 2\sqrt{\rho}$。

IEC(IEC62305-3)专门为此将地网形式分类成两大类型:

A 型:单独的水平或垂直接地体或复合(垂直或水平)接地体。此种排列由水平或垂直接地体连接至每一引下线。而该类接地装置要求不少于两个接地极,在土壤电阻率很低,接地电阻很容易低于 10 Ω 时,无其他要求;在土壤电阻率较高,接地电阻不易达到 10 Ω 以下时,对各类防雷建筑物的接地体有长度要求。

B 型:利用建筑物基础钢筋或围绕建筑物的环型人工接地体。此种排列由建筑物外部的环形导体(至少其总长度的 80%)与土壤或与基础接地体接触而成,此类接地体可为网格状。对于环形接地体(或基础接地体),由环形接地体(或基础接地体)围成区域的平均半径 r 有不同的要求。对于裸露固体石块,推荐使用 B 类接地排列。拥有电子系统或高发火灾危险的建筑物(见 IEC 62305-2),最好使用 B 类接地排列。

接地还是提高电子电气设备电磁兼容有效性的重要手段之一。正确的接地既能抑制外部电磁干扰的影响,又能防止电子电气设备向外部发射电磁波;而错误的接地常常会引入非常严重的干扰,甚至会使电子电气设备无法正常工作。尤其是成套控制设备和自动化控制系统,因为有多种控制装置分散布置在许多地方,所以它们各自的接地往往会形成十分复杂的接地网络,不仅需要在系统设计时周密考虑,而且在安装调试时也要仔细检查和做适当的调整。

接地装置由接地体和接地线组成。接地体的关键指标是接地体的规格尺寸大小、接地电阻大小以及耐腐蚀程度,它们关系到泄流效果、稳定性和使用寿命。接地导体也称接地线,对于一个联合接地的大地网来说,可能需要多个接地线从接地网不同的部位引出,以满足不同的功能需要。其关键指标是接地线的截面积和各联结处的连接电阻。

3.5　自然接地体利用与大地接触的金属物体,如金属管道、构架、建筑物基础内的钢筋等,兼作接地体,具有尺寸大和接地电阻小以及耐腐蚀等特点,其泄流效果、稳定性和使用寿命俱佳,当然应该优先采用。在我国南方绝大多数地方的大部分场合仅利用自然接地体就足够满足要求了,特别是埋入混凝土基础中作散流用的导体也是很好的接地体,因为混凝土在含有一定水分的情况下具有较好的电阻率,同时,混凝土还能对金属接地体起到防腐保护作用。

钢筋混凝土的导电性能,在其干燥时,是不良导体,电阻率较大,但当具有一定湿度时,就成了较好的导电物质,可达 $100 \sim 200$ Ω·m。潮湿的混凝土导电性能较好,是因为混凝土中的硅酸盐与水形成导电性的盐基性溶液。混凝土在施工过程中加入了较多的水分,成形后结构中密布着很多大大小小的毛细孔洞,因此就有了一些水分储存。当埋入地下后,地下的潮气,又可通过毛细管作用吸入混凝土中,保持一定湿度。在利用基础内钢筋作接地体时,周围土壤的含水量一般不应低于 4%。IEC62305-2 指出:自然接地体最好是混凝土地基中的互连的加固钢筋,或其他合适的地下金属结构用作接地体。当混凝土中的钢筋用作接地体时,尤其应注意接口处,以防混凝土的机械裂力。

3.6　在一些地方仅仅利用自然接地体不能满足要求时,或无可利用的自然接地体时,要考虑增设人工接地体。人工接地体有多种规格形状,主要应考虑雷电流入地时的火花效应导致加重的集合屏蔽效应,也即是要考虑接地体的布置,比如间隔、埋深等。

在接地工程施工中,若有两个接地电阻值为 $R(\Omega)$ 的接地电极并联连接时,其合成接地电阻值不一定是 $R/2(\Omega)$。通常合成接地电阻值比 $R/2$ 大一些。这里,当接地电极间的间隔变小时,合成接地电阻就变大,这种现象称为集合屏蔽效应。

实际接地工程接地装置由水平接地网(R_1)和垂直接地极(R_2)组成。接地极之间屏蔽效应的利用系数为:

$$\eta = \frac{\dfrac{R_1 R_2}{R_1 + R_2}}{R} \times 100\%$$

3.7　共用接地系统的优点越来越为人们所认识和接受,它的最显著的作用在于容易实现建筑物内各个系统的等电位,防止地电位反击(图 1-2 例)。

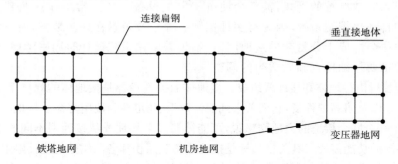

图 1-2　微波站及移动通信基站接地网示意图

在一座建筑物处要分别做几个互相没有电气联系的地网是很困难的。因为要求各地网之间最小要有数米乃至数十米的距离,同时又要与各种地下金属管道、电缆金属屏蔽层、各大金属构件都要有足够距离就更不易做到。尤其在城市环境里,若设多个分设接地时很不容易做到真正彼此独立。因此,即便有非常敏感的电子系统需要单独设地,该接地系统也应与其他接地系统通过专用 SPD 等电位连接器相连(图 1-3 例)。

图 1-3　专用等电位 SPD 连接器

IEC《雷击电磁脉冲的防护》指出：从防雷的观点来看，建筑物采用单一的共用接地装置较好，它适合于所有接地之用（如防雷、低压电力系统、电信系统）。（IEC 61312-1）也指出：如果在互相邻近的建筑物之间有电力线和通讯电缆通过，应将其接地系统互相连接，并且这样有利于采用多条并行路径以减少电缆中的电流，一个网状接地系统可满足这种要求。《电子信息系统机房防雷设计规范》（GB 50174—2008）明确提出：交流工作接地、安全保护接地、直流工作接地、防雷接地等四种接地宜共用一组接地装置，其接地电阻按其中最小值确定。对第二、第三类防雷建筑物而言，共用接地装置的接地电阻应按 50 Hz 电气装置的接地电阻确定，以不大于其按人身安全所确定的接地电阻值为准。

3.8 等电位也是最基本最重要的防雷技术措施之一，在接地系统的接地电阻不易做得较小时尤为重要。它的主要作用是防止由于雷电感应作用引起装置不同部位可导电部件有高电位差导致放电损坏设备。

各种电气工程中非常重视等电位连接的作用，它对用电安全、防雷以及电子信息设备的正常工作和安全使用，都是十分必要的。其实，接地也是一种等电位连接，它是以大地电位为参考零电位的等电位连接。等电位的作用可以由飞机飞行中极少发生电击事故和雷击事故的事实来证明。飞机并没有接大地，飞机中的用电安全，不是靠接大地，而是靠等电位连接来保证在飞机内以机身电位为基准电位来做等电位连接。由于飞机机身为基本封闭的金属壳体，相当于等电位的空腔金属导体，屏蔽作用很强，外来电磁脉冲引起的电位差也很小，因此飞机上的电气安全是得到有效保证的。人生活在地球上，因此往往需要与地球等电位，即将电气系统和电气设备外壳与地球连接，这就是常说的"接地"。飞机上可用接线端子与机身连接，而在地球上则需用接地极作为接线端子与其他装置连接。

等电位连接通常分为总等电位连接和局部等电位连接。国家建筑标准设计图集《等电位连接安装》对建筑物的等电位连接具体做法作了详细介绍。建筑物防雷和电子信息设备防瞬态过电压及干扰等全部等电位连接安装工作应按其相应的要求进行施工。

总等电位连接的作用在于消除不同金属部件间的电位差，并减轻来自建筑物外经电气线路和各种金属管道等引入设施引起的过电压的危害，它应通过进入建筑物的总等电位连接端子板（接地母排）将下列导电部分互相连通：进线配电箱的 PE 或 PEN 母排；电力、通信线缆的外铠或屏蔽层；公用设施的金属管道，如上、下水，热力、煤气等管道；建筑物金属结构；防雷装置的引下线；自然接地体和人工接地体的接地线等。这样可使整座建筑物成为一个良好的等电位体，当雷电袭击的时候在建筑物内部和附近大体上是等电位的，因而不会发生内部的设备被高电位反击和人被雷击的事故。此外，在电力线、电话线、电视信号电缆、电子计算机信号传输线等一切与外界有联系的金属线都要接上合理的过电压保护装置（SPD），并且，SPD 的接地端要与建筑物的避雷接地装置直接进行电气连接，使之成为等电位（实际上是准等电位，因为发生雷击时 SPD 两端存在雷电残压）。

局部等电位连接是将两个可接触导电部分用导体进一步做等电位连接。机柜、机架、设备外壳、PE 线、金属桥架、公用设施的金属管道等均应与局部等电位连接端子连接。

等电位连接带（端子板 EBB）宜采用铜质材料，由于铜材较软，在做等电位连接施工时，易于压接并得到极低的连接电阻。若其与建筑物内钢筋连接，必须采用铜焊过渡。

等电位连接导体的截面应符合有关要求。采用不同的金属材料或在不同的防雷分区交界面上等电位连接，导体的截面是不同的，这也是防雷工程检测验收的检查项目之一。

等电位连接网络既用于电气安全的等电位连接，也用于信息系统从直流至高频的功能等电位连接，但网络形式不太一样。电气安全的等电位连接网络，主要是通过与配电线路敷设在一起的保护地线（PE 线）构成，保护地线又必须根据配电系统的大小在多处（如每层楼或有配电箱处）与共用接地系统以及信息系统的功能等电位连接网络做等电位连接。等电位连接网络的基本形式有 S 型星型结构和 M 型网状结构，如图 1-4 所示。

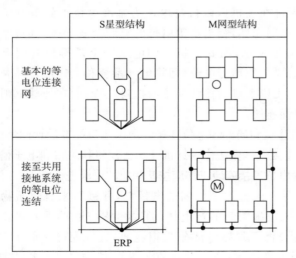

图 1-4　信息系统等电位连接的基本方法

通常，Ss 或 Ms 等电位连接网络可用于相对较小、限定于局部的系统。低频率和杂散分布电容起次要影响的系统可采用这两种方法。它们属于单点接地形式。单点接地是指在一个线路中，只有一个物理点被定义为接地参考点。其他各个需要接地的点都直接接到这一点上。

如果系统包含多个机柜，则每个机柜的接地是独立的，而在每个机柜内部，对于每个接地系统则是采用单点接地的方式。然后，把整个系统中的各个机柜接地连接到一个唯一的参考点上。

当接地连线的长度远小于电路工作波长时，可采用本系统。这种接地方法，地线连线长而多，在高频时，地线电感较大，由此而增加地线间的电感耦合，引起电磁干扰，所以高频时不用这种系统。

如果系统的工作频率很高，以至于工作波长 $\lambda = C/f$ 缩小到与系统的接地平面的尺寸或接地引线的长度可以比拟时，就不能再用单点接地方式了。因为，当地线的长度接近于 $\lambda/4$ 时，它更像一根终端短路的传输线，而不能起着"地"的作用。这时，应采用 M 型网状结构等电位连接网络。它属于多点接地。多点接地是指某一个系统中各个接地点都直接接到距它最近的接地平面上，以使接地引线的长度为最短。这里说的接地平面，可以是设备的底板也可以是贯通整个系统的接地导线，在比较大的系统中，还可以是设备的结构框架等。

多点接地的每个设备、装置、电路中的干扰电流就只能在本身中循环，而不会耦合到其他地方。尤其是在低电平的输入级中。

一般当模拟电路的频率不大于 300 kHz 时可采用 S 型星型结构这种方法；当数字电路的频率达 MHz 级时应采用 Mm 型等电位连接网络。

S 型星型结构中的接地基准点必须是一个系统的等电位连接网络与共用接地系统之间唯一的那一连接点。要做到唯一，信息系统的所有金属组件，除等电位连接点 ERP（即接地基准点）外，应与共用接地系统各组件有绝缘，如采用绝缘支架或铺以橡胶垫。实际的防雷工程常常不注意这一点，负责检测验收的技术人员应注意此项检查。

3.9　SPD 是用以防护电子设备因受雷电闪击及其他干扰造成的传导电涌过电压危害的有效手段。SPD 一般安装在雷击点到需保护设备之间，防雷分区的交界面上。这是因为常常有电源线、信号线、天馈线等穿过防雷分区的屏蔽层，破坏了屏蔽，以浪涌电压或电流的形式危害设备。因此，在线路上安装具有非线性伏安特性的 SPD，在过电压时 SPD 呈低阻抗，从而限制瞬态过电压和分走电涌电流，而在正常工频电压下 SPD 呈高阻抗。SPD 的内部结构如图 1-5 所示，其中的 1、2、3、4 分别是熔断器、热感元件、非线性伏安特性元件和雷电放电器。电源 SPD 的工作原理如图 1-6 所示。

有关 SPD 的标准有：

IEC61643:2002 1.1 版　连接至低压配电系统的电涌保护器 第 1 部分 性能要求和试验方法；

IEC61643-2—1:2000　连接至电信网络和信号网络的电涌保护器 第 1 部分 性能要求和试验方法等。

用作限压的元件主要有放电间隙、气体过电压放电器、压敏电阻和抑制二极管等。所有元件都有各自的优缺点。为了起到最佳的作用,应该根据具体的应用场合,采用上述元件中的一个或者几个元件的组合来组建相应的保护电路。

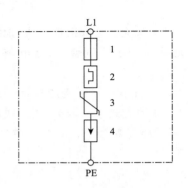

图 1-5　SPD 结构示意图

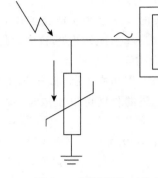

图 1-6　电源 SPD 工作原理

　　雷电放电器中的放电间隙(火花隙),属于电压开关型元件。两个对峙的火花角通过绝缘保持一定的距离。沿开口方向、在电极上面有一块熄弧板。出现过电压时,在绝缘块的上半部进行表面放电。剩余的电弧向外发射,并在熄弧板上碰碎。由此产生的分段电弧将视电网后续电流的大小,在几个千安的范围内安全地被消除。其优点是放电能力强,通流容量大(可做到 100 kA 以上),几乎无漏电流;其缺点是残压高(2～4 kV),反应时间慢(≤100 ns),有跟随电流(续流)。

　　气体过电压放电器也属于电压开关型元件,由一个装在陶瓷或者玻璃管中的电极构造组成。电极之间是惰性气体,如氩气或者氖气。在达到点火电压时,放电元件呈低阻值。点火电压同过电压的陡直程度相关。点火以后过电压放电器上有数十伏的电弧电压。当放电器处于低阻状态时,会形成一个电网后续电流,这个电流的大小同电网的阻抗相关。为了中断电网后续电流,必要时必须串接熔断保险丝。优点是通流容量大,绝缘电阻高,漏电流小;缺点是残压较高,反应时间慢(≤100 ns),动作电压精度较低,有跟随电流(续流)。

　　金属氧化物压敏电阻(metal oxide varistor)属于限压型 SPD,该元件在一定温度下,导电性能随电压的增加而急剧增大。它是一种以氧化锌为主要成分的金属氧化物半导体非线性电阻。没有脉冲时呈高阻值状态,一旦响应脉冲电压,立即将电压限制到一定值,其阻抗快速连续降为低值。其优点是通流容量大,残压较低,反应时间较快(≤25 ns),无跟随电流(续流);缺点是漏电流较大,老化速度相对较快。

　　瞬态抑制二极管(transient voltage suppressor)亦称齐纳二极管,是一种专门用于抑制过电压的元器件。其核心部分是具有较大截面积的 PN 结,该 PN 结工作在雪崩状态时,具有较强的脉冲吸收能力。其优点是残压低,动作精度高,反应时间快(<1 ns),无跟随电流(续流);缺点是耐压能力差,通流容量小,一般只有几百安培。

表 1-1 是常见的几种 SPD 器件性能对比，列举的数值仅供参考，根据产品的型号与制造商的不同，数值可能会变化。

表 1-1 常见的 SPD 器件性能对比

技术参数	空气火花隙	密封火花隙	气体火花隙	压敏电阻	火花隙/可变电阻	瞬态抑制二极管
放电电流（I_{max}）8/20	＞100 kA	＞100 kA	10～50 kA	15～100 kA	10～50 kA	100 A
放电电流（I_{imp}）	＞50 kA	＞25 kA	＞5 kA	＞3 kA	＞3 kA	＜10 A
保护级别（U_p）	＞3 kV	＞3 kV	＞1.5 kV	＞2 kV	＞1.5 kV	＜1 kV
低压系统中自启动续流	＞25 kA 是	＞1.5 kA 是	＞100 A 是	没有限制 否	没有限制 否	没有限制 否
在额定 U_c 时的漏流（I_f）	≪0.1 mA	≪0.1 mA	≪0.1 mA	≪0.1 mA	≪0.1 mA	＜0.1 mA
对外界产生影响	是	否	否	否	否	否
损坏形式	开路	开路	开路	持续发热	持续发热	短路

3.10 为确保万无一失，除 SPD 本身一般已内置了脱扣器外，为了中断电网后续电流或阻断由于 SPD 老化引起的短路电流，必须在 SPD 外部前端串接熔断保险丝或断路器等过电流保护装置（如图 1-7 中的 FU），用以防止当 SPD 不能阻断工频短路电流而引起发热和损坏设备。其额定电流容量选择应与 SPD 及线路负荷匹配。这种后备保护用的外部前端串接熔断保险丝或断路器的电气性能应满足当一定强度的电涌冲击发生时不会动作，而当出现哪怕只有很小的工频故障电流时都能及时动作的特点，一般应该是专门设计的熔断器或断路器。

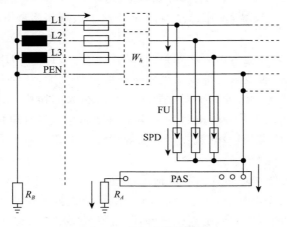

图 1-7 SPD 安装示意图

SPD 并联支路中,过电流后备保护至关重要。它关系到当有大雷电流冲击、电路发生故障或异常时,能否起到确保电网供电正常可靠、保护电路和设备安全的作用。

3.11　剩余电流动作保护器的作用是提供间接接触保护,防止触电伤亡事故、避免因设备漏电而引起的火灾事故。30 mA 以下的额定漏电动作电流为高灵敏度保护器,主要用于防止各种人身触电事故。100 mA 以上属低灵敏度保护器,用于防止漏电火灾和监视一相接地事故。

漏电保护器的主要技术参数是动作电流($I\triangle n$)和动作时间(t),这些参数应该是各防雷检测机构检测项目之一。

当配电线路中有 RCD 时,如果电涌保护器安装于 RCD 的下方,应该注意当电涌保护器动作时,不应出现跳闸现象,否则,SPD 安装于 RCD 的上方。

3.12　SPD 的安装位置尤其是装有多级 SPD 时的安装位置非常重要,如果不慎重考虑,可能按照技术要求选定的 SPD 并不能很好地起保护作用,既浪费了钱,又留下了雷击事故隐患。这是由于当过电压波沿电缆传输时,被保护设备和各 SPD 之间会产生能量反射。这种反射现象与各级 SPD 的特性、被保护设备的特性以及它们之间电缆的特性有关,会造成在被保护设备上有远超过 SPD 上残压的过电压,还有可能反馈到电源系统中产生恶劣影响。

为了消除这些能量反射的影响,IEC60664-1 标准对 SPD 间的级联配合作了规定。若对 SPD 的特性、被保护设备的特性以及它们之间电缆的特性不很清楚,通常在被保护线路中并联接入多级 SPD 时,当电压开关型 SPD 和限压型 SPD 之间的线路长度小于 10 m 或限压型 SPD 之间的线路长度小于 5 m 时(或根据 SPD 厂家建议),为实现多级 SPD 间的能量配合,应在 SPD 之间的线路上串接适当的电阻或电感,这些电阻或电感元件称为退耦元件或解耦元件。

为了方便 SPD 的安装,现在已经有厂家开发了实现多级 SPD 间能量配合的多级 SPD 组合装置。

3.13　内置脱离器通常由熔片和弹簧机构组成。一个合格的电涌保护器产品质量不仅决定于压敏电阻或瞬态抑制二极管等核心器件性能,还与脱扣器、基座、报警指示装置等有关,工艺对电涌保护器的质量也起着很大的作用。其中脱扣器中低温焊点的焊接材料、焊接工艺和质量对 SPD 是否在正常泄放电涌电流时会产生误动作有关键的影响。应该讲,SPD 热脱扣器低温焊点焊接工艺和质量是产品合格与否的关键因素之一。

多数的 SPD 工作状态用有色窗口指示,绿色为正常工作状态,红色为非正常工作(失效)状态(如图 1-8 所示)。也有的 SPD 使用声光报警装置或遥信触点。除了专业的防雷工程检测机构应做定期检查外,防雷装置使用单位也应经常检查 SPD 工作状态,特别是雷雨之后,以便及时发现问题。

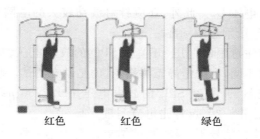

红色　　　红色　　　绿色

图 1-8　SPD 失效图

3.14　关于电涌保护器件应具有的性能，IEC、IEEE 以及中国相关标准组织都在低压配电系统的电涌保护器（SPD）相关标准中提出了性能要求和测试方法。对 SPD 产品的分类冲击试验，国内通常只有少数 SPD 测试中心具备测试能力，对于大多数防雷产品检测机构来说应根据产品的标称参数来看防雷工程中 SPD 的选择和使用是否合理。国际标准 IEC 61643-1 要求按防雷等级选择 SPD：Class Ⅰ SPD 要求可以防止直击雷，可安装在线路进口；Class Ⅱ SPD 可安装在建筑内部分线端；Class Ⅲ SPD 一般安装在设备侧。应注意的是，选择 SPD 放电电流时应搞清楚雷电流波形，如果一个 10/350 μs 雷电流波形的 I_{imp} 与一个 8/20 μs 雷电流波形的 I_n 数值相等，前者的通流能力可以是后者的数倍。

3.15　信号电涌保护器的测试方法一般有二：

（1）一般对线地进行测试，如有需要可对线间测试，对多路输入输出 SPD，随机抽取一个回路进行测试。

（2）将标称耐受能力的 8/20 μs 电流冲击波形施加在 SPD 的输入端，正负极性各 5 次，每次冲击间隔时间为 3 min，在输出端测量残压 U_{res}，这个残压值只用来表明 10 次冲击的保护稳定性，如无波形突变、残压高低不稳等，可用来判定电压保护水平。

3.16～3.20　GB/T 18802.21 中指出，SPD 可能影响网络传输的技术参数中，对于数字信号系统有串联电阻、插入损耗、回波损耗、近端串扰、比特差（误码率）、传输速率等。其中插入损耗、回波损耗、近端串扰是信号类 SPD 静态测试的必测内容（不同种类 SPD 会稍有差别），因此在设计 SPD 时，要充分考虑这些参量。

GB/T18802.21 规定，插入损耗在 SPD 预定使用的传输应用频率范围内的参考值为－1.0 dB，一般信号类 SPD 为－0.5 dB，试品为－0.3 dB。要降低产品插入损耗，必须注意制作 PCB 的线宽、线厚、线间距、串联电阻的选择。

回波损耗是衡量 SPD 与被保护系统波阻抗匹配程度的一个参数。一般对于典型情况下要求 10 dB，对有特殊要求的数据传输系统要求 20 dB 以上。

在 SPD 预定使用的传输应用频率范围内，近端串扰值要小于 40 dB。

3.21　在不同的供电制式、不同的工作电压以及不同的安装位置情况下，要求有不同的最大持续运行电压 U_c。此外，还应针对波动较大的电网（例如城郊电网），实事求是地适当提高 U_c 级别选取标准。

3.22～3.24　应注意限制电压、开关型 SPD 的放电电压、残压 U_{res} 等概念的异同。主要是测试方法不同，有的是静态测试，有的是动态测试。限制电压用规定波形和幅值的冲击电压测量、开关型 SPD 的放电电压用 1.2/50 μs 冲击电压测量放电（点火）电压、残压 U_{res} 用 8/20 μs 冲击电流测量。

在动态测试中，测试信号不一样，测试结果也会大不一样。例如，当冲击电流通过 SPD 时，在 SPD 端子端呈现的电压峰值 U_{res} 与冲击电流通过 SPD 时的波形和幅值有关。一般防雷工程检测所使用便携式的测试仪，只能测试某一波形下较小幅值的残压。比如，我们可能测试的是 3 kA/6 kV（1.2/50 μs 和 8/20 μs ）电流/电压混合波形下的残压。它实际上要比通过真正雷电浪涌电流时产生的残压要小得多。

限制电压属于动态测试。例如，可用雷电电涌测试仪，一种采用能模拟雷击产生高能量电涌的仪器进行动态测试，其测试波形为混合波（开路电压（U_{oc}）波形为 1.2/50 μs，短路电流（I_{sc}）波形为 8/20 μs）。掌握 SPD 残压的变化情况，确保残压低于系统的绝缘水平。

信号网络类 SPD 限制电压测试应使用 1.2/50 μs 电压波测试。

根据 GB/T18802.21，信号 SPD 要用 1.2/50 μs 电压波冲击，以测试其启动电压，并要求输出电压以大约 10% 的幅度分级增加对 SPD 施加冲击，直至观察到放电。

3.25　电压保护水平 U_p 应大于或等于限制电压的最大值，低于相应位置保护的设备的耐冲击过电压额定值。也即与设备的绝缘等级相配合（图 1-9）。

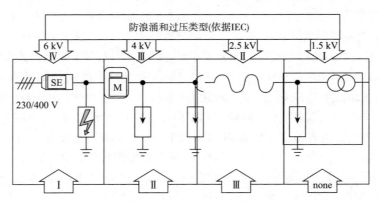

图 1-9　依据 IEC SPD 电压保护水平与绝缘配合

3.26　SPD 的直流电压又称压敏电压，压敏电压属于静态测试，能说明在连续的工作电压下 SPD 是否工作正常。

3.27　对于除放电间隙外的 SPD，要想发现其老化的程度，可进行泄漏电流测试。当泄漏电流太大或泄漏电流变化较快,就应考虑更换。否则,易引起 SPD 发热、爆炸(热崩溃)现象发生。泄漏电流是防雷产品检测机构例行周期检测的参数之一。

劣化现象常发生在 SPD 长时间工作于恶劣环境或直接受雷击电涌时,其性能下降、原技术参数改变。尤其是氧化锌压敏电阻等器件,每次浪涌冲击(不一定是雷击电涌)都会引起其性能下降。经过一定次数冲击后,其性能、技术指标已不能满足要求。

3.28～3.29　多极 SPD 的优点主要有体积小、便于安装、连接导线短、适用于多种保护模式等,有的还实现了多级保护的能量配合。

总放电电流的确定对接地线截面的选择有帮助。

3.30　耐冲击过电压额定值或者叫标称冲击耐受电压是由制造商为设备或设备某一部分指明的冲击耐受电压值,表征其绝缘材料对冲击过电压的特定耐受能力。在 IEC 60664—11.3.9.2 中有专门的定义。一般主要考虑相线与地之间的共模冲击耐受电压。

例如:通讯电缆和电力电缆的冲击耐受电压 U_w 一般如表 1-2 所示。

中国广泛使用的 35 kV 电力线路一般其冲击耐受电压 U_w 约为 300 kV 至 350 kV,其差别主要与绝缘子种类和绝缘子串的篇数、杆塔接地电阻阻值等因素有关。

表 1-2　作为电缆类型的函数的冲击耐受电压 U_w

电缆的类型	U_n(kV)	U_w(kV)
TLC—纸绝缘	—	1,5
TLC—PVC,聚乙烯绝缘	—	5
电力	1	15
电力	3	45
电力	6	60
电力	10	75
电力	15	95
电力	20	125

3.31　防雷装置检测是对防雷装置用目测法、计算法进行外观、标准、质量、完整性、锈蚀情况、焊接、防腐等的查看,隐蔽工程还需照相取证。完成相关检查工作除需要将有关防雷技术条文记在心中外,还需要有一定的电工、钳工、焊工等知识,需要积累一定的经验。

3.32　用各种专用和通用仪器、仪表对防雷装置的各项参数进行准确测量时,需要学习相关的测试理论,还须掌握测试仪表、设备的性能,使用方法等。本书的第四章介绍这方面的内容。

§1.4　检 测 项 目

一、条文

以下检测项目内容应按检测程序中对首次检测和后续检测的规定来选取。

a)建筑物的防雷分类；

b)接闪器；

c)引下线；

d)接地装置；

e)防雷区的划分；

f)电磁屏蔽；

g)等电位连接；

h)电涌保护器(SPD)。

二、条文理解要点

以上规定的检测项目内容包括了所有已实施了的防雷技术措施。一些项目的检测只需进行首次检测,如确定建筑物防雷类别、建筑物的长宽高、接闪器和引下线的规格尺寸和布置,确定被保护设备所处的防雷区等;其余的要进行定期的后续检测。

LPS 的检查应按照雷电防护细则进行。被检测单位应向专业的防雷装置安全检查者提供包含 LPS 必要文献的 LPS 设计报告,例如设计标准、设计描述和技术图。还应向检查者提供以前的 LPS 的维护和检查报告。

如下情况的所有 LPS 应被检查:

(1)在安装 LPS 过程中,尤其是在安装被隐藏在建筑物中的组件过程中,要及时跟踪检测;

(2)在完成 LPS 的安装后。

根据雷电保护区的划分要求(见图 1-10),建筑物大楼外部是直接雷击区域;建筑物内部及计算机房所处的位置为非暴露区,越往内部,危险程度越低。雷电过电压对内部电子设备的损害主要是沿线路引入。

LPZ0$_A$ 区内(如大楼顶部接闪杆保护范围之外的空间)的各物体都可能遭到直接雷击和导走全部雷击电流,本区内的电磁场强度没有衰减。

LPZ0$_B$ 区内(如大楼顶部接闪杆保护范围之内的空间和没有屏蔽的大楼内部或有屏蔽大楼内部的窗口附近)的各种物体不可能遭到大于所选滚球半径对应的雷电

流直接雷击,但本区内的电磁场强度没有衰减。

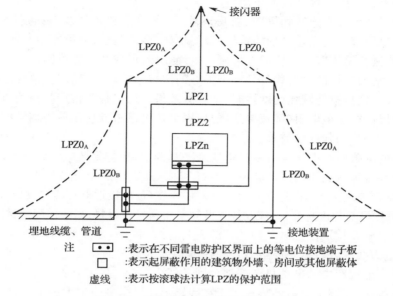

注　　:表示在不同雷电防护区界面上的等电位接地端子板
　　　:表示起屏蔽作用的建筑物外墙、房间或其他屏蔽体
虚线　:表示按滚球法计算LPZ的保护范围

图 1-10　建筑物雷电防护区(LPZ)划分

　　LPZ1 区内(如上述屏蔽大楼内部(不包含窗口附近))的各种物体不可能遭到直接雷击,流经各导体的电流比 LPZ0$_B$ 区更小;本区内的电磁场强度可能得到一定程度的衰减,衰减程度取决于屏蔽措施。

　　当需要进一步减小流入的电流和电磁场强度时,应增设后续防雷区 LPZn+1,并按照需要保护的对象所要求的环境去选择后续防雷区的要求条件。如 LPZ2 区是在 LPZ1 区内再次屏蔽的空间(如上述屏蔽大楼的另外设立的屏蔽网络中心);LPZ3,在 LPZ2 区内再次屏蔽的空间(如上述屏蔽网络中心内的机器金属外壳内部,或接地的机柜内部)。

　　防雷区的划分有利于:

　　(1)确定各(总等电位、局部等电位、辅助等电位)等电位连接带的位置(各 LPZ 的交界处)。

　　(2)在确定了各等电位连接带位置后,可以进一步确定等电位连接导体的最小截面。

　　(3)可以确定 SPD(电涌保护器)的安装位置(在各等电位连接带,即 LPZ 交界处附近)。

　　(4)可以通过计算,考虑到设备的抗电磁干扰能力,而确定是否需进一步增加屏蔽。

　　(5)可考虑敏感电子设备的安全放置位置(LPZ1 区或其以后屏蔽防护区)。

电磁屏蔽是基本的防雷技术措施之一。它是利用磁性材料或者低阻金属材料

(铝、铜)等制成容器将需要隔离的设备、装置、电路全部包起来以阻挡和衰减施加在电子设备上的电磁干扰和过电压能量。

电磁屏蔽可分为建筑物屏蔽、机房屏蔽、设备屏蔽和各种线缆(包括管道)的屏蔽。建筑物屏蔽可利用建筑物的钢筋、金属构架、金属门窗、地板等相互连接在一起,形成一个"法拉第笼",并与地网有可靠的电气连接,形成初级屏蔽网。

例如:框架结构的建筑物就是一个很好的法拉第笼,若金属门窗也与结构钢筋连接,则增大了法拉第笼网孔密度,加强了屏蔽效果。这也是防雷产品检测机构例行周期检测金属门窗接地电阻(屏蔽接地)的原因。还可以采取使用剪力墙结构或做屏蔽室的方式进一步加强屏蔽效果。

设备的屏蔽应在电子设备耐过电压水平基础上,按防雷区(LPZ)施行多级屏蔽。屏蔽的效果首先取决于初级屏蔽网的衰减程度,其次取决于屏蔽层对于入射电磁波的反射损耗和吸收程度,而这又取决于屏蔽层厚度(最好接近电磁波的波长)、网孔密度(密度越大则可靠程度越高)、屏蔽材料(低频采用高导磁材料、高频采用铜材铝材)。

在屏蔽中要特别注意对各种"洞"的密封,除门窗外,重点对入户的金属管道、通信线路、电力线缆入口做好屏蔽。各种线缆均要采取屏蔽措施。屏蔽效果是利用流经金属外皮电流产生的电动势全部耦合到芯线上,芯线上这个逆向电动势可阻止雷电流沿芯线注入,这个反电动势相当于在线路上串联了一个很大的电感,从而降低电线(缆)末端的芯线与外皮之间的电位差。此外,雷电流的"趋肤效应"也可使相当大的一部分电流沿屏蔽层接地端口泄入大地。

电磁屏蔽指的是对电磁波的屏蔽,而静电屏蔽指的是对静电场的屏蔽。静电屏蔽要求屏蔽体必须接地。民用设备的机箱一般仅需要 40 dB 左右的屏蔽效能,而军用设备的机箱一般需要 60 dB 以上的屏蔽效能。

影响屏蔽效能大小的因素与屏蔽材料的性能有关,也与辐射频率、屏蔽体与辐射源的距离以及壳体上可能存在的各种不连续的形状和数量有关。

屏蔽效能 SE(shielding effectiveness)定义为:

$$S = 20\lg \frac{E_1}{E_2}; S = 20\lg \frac{H_1}{H_2}; 或 S = 10\lg \frac{P_1}{P_2}$$

对于实际的屏蔽机箱,屏蔽效能在更大程度上依赖于机箱的结构,即导电连续性。机箱上的接缝、开口等都是电磁波的泄漏源。穿过机箱的电缆也是造成机箱屏蔽效能下降的主要原因。解决机箱缝隙电磁泄漏的方法是在缝隙处使用电磁密封衬垫和弹性指簧等屏蔽材料。

屏蔽机箱上绝不允许有导线直接穿过。当导线必须穿过机箱时,一定要使用适当的滤波器,或 SPD,同时必须对导线进行适当的屏蔽。

需要说明的是,以上检测项目似乎主要是针对专门的防雷装置进行检测。其实,还有其他检测项目对防雷有重要的意义。例如,应该进行与防雷装置紧密联系不能分割的电气装置的测试。这包括对低压配电电气装置的综合测试(绝缘电阻、RCD-跳闸时间、RCD-跳闸电流、故障回路阻抗和预期短路电流、短路电流下的接触电压、电压、电流(真有效值)、电源频率、峰值电流、功率、电能、谐波分析(电压和电流)等)、静电的有关测试、综合布线检查测试等。这些测试项目会随着防雷检测机构装备水平的提高以及防雷技术的不断发展而有所增加。

§1.5　检测要求和方法

一、条文

5.1　建筑物的防雷分类

应按 GB 50057—2010 中第 3 章的规定对建筑物进行防雷分类。

在设有低压电气系统和电子系统的建筑物需防雷击电磁脉冲的情况下,当该建筑物不属于第一类、第二类和第三类防雷建筑物和不处于其他建筑物或物体的保护范围内时,宜将其划属第三类防雷建筑物。

5.2　接闪器

5.2.1　要求

5.2.1.1　接闪器的布置,应符合表 1 的规定。

表 1　各类防雷建筑物接闪器的布置要求

建筑物防雷类别	接闪杆滚球半径(m)	避雷网网格尺寸(m×m)
第一类防雷建筑物	30	≤5×5 或 6×4
第二类防雷建筑物	45	≤10×10 或 12×8
第三类防雷建筑物	60	≤20×20 或 24×16

接闪带、均压环和架空避雷线应按 GB 50057—2010 中的规定布置。

5.2.1.2　接闪器的材料规格应符合 GB 50057—2010 中第 5 章第 2 节的要求。

5.2.2　接闪器的检查

5.2.2.1　检查接闪器与建筑物顶部外露的其他金属物的电气连接、与避雷引下线电气连接,天面设施等电位连接。

5.2.2.2　检查接闪器的位置是否正确,焊接固定的焊缝是否饱满无遗漏,螺栓固定的应备帽等防松零件是否齐全,焊接部分补刷的防腐油漆是否完整,接闪器是否锈蚀 1/3 以上。接闪带是否平正顺直,固定点支持件是否间距均匀,固定可靠,接闪带支持件间距是否符合水平直线距离为 0.5～1.5 m 的要求。每个支持件能否承受 49 N(5 kgf)的垂直拉力。

5.2.2.3　首次检测时应检查避雷网的网格尺寸是否符合本标准表1的要求，第一类防雷建筑物的接闪器（网、线）与风帽、放散管之间的距离应符合 GB 50057—2010 中第4.2条中的规定。

5.2.2.4　首次检测时应用经纬仪或测高仪和卷尺测量接闪器的高度、长度，建筑物的长、宽、高，然后根据建筑物防雷类别用滚球法计算其保护范围。

5.2.2.5　首次检测时应测量接闪器的规格尺寸，应符合 GB 50057—2010 中5.2的要求。

5.2.2.6　检查接闪器上有无附着的其他电气线路。如果接闪器上有附着的其他电气线路则应按 GB 50169—1992 中第2.5.3条规定检查，即"装有接闪杆和避雷线的构架上的照明灯电源线，必须采用直埋于土壤中的带金属护层的电缆或穿入金属管的导线。电缆的金属护层或金属管必须接地，埋入土壤中的长度应在 10 m 以上，方可与配电装置的接地相连或与电源线、低压配电装置相连接"。

5.2.2.7　首次检测时应检查建筑物高于所选滚球半径对应高度以上时，防侧击保护措施，应符合 GB 50057—2010 中第4.3条等条款的要求。

5.2.2.8　当低层或多层建筑物利用屋顶女儿墙内或防水层内、保温层内的钢筋作暗敷接闪器时，要对该建筑物周围的环境进行检查，防止可能发生的混凝土碎块坠落等事故隐患。高层建筑物不应利用建筑物女儿墙内钢筋作为暗敷接闪带。

5.3　引下线

5.3.1　要求

5.3.1.1　引下线的布置：引下线一般采用明敷、暗敷或利用建筑物内主钢筋或其他金属构件敷设。引下线可沿建筑物最易受雷击的屋角外墙明敷，建筑艺术要求较高者可暗敷。建筑物的消防梯、钢柱等金属构件宜作为引下线的一部分，其各部件之间均应连成电气通路。例如，采用铜锌合金焊、熔焊、卷边压接、缝接、螺钉或螺栓连接。

注：各金属构件可被覆有绝缘材料。

5.3.1.2　引下线的材料规格应符合 GB 50057—2010 中5.3的规定。

5.3.1.3　对各类防雷建筑物引下线的具体要求。

5.3.1.3.1　各类防雷建筑物引下线间距见表2。

表2　各类防雷建筑物引下线间距的具体要求

建筑物防雷类别	引下线间距（m）
第一类防雷建筑物	12
第二类防雷建筑物	18
第三类防雷建筑物	25

5.3.1.3.2　第一类防雷建筑物的独立接闪杆的杆塔、架空避雷线的端部和架空避雷网的各支柱处应至少设一根引下线。对用金属制成或有焊接、绑扎连接钢筋网的杆塔、支柱，宜利用其作为引下线。

5.3.1.3.3 第一类防雷建筑物的金属屋面周边每隔 18～24 m 应采用引下线接地一次。现场浇制的或由预制构架组成的钢筋混凝土屋面,其钢筋宜绑扎或焊接成闭合回路,并应每隔 18～24 m 采用引下线接地一次。

5.3.1.3.4 第二类防雷建筑物的引下线不应少于两根,并应沿建筑物四周均匀或对称布置。当仅利用建筑物四周的钢柱或柱内钢筋作为引下线时,可按跨度设引下线,但引下线平均间距不应大于 18 m。

5.3.1.3.5 第三类防雷建筑物的引下线不应少于两根,但周长不超过 25 m,且高度不超过 40 m 的建筑物可只设一根引下线。当仅利用建筑物四周的钢柱或柱内钢筋作为引下线时,可按跨度设引下线,但引下线的平均间距不应大于 25 m。

5.3.1.3.6 烟囱的引下线应符合 GB 50057—2010 中第 5.3.3 条的要求。

5.3.2 引下线的检查

5.3.2.1 首次检测应检查引下线隐蔽工程记录。

5.3.2.2 检查明敷引下线是否平直,无急弯。卡钉是否分段固定,且能承受 49 N(5 kgf)的垂直拉力。引下线支持件间距是否符合水平直线部分 0.5～1.5 m,垂直直线部分 1.5～3 m,弯曲部分 0.3～0.5 m 的要求。检查引下线、接闪器和接地装置的焊接处是否锈蚀,油漆是否有遗漏及近地面的保护设施。利用建筑物内钢筋作为暗敷引下线的检查方法正在研究中。

5.3.2.3 首次检测时应用卷尺测量每相邻两根引下线之间的距离,记录引下线布置的总根数,每根引下线为一个检测点,按顺序编号检测。

5.3.2.4 首次检测时应用游标卡尺测量每根引下线的规格尺寸。

5.3.2.5 检查明敷引下线上有无附着的其他电气线路。如果有则应按 5.2.2.6 检查。测量明敷引下线与附近其他电气线路的距离,一般不应小于 1 m。

5.3.2.6 检查断接卡的设置是否符合 GB 50057—2010 中第 5.3.6 条的要求。

5.3.2.7 采用仪器检查引下线接地端与接地体的电气连接性能。

5.4 接地装置

5.4.1 要求

5.4.1.1 共用接地系统的要求

除第一类防雷建筑物独立接闪杆和架空避雷线(网)的接地装置有独立接地要求外,其他建筑物应利用建筑物内的金属支撑物、金属框架或钢筋混凝土的钢筋等自然构件、金属管道、低压配电系统的保护线(PE)等与外部防雷装置连接构成共用接地系统。

当互相邻近的建筑物之间有电力和通信电缆连通时,宜将其接地装置互相连接。

5.4.1.2 独立接地的要求

第一类防雷建筑物的独立接闪杆和架空避雷线(网)的支柱及其接地装置至被保护物及与其有联系的管道、电缆等金属之间的距离应符合 GB 50057—2010 中第 4 章的规定。第二类和第三类防雷建筑物在防雷接地装置独立设置时,地中距离应符合 GB 50057—2010 中第 4 章有关条文的规定。

5.4.1.3　利用建筑物的基础钢筋作为接地装置时应符合 GB 50057—2010 中第 4 章有关条文的要求。

5.4.1.4　接地装置的接地电阻(或冲击接地电阻)值应符合设计的要求。有关标准规定的设计要求值见表 3。

表 3　接地电阻(或冲击接地电阻)允许值

接地装置的主体	允许值(Ω)	接地装置的主体	允许值(Ω)
第一类防雷建筑物防雷装置	≤10ᵃ	天气雷达站共用接地	≤4
第二类防雷建筑物防雷装置	≤10ᵃ	配电电气装置总接地装置(A 类)	≤10
第三类防雷建筑物防雷装置	≤30ᵃ	配电变压器(B 类)	≤4
汽车加油、加气站防雷装置	≤10	有线电视接收天线杆	≤4
电子计算机机房防雷装置	≤10ᵃ	卫星地球站	≤5

注 1：第一类防雷建筑物防雷波侵入时,距建筑物 100 m 内的管道,每隔 25 m 接地一次的冲击接地电阻值不应大于 20 Ω。

注 2：第二类防雷建筑物防雷电波侵入时,架空电源线入户前两基电杆的绝缘子铁脚接地冲击电阻值不应大于 30 Ω。属于本标准附录 A.1.2.7 钢罐接地电阻不应大于 30 Ω。

注 3：第三类防雷建筑物中属于本标准附录 A 中 A.1.3.2 建筑物接地电阻不应大于 10 Ω。

注 4：加油、加气站防雷接地、防静电接地、电气设备的工作接地、保护接地及信息系统的接地等,宜共用接地装置,其接地电阻不应大于 4 Ω。

注 5：电子计算机机房宜将交流工作接地(要求≤4 Ω)、交流保护接地(要求≤4 Ω)、直流工作接地(按计算机系统具体要求确定接地电阻值)、防雷接地共用一组接地装置,其接地电阻按其中最小值确定。

注 6：雷达站共用接地装置在土壤电阻率小于 100 Ω·m 时,宜≤1 Ω;土壤电阻率为 100~300 Ω·m 时,宜≤2 Ω;土壤电阻率为 300~1 000 Ω·m 时,宜≤4 Ω;当土壤电阻率>1 000 Ω·m 时,可适当放宽要求。

注 7：按 GB 50057 规定,第一、二、三类防雷建筑物的接地装置在一定的土壤电阻率条件下,其地网等效半径大于规定值时,可不增设人工接地体,此时可不计冲击接地电阻值。

凡加角注 a 者为冲击接地电阻值。

5.4.1.5　人工接地体材料要求、埋设深度和间距等要求应符合 GB 50057—2010 中 5.4 的规定。

5.4.1.6　对土壤电阻率的测量,见本标准附录 D(规范性附录)。

5.4.2　接地装置的检测

5.4.2.1　检查

5.4.2.1.1　首次检测时应查看隐蔽工程记录;检查接地装置的结构和安装位置;检查接地体的埋设间距、深度、安装方法;检查接地装置的材质、连接方法、防腐处理。

5.4.2.1.2　检查接地装置的填土有无沉陷情况。

5.4.2.1.3　检查有无因挖土方、敷设管线或种植树木而挖断接地装置。

5.4.2.1.4　首次检测时应检查相邻接地体在未进行等电位连接时的地中距离。

5.4.2.1.5　检查第一类防雷建筑物与树木之间的净距是否大于 5 m。

5.4.2.1.6　新建、改建、扩建建筑物利用建筑物的基础钢筋作为接地装置的跟踪检测在研究中。

5.4.2.2　用毫欧表检测两相邻接地装置的电气连接

为检测两相邻接地装置是否达到本标准 5.4.1.1 规定的共用接地系统要求或 5.4.1.2 规定的独立接地要求,首次检测时应使用毫欧表对两相邻接地装置进行测量。如测得阻值不大于 1 Ω,则断定为电气导通,如测得阻值偏大,则判定为各自为独立接地。

注:接地网完整性测试可参见 GB/T 17949.1—2000 的 8.3。

5.4.2.3　接地装置的接地电阻值测量

接地装置的工频接地电阻值测量常用三极法和使用接地电阻表法,其测得的值为工频接地电阻值,当需要冲击接地电阻值时,应按本标准附录 B(规范性附录)的规定进行换算。

每次检测都应固定在同一位置,采用同一台仪器,采用同一种方法测量,记录在案以备下一年度比较性能变化。

三极(G、P、C)应布置在一条直线上且垂直于地网。

三极法的三极是指图 1 上的被测接地装置 G,测量用的电压极 P 和电流极 C。图中测量用的电流极 C 和电压极 P 离被测接地装置 G 边缘的距离为 $d_{GC} = (4 \sim 5)D$ 和 $d_{GP} = (0.5 \sim 0.6)d_{GC}$,D 为被测接地装置的最大对角线长度,点 P 可以认为是处在实际的零电位区内。为了较准确地找到实际零电位区时,可把电压极沿测量用电流极与被测接地装置之间连接线方向移动三次,每次移动的距离约为 d_{GC} 的 5%,测量电压极 P 与接地装置 G 之间的电压。如果电压表的三次指示值之间的相对误差不超过 5%,则可以把中间位置作为测量用电压极的位置。

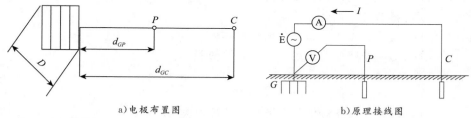

a)电极布置图　　　　　　　　　　　　b)原理接线图

G——被测接地装置;

P——测量用的电压极;

C——测量用的电流极;

E——测量用的工频电源;

A——交流电流表;

V——交流电压表;

D——被测接地装置的最大对角线长度。

图 1　三极法的原理接线图

把电压表和电流表的指示值 U_G 和 I 代入 $R_G = \dfrac{U_G}{I}$ 式中去,得到被测接地装置的工频接地电阻 R_G。

当被测接地装置的面积较大而土壤电阻率不均匀时,为了得到较可信的测试结果,宜将电流极离被测接地装置的距离增大,同时电压极离被测接地装置的距离也相应地增大。

在测量工频接地电阻时,如 $d_{GC}(4\sim5)D$ 值有困难,当接地装置周围的土壤电阻率较均匀时,d_{GC} 可以取 $2D$ 值,而 d_{GP} 取 D 值;当接地装置周围的土壤电阻率不均匀时,d_{GC} 可以取 $3D$ 值,d_{GP} 值取 $1.7D$ 值。

使用接地电阻表(仪)进行接地电阻值测量时,宜按选用仪器的要求进行操作。

5.5 防雷区的检查

防雷区的划分应按照 GB 50057—2010 第 6.2.1 条的规定将需要防雷击电磁脉冲的环境划分为 $LPZ0_A$、$LPZ0_B$、LPZ1……LPZn+1 区,防雷区定义见 GB 50057—2010 中第 6.2.1 条。在进行防雷区的划分后,应检查防雷工程设计中 LPZ 的划分是否符合标准。

注:在 IEC 62305—4、IEC 61643—12 和 IEC 61643—22 中均根据防雷区(LPZ)、雷击类型和损害及损失类型对 SPD 的选择作出要求。

雷击类型根据雷电可能击中的位置划分为 $S_1\sim S_4$ 型:

S_1:雷击建筑物;

S_2:雷击在建筑物的邻近区域;

S_3:雷击在电力线或通信线上;

S_4:雷击在电力线或通信线附近。

损害类型划分为 $D_1\sim D_3$ 型:

D_1:接触或跨步电压导致人员伤亡;

D_2:建筑物或其他物体的物理损坏;

D_3:电涌导致电气系统或电子系统的损坏。

损失类型划分为 $L_1\sim L_4$ 型:

L_1:生命损失;

L_2:向公众服务的供电和通信系统的损失;

L_3:文化遗产损失;

L_4:经济损失。

在进行防雷设计时,首先应对受保护对象进行雷击风险评估,在评估后确认需进行防雷设计和施工后还需按雷击类型($S_1\sim S_4$ 型)考虑需采取的防雷措施,如 SPD 的选择。

当雷击类型为 S_1、S_2 及 S_3 型时(S_3 型尚需考虑架空线路的长度、所在地雷暴日数和架空杆塔的接地状况),位于 $LPZ0_A$ 或 $LPZ0_B$ 区与 LPZ1 区交界处(MB)的 SPD1 在电气系统中应选 I 级分类试验的产品,在电信和信号网络中应选择 $10/350\ \mu s$ 或 $10/350\ \mu s$

波形试验的 D_1 或 D_2 类(见 GB 18802.21)产品。

5.6 雷电电磁脉冲屏蔽

5.6.1 建筑物和线路的屏蔽要求

5.6.1.1 建筑物的屋顶金属表面、立面金属表面、混凝土内钢筋和金属门窗框架等大尺寸金属件等应等电位连接在一起,并与防雷接地装置相连。

5.6.1.2 屏蔽电缆的金属屏蔽层应至少在两端并宜在各防雷区交界处做等电位连接,并与防雷接地装置相连。

5.6.1.3 建筑物之间用于敷设非屏蔽电缆的金属管道、金属格栅或钢筋成格栅形的混凝土管道,两端应电气贯通,且两端应与各自建筑物的等电位连接带连接。

5.6.1.4 屏蔽结构可分为网型和板型两种。

网型屏蔽是采用金属网或板拉网构成的焊接固定式或装配式金属屏蔽,如利用建筑物内钢筋组成的法拉第笼或专门设置的网型屏蔽室。

板型屏蔽是采用金属板或金属薄片构成金属屏蔽,板型屏蔽效果比网型屏蔽较好。

屏蔽材料宜选用铜材、钢材或铝材。选用板材时,其厚度宜为 0.3~0.5 mm 之间。选用网材时,应考虑网材目数和增设网材层数。需要时,在门、窗的屏蔽中,可采用钢网屏蔽玻璃。

5.6.2 电磁屏蔽的检测方法

5.6.2.1 用毫欧表检查屏蔽网格、金属管(槽)、防静电地板支撑金属网格、大尺寸金属件、房间屋顶金属龙骨、屋顶金属表面、立面金属表面、金属门窗、金属格栅和电缆屏蔽层的电气连接,过渡电阻值不宜大于 0.03 Ω。用卡尺测量屏蔽材料规格尺寸是否符合本标准 5.6.1.4 的要求。

5.6.2.2 计算建筑物利用钢筋或专门设置的屏蔽网的屏蔽效率,电磁场屏蔽的计算方法见 GB 50057—2010 中第 6.3.2 条的规定。

5.6.2.3 用仪器检测电磁屏蔽效率的测量在研究中。参见本标准附录C(资料性附录)。

5.6.2.4 首次检测按图施工是否符合标准要求。

5.7 等电位连接

5.7.1 等电位连接的基本要求

5.7.1.1 第一类防雷建筑物的等电位连接应符合 GB 50057—2010 中第 4.2 条等的要求。

5.7.1.2 第二类防雷建筑物的等电位连接应符合本标准 GB 50057—2010 中第 4.3 条等的要求。

5.7.1.3 第三类防雷建筑物的等电位连接应符合 GB 50057—2010 中第 4.4 条等的要求。

5.7.1.4　信息技术设备的等电位连接应符合 GB 50057—2010 中第 6 章中的要求。

5.7.1.5　等电位连接导线和连接到接地装置的导体的最小截面应符合 GB 50057—2010 中表 6.3.4 中的要求。

5.7.2　等电位连接的检查和测试

5.7.2.1　大尺寸金属物的连接检查与测试

检查设备、管道、构架、均压环、钢骨架、钢窗、放散管、吊车、金属地板、电梯轨道、栏杆等大尺寸金属物与共用接地装置的连接情况。如已实现连接应进一步检查连接质量,连接导体的材料和尺寸。

5.7.2.2　平行敷设的长金属物的检查和测试

检查平行或交叉敷设的管道、构架和电缆金属外皮等长金属物,其净距小于规定要求值时的金属线跨接情况。如已实现跨接应进一步检查连接质量,连接导体的材料和尺寸。

5.7.2.3　长金属物的弯头、阀门等连接物的检查和测试

检查第一类防雷建筑物中长金属物的弯头、阀门、法兰盘等连接处的过渡电阻,当过渡电阻大于 0.03 Ω 时,检查是否有跨接的金属线,并检查连接质量,连接导体的材料和尺寸。

5.7.2.4　总等电位连接带的检查和测试

检查由 LPZ0 区到 LPZ1 区的总等电位连接状况。如已实现其与防雷接地装置的两处以上连接,应进一步检查连接质量、连接导体的材料和尺寸。

5.7.2.5　低压配电线路埋地引入和连接的检查与测试

检查低压配电线路是否全线埋地或敷设在架空金属线槽内引入。如全线采用电缆埋地引入有困难,应检查电缆埋地长度和电缆与架空线连接处使用的避雷器、电缆金属外皮、钢管和绝缘子铁脚等接地连接质量,连接导体的材料和尺寸。

5.7.2.6　第一类和处在爆炸危险环境的第二类防雷建筑物外架空金属管道的检查和测试

检查架空金属管道进入建筑物前是否每隔 25 m 接地一次,进一步检查连接质量,连接导体的材料和尺寸。

5.7.2.7　建筑物内竖直敷设的金属管道及金属物的检查和测试

检查建筑物内竖直敷设的金属管道及金属物与建筑物内钢筋就近不少于两处的连接,如已实现连接,应进一步检查连接质量,连接导体的材料和尺寸。

5.7.2.8　进入建筑物的外来导电物连接的检查和测试

所有进入建筑物的外来导电物均应在 LPZ0 区与 LPZ1 区界面处与总等电位连接带连接,如已实现连接应进一步检查连接质量,连接导体的材料和尺寸。

5.7.2.9　穿过各后续防雷区界面处导电物连接的检查和测试

所有穿过各后续防雷区界面处导电物均应在界面处与建筑物内的钢筋或等电位连接预留板连接,如已实现连接应进一步检查连接质量、连接导体的材料和尺寸。

5.7.2.10　信息技术设备等电位连接的检查测试

检查信息技术设备与建筑物共用接地系统的连接,应检查连接的基本形式,并进一步检查连接质量、连接导体的材料和尺寸。如采用 S 型连接,应检查信息技术设备的所有金属组件,除在接地基准点(ERP)处外,是否达到规定的绝缘要求。

5.7.2.11　等电位连接的过渡电阻的测试采用空载电压 4～24 V,最小电流为 0.2 A 的测试仪器进行检测,过渡电阻值一般不应超过 0.03 Ω。

5.8　电涌保护器(SPD)

5.8.1　要求

5.8.1.1　基本要求

5.8.1.1.1　应使用经国家认可的检测实验室检测,符合 GB 18802.1 和 GB/T 18802.21 标准的产品。

5.8.1.1.2　原则上 SPD 和等电位连接位置应在各防雷区的交界处,但当线路能承受预期的电涌电压时,SPD 可安装在被保护设备处。

5.8.1.1.3　SPD 必须能承受预期通过它们的雷电流,并具有通过电涌时的电压保护水平和有熄灭工频续流的能力。

5.8.1.1.4　当电源采用 TN 系统时,从总配电盘(箱)开始引出的配电线路和分支线路必须采用 TN-S 系统。选择 220/380 V 三相系统中的电涌保护器,U_C 值应符合本标准表 4 的规定。

表 4　在各种低压配电系统接地形式时 SPD 的最小 U_C 值

电涌保护器连接于	形式				
	TT 系统	TN—C 系统	TN—S 系统	引出中性线的 IT 系统	不引出中性线的 IT 系统
每一相线和中性线间	$1.15\,U_0$	不适用	$1.15\,U_0$	$1.15\,U_0$	不适用
每一相线和 PE 线间	$1.55\,U_0$	不适用	$1.15\,U_0$	$1.15\,U_0$	$1.15\,U$
中性线和 PE 线间	$1.15\,U_0$	不适用	$1.15\,U_0$	$1.15\,U_0$	不适用
每一相线和 PEN 线间	不适用	$1.15\,U_0$	不适用	不适用	不适用

注:1. U_0 指低压系统相线对中性线的标称电压,U 为线间电压,$U=\sqrt{3U_0}$。

　2. 在 TT 系统中,SPD 在 RCD 的负荷侧安装时,最低 U_0 值不应小于 $1.55\,U_0$,此时安装形式为 L-PE 和 N-PE;当 SPD 在 RCD 的电源侧安装时,应采用"3+1"形式,即 L-N 和 N-PE,U_0 值不应小于 $1.15\,U_0$。

5.8.1.1.5　选择电子系统中信息技术设备信号电涌保护器,U_C 值一般应高于系统运行时信号线上的最高工作电压的 1.2 倍,表 5 提供了常见电子系统的参考值。

表 5　常用电子系统工作电压与 SPD 额定工作电压的对应关系参考值

序号	通信线类型	额定工作电压(V)	SPD 额定工作电压(V)
1	DDN/X.25/帧中继	<6 或 40～60	18 或 80
2	xDSI。	<6	18

(续表)

序号	通信线类型	额定工作电压(V)	SPD 额定工作电压(V)
3	2M 数字中继	<5	6.5
4	ISDN	40	80
5	模拟电话线	<110	180
6	100 M 以太网	<5	6.5
7	同轴以太网	<5	6.5
8	RS232	<12	18
9	RS422/485	<5	6
10	视频线	<6	6.5
11	现场控制	<24	29

5.8.1.1.6　SPD 两端的连线应符合本标准第 5.7.1.5 中连接导线的最小截面要求,SPD 两端的引线长度不宜超过 0.5 m。SPD 应安装牢固。

5.8.1.2　低压配电系统对 SPD 的要求

5.8.1.2.1　电源 SPD 的 U_p 应低于被保护设备的耐冲击过电压额定值 U_w,一般应加上 20% 的安全裕量,即有效的电压保护水平 $U_{p(f)}$,低于 0.8 倍的 U_w。U_w 值可参见表 6。ΔU 为 SPD 两端引线上产生的电压,一般取 1 kV/m(8/20 μs,20 kA 时)。

表 6　220/380 V 三相系统各种设备耐冲击过电压额定值(U_w)

设备位置	电源处的设备	配电线路和最后分支线路的设备	用电设备	特殊需要保护设备
耐冲击过电压类别	Ⅳ 类	Ⅲ 类	Ⅱ 类	Ⅰ 类
耐冲击过电压额定值(kV)	6	4	2.5	1.5

注:Ⅰ 类——需要将瞬态过电压限制到特定水平的设备,如含有电子电路的设备,计算机及含有计算机程序的用电设备。

　　Ⅱ 类——如家用电器(不含计算机及含有计算机程序的家用电器)、手提工具、不间断电源设备(UPS)、整流器和类似负荷。

　　Ⅲ 类——如配电盘、断路器,包括电缆、母线、分线盒、开关、插座等的布线系统,以及应用于工业的设备和永久接至固定装置的固定安装的电动机等的一些其他设备。

　　Ⅳ 类——如电气计量仪表、一次线过流保护设备、波纹控制设备。

5.8.1.2.2　当被保护设备的 U_w 与 $U_P(\Delta U)$ 的关系满足 5.8.1.2.1 时,被保护设备前端可只加一级 SPD,否则应增加 SPD2 乃至 SPD3,直至满足 5.8.1.2.1 规定为止。

5.8.1.3　电源 SPD 的布置

5.8.1.3.1　在 LPZ0$_A$ 或 LPZ0$_B$ 区与 LPZ1 区交界处,在从室外引来的线路上安装的 SPD 应选用符合Ⅰ级分类试验的浪涌保护器。其 I_{imp} 值可按 GB 50057 规定的方法选取。当难于计算时,可按 GB 16895.22 的规定,当建筑物已安装了防直击雷装置,或与其有电气连接的相邻建筑物安装了防直击雷装置时,每一相线和中性线对 PE 之间 SPD 的冲击电流 I_{imp} 值不应小于 12.5 kA;采用 3+1 形式时,中性线与 PE 线间不宜小于 50 kA(10/350 μs)。对多极 SPD,总放电电流 I_{total} 不宜小于 50 kA (10/350 μs)。当进线完全在 LPZ0$_B$ 或雷击建筑物和雷击与建筑物连接的电力线或通信线上的失效风险可以忽略时采用 I_n 测试的 SPD(II 类试验的 SPD)。

注:当雷击类型为 S$_3$ 型时,架空线使用金属材料杆(含钢筋混凝土杆)并采取接地措施时和雷击类型为 S$_4$ 型时,SPD1 可选用 II 级和 III 级分类试验的产品,I_n 值不应小于 5 kA。

5.8.1.3.2　在 LPZ1 区与 LPZ2 区交界处,分配电盘处或 UPS 前端宜安装第二级 SPD。其标称放电电流 I_n 不宜小于 5 kA(8/20 μs)。

5.8.1.3.3　在重要的终端设备或精密敏感设备处,宜安装第三级 SPD,其标称放电电流 I_n 值不宜小于 3 kA(8/20 μs)。

注:无论是安装一级或二级,乃至三至四级 SPD,均应符合本标准 5.8.1.1 和 5.8.1.2 的规定。

5.8.1.3.4　当在线路上多处安装 SPD 时,SPD 之间的线路长度应按试验数据采用;若无此试验数据时,电压开关型 SPD 与限压型 SPD 之间的线路长度不宜小于 10 m,若小于 10 m 应加装退耦元件。限压型 SPD 之间的线路长度不宜小于 5 m,若小于 5 m 应加装退耦元件。

5.8.1.3.5　安装在电路上的 SPD,其前端应有后备保护装置过电流保护器。如使用熔断器,其值应与主电路上的熔断电流值相配合。即应当根据电涌保护器 (SPD)产品手册中推荐的过电流保护器的最大额定值选择。如果额定值大于或等于主电路中的过电流保护器时,则可省去。

5.8.1.3.6　SPD 如有通过声、光报警或遥信功能的状态指示器,应检查 SPD 的运行状态和指示器的功能。

5.8.1.3.7　连接导体应符合相线采用黄、绿、红色,中性线用浅蓝色,保护线用绿/黄双色线的要求。

5.8.1.4　电信和信号网络 SPD 的布置

5.8.1.4.1　连接于电信和信号网络的 SPD 其电压保护水平 U_p 和通过的电流 I_P 应低于被保护的信息技术设备(ITE)的耐受水平。

5.8.1.4.2　在 LPZ0$_A$ 区或 LPZ0$_B$ 区与 LPZ1 区交界处应选用 I_{imp} 值为 0.5~2.5 kA(10/350 μs 或 10/250 μs)的 SPD 或 4 kV(10/700 μs)的 SPD;在 LPZ1 区与 LPZ2 区交界处应选用 U_{oc} 值为 0.5~10 kV(1.2/50 μs)的 SPD 或 0.25~5 kA (8/20 μs)的 SPD;在 LPZ2 区与 LPZ3 区交界处应选用 0.5~1 kV(1.2/50 μs)的

SPD 或 0.25~0.5 kA(8/20 μs)的 SPD。

5.8.1.4.3　网络入口处通信系统的 SPD,尚应满足系统传输特性,如比特差错率(BER)、带宽、频率、允许的最大衰减和阻抗等。对用户的 IT 系统,应满足 BER、近端交扰(NEXT)、允许的最大衰减和阻抗等。对有线电视系统,应满足带宽、回波损耗、450 Hz 时允许最大衰减和阻抗等特性参数。

5.8.1.4.4　本标准 5.8.1.1 的基本要求原则上适用于电信和信号网络的 SPD。

5.8.1.4.5　信号电涌保护器(SPD)原则上应设置在金属线缆进出建筑物(机房)的防雷区界面处,但由于工艺要求或其他原因,受保护设备的安装位置不会正好设在防雷区界面处,在这种情况下,当线路能承受所发生的电涌电压时,也可将信号电涌保护器(SPD)安装在保护设备端口处。信号电涌保护器(SPD)与被保护设备的等电位连接导体的长度应尽可能短,以减少电感电压降对电压保护水平的影响。导线连接过渡电阻应不大于 0.03 Ω。

5.8.2　SPD 的检查

5.8.2.1　用 N-PE 环路电阻测试仪。测试从总配电盘(箱)引出的分支线路上的中性线(N)与保护线(PE)之间的阻值,确认线路为 TN-C 或 TN-C-S 或 TN-S 或 TT 或 IT 系统。

5.8.2.2　检查并记录各级 SPD 的安装位置,安装数量、型号、主要性能参数(如 U_C、I_n、I_{max}、I_{imp} U_p 等)和安装工艺(连接导体的材质和导线截面,连接导线的色标,连接牢固程度)。

5.8.2.3　对 SPD 进行外观检查:SPD 的表面应平整,光洁,无划伤,无裂痕和烧灼痕或变形。SPD 的标志应完整和清晰。

5.8.2.4　测量多级 SPD 之间的距离和 SPD 两端引线的长度,应符合本标准 5.8.1.1.6 和 5.8.1.3.4 的要求。

5.8.2.5　检查 SPD 是否具有状态指示器。如有,则需确认状态指示应与生产厂说明相一致。

5.8.2.6　检查安装在电路上的 SPD 限压元件前端是否有脱离器。如 SPD 无内置脱离器,则检查是否有过电流保护器,检查安装的过电流保护器是否符合本标准 5.8.1.3.5 的要求。

5.8.2.7　检查安装在配电系统中的 SPD 的 U_C 值应符合表 4 的规定要求。

5.8.2.8　检查安装的电信、信号 SPD 的 U_C 值应符合本标准 5.8.1.1.5 的规定要求。

5.8.2.9　检查 SPD 安装工艺和接地线与等电位连接带之间的过渡电阻。

5.8.3　电源 SPD 的测试

5.8.3.1　SPD 运行期间,会因长时间工作或因处在恶劣环境中而老化,也可能因受雷击电涌而引起性能下降、失效等故障。因此需定期进行检查。如测试结果表明 SPD 劣化，或状态指示指出 SPD 失效，应及时更换。

5.8.3.2　泄漏电流 I_{ie} 的测试

除电压开关型外，SPD 在并联接入电网后都会有微安级的电流通过，如果此值偏大，说明 SPD 性能劣化，应及时更换。可使用防雷元件测试仪或泄漏电流测试表对限压型 SPD 的 I_{ie} 值进行静态试验。规定在 $0.75\,U_{1mA}$ 下测试。

首先应取下可插接式 SPD 的模块或将线路上两端连线拆除，多组 SPD 应按图 2 所示连接逐一进行测试。测试仪器使用方法见仪器使用说明书。

合格判定：当实测值大于生产厂标称的最大值时，判定为不合格，如生产厂未标定出 I_{ie} 值时，一般不应大于 $20\,\mu A$。

注：SPD 泄漏电流在线测试方法在研究中，一般认为由于存在阻性电流和容性电流，其值应在 mA 级范围内。

5.8.3.3　直流参考电压（U_{1mA}）的测试

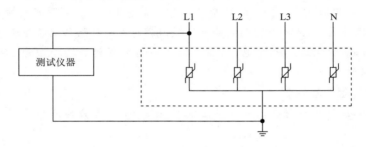

图 2　多组 SPD 逐一测试示意图

a）本试验仅适用于以金属氧化物压敏电阻（MOV）为限压元件且无其他并联元件的 SPD。主要测量在 MOV 通过 1 mA 直流电流时，其两端的电压值。

b）将 SPD 的可插拔模块取下测试，按测试仪器说明书连接进行测试。如 SPD 为一件多组并联，应用图 2 所示方法测试，SPD 上有其他并联元件时，测试时不对其接通。

c）将测试仪器的输出电压值按仪器使用说明及试品的标称值选定，并逐渐提高，直至测到通过 1 mA 直流时的压敏电压。

d）对内部带有滤波或限流元件的 SPD，应不带滤波器或限流元件进行测试。

注：带滤波或限流元件的 SPD 测试方法在研究中。

e）合格判定：当 U_{1mA} 值不低于交流电路中 U_0 值 1.86 倍时，在直流电路中为直流电压 1.33 至 1.6 倍时，在脉冲电路中为脉冲初始峰值电压 1.4 至 2.0 倍时，可判定为合格。也可与生产厂提供的允许公差范围表对比判定。

5.8.3.4　电信和信号网络的 SPD 特性参数的测试方法在研究中。

5.8.3.5　SPD 实测限制电压的现场测试方法在研究中。

5.9　检测作业要求

5.9.1　应在非雨天和土壤未冻结时检测土壤电阻率和接地电阻值。现场环境条件应能保证正常检测。

5.9.2　应具备保障检测人员和设备的安全防护措施,雷雨天应停止检测,攀高危险作业必须遵守攀高作业安全守则。检测仪表、工具等不能放置在高处,防止坠落伤人。

5.9.3　检测仪器应在检定合格有效使用期内使用。

5.9.4　检测时,接地电阻测试仪的接地引线和其他导线应避开高、低压供电线路。

5.9.5　每一项检测需要有二人以上共同进行,每一个检测点的检测数据需经复核无误后,填入原始记录表。

5.9.6　在检测爆炸火灾危险环境的防雷装置时,严禁带火种、无线电通信设备;严禁吸烟,不应穿化纤服装,禁止穿钉子鞋,现场不准随意敲打金属物,以免产生火星,造成重大事故。应使用防爆型检测仪表和不易产生火花的工具。

5.9.7　检测油气库、化学、农药仓库的防雷装置时,应严格遵守被检测单位规章制度和安全操作规程,必要时可向被检单位提出暂时关闭危险品流通管道阀门的申请。

5.9.8　在检测配电房、变电所、配电柜的防雷装置时应着绝缘鞋、绝缘手套、使用绝缘垫,以防电击。

5.10　测量仪器要求

测量和测试仪器应符合国家计量法规的规定,介绍部分检测仪器见本标准附录E(资料性附录)。

二、条文理解要点

5.1　建筑物防雷类别的判定是一项极为重要但又可能较为烦琐的工作,它牵涉到防雷工程能否做到既安全高效又经济合理。目前社会各界对此认识不足。一些人轻视防雷工作,而另一些人盲目追求所谓高规格防雷装置,比如不合理地选取过高性能的 SPD,大大增加了工程成本。

建筑物防雷分类主要应根据其重要性、使用性质、发生雷电事故的可能性和后果等综合考虑分为三类。重要性包括政治意义和经济意义上的重要性,所以有国家级、省部级和普通建筑物之分。

使用性质主要看是否是具有爆炸和火灾危险环境的建筑物。爆炸和火灾危险环境按释放源及通风条件分为:

0 区:连续出现或长期出现爆炸性气体混合物的环境;

1 区:在正常运行时可能出现爆炸性气体混合物的环境;

2 区:在正常运行时基本不可能出现爆炸性气体混合物的环境,或即使出现也仅是短时存在的爆炸性气体混合物的环境。

注:正常运行——开车、运转、停车、装卸、密闭盖的开闭等。

20 区:在正常运行时,空气中的爆炸性粉尘云持续(长期或经常短时频繁)存在的场所,如粉尘容器内、料斗、料仓、施风除尘器和过滤器、粉料传输系统、搅拌机、研磨机、干燥机等。

21 区:在正常运行时,空气中的爆炸性粉尘云很可能偶尔出现的场所,如为操作而频繁打开粉尘容器的周围。

22 区:在正常运行时,空气中的爆炸性粉尘云不太可能出现的场所,即便出现,持续时间也是短暂的。

除此之外,还要根据通风条件提高或降低等级。这里说明一下第一类与第二类防雷建筑物的区别:易燃液体泵房在地面时为 2 区,属第二类;当置于地下或半地下时,因其蒸气和空气的混合物的比重大于空气,不易扩散,要划为 1 区,属第一类防雷建筑物。

发生雷电事故的可能性应按 GB 50057—2010 标准中附录对建筑物年预计雷击次数的计算方法来确定;后果应着重考虑人的价值,人员集中的公共建筑物如:集会场所、展览馆、博物馆、体育馆、大型商场、影剧院、学校、医院等大多应划为第二类防雷建筑物。

在设有信息系统的建筑物需防雷击电磁脉冲的情况下,当该建筑物不属于第一类、第二类、第三类防雷建筑物时,宜将其划属第三类或第二类防雷建筑物。这是因为信息系统设备耐雷电过电压水平低,抗毁能力差。建筑物电子信息系统防雷技术规范(GB50343—2004)对此有规定。

特别重要的、需防雷击的系统若无明确的防雷类别规定,则必须首先进行雷电灾害风险评估,以确定防雷等级才能实施合理的雷电防护。风险评估是认识和评价风险的有效方法,也是风险控制和风险管理的前提和基础,准确的雷电灾害风险评估是雷电风险管理的决策依据。

国际上,IEC62305—2 是国际电工委员会关于雷电灾害风险评估的标准,其适用范围是地闪雷电对建筑物(包括其服务设施)造成的风险的评估,其内容主要包括建筑物与服务设施的分类、雷灾损害与雷灾损失、雷灾风险、防护措施的选择过程以及建筑物与服务设施防护的基本标准等。

ITU-T K.39 是由国际电信联盟发布的标准,其名称为通信局、站雷电损坏危险的评估,其适用范围是通信局、站雷电过电压(过电流)造成的设备危害和人员安全危害的风险的评估,它的主要内容包括标准适用范围、危险程度的决定因素、损失、评估原则、有效面积的计算、概率因子、损失因子和可承受风险(允许风险)等。

5.2　接闪器的检测其材料、结构和最小截面应符合表 1.2 的规定。

表 1-2　接闪线（带）、接闪杆和引下线的材料、结构与最小截面

材料	结构	最小截面（mm²）	备注⑩
铜，镀锡铜①	单根扁铜	50	厚度 2 mm
	单根圆铜⑦	50	直径 8 mm
	铜绞线	50	每股线直径 1.7 mm
	单根圆铜③④	176	直径 15 mm
铝	单根扁铝	70	厚度 3 mm
	单根圆铝	50	直径 8 mm
	铝绞线	50	每股线直径 1.7 mm
铝合金	单根扁形导体	50	厚度 2.5 mm
	单根圆形导体③	50	直径 8 mm
	绞线	50	每股线直径 1.7 mm
	单根圆形导体	176	直径 15 mm
	外表面镀铜的单根圆形导体	50	直径 8 mm，径向镀铜厚度至少 70 μm，铜纯度 99.9%
热浸镀锌钢	单根扁钢	50	厚度 2.5 mm
	单根圆钢②	50	直径 8 mm
	绞线	50	每股线直径 1.7 mm
	单根圆钢③④	176	直径 15 mm
不锈钢⑤	单根扁钢⑥	50⑧	厚度 2 mm
	单根圆钢⑥	50⑧	直径 8 mm
	绞线	70	每股线直径 1.7 mm
	单根圆钢③④	176	直径 15 mm
外表面镀铜的钢	单根圆钢（直径 8 mm）	50	镀铜厚度至少 70 μm，铜纯度 99.9%
	单根扁钢（厚 2.5 mm）		

注：①热浸或电镀锡的锡层最小厚度为 1 μm；

②镀锌层宜光滑连贯、无焊剂斑点，镀锌层圆钢至少 22.7 g/m²、扁钢至少 32.4 g/m²；

③仅应用于接闪杆。当应用于机械应力没达到临界值之处，可采用直径 10 mm、最长 1 m 的接闪杆，并增加固定；

④仅应用于入地之处；

⑤不锈钢中，铬的含量等于或大于 16%，镍的含量等于或大于 8%，碳的含量等于或小于 0.08%；

⑥对埋于混凝土中以及与可燃材料直接接触的不锈钢，其最小尺寸宜增大至直径 10 mm 的 78 mm²（单根圆钢）和最小厚度 3 mm 的 75 mm²（单根扁钢）；

⑦在机械强度没有重要要求之处，50 mm²（直径 8 mm）可减为 28 mm²（直径 6 mm）。并应减小固定支架间的间距；

⑧当温升和机械受力是重点考虑之处，50 mm² 加大至 75 mm²；

⑨避免在单位能量 10 MJ/Ω 下熔化的最小截面是铜为 16 mm²、铝为 25 mm²、钢为 50 mm²、不锈钢为 50 mm²；

⑩截面积允许误差为 −3%。

（1）接闪杆距离被保护的各种设备天线不够远。一些电子设备如雷达、卫星、通信设备的收发天线架设在建筑物顶，高出保护建筑物的接闪带，这时，需要架设一定高度的接闪杆。但人们往往忽视了接闪杆与被保护设备天线的距离，其实，即便不是真正独立的接闪杆，也需要与被保护的各种设备天线有一定距离，比如 3 m 以上。这是因为接闪杆是接闪器，可能截收几十千安上百千安的雷电流，强大的雷电流会在其周围产生强烈的电磁脉冲，对距离过近的设备天线有很大的冲击，从而损坏接收设备。接闪杆应在两个方向上与接闪带焊接，而在制作设备天线支座时应将金属的天线底座与屋顶承受此天线重量的横梁内的螺纹钢焊接实现接地的目的。也就是说，尽管接闪杆和天线底座可能最后接到了同一个接地装置上，但也要尽量避免在屋顶上直接将接闪杆连接到天线底座上。两种情况下接闪杆接收的雷电流对设备天线的冲击是大不一样的，中间可能已经实现了多次分流。

（2）接闪杆采用钢管时壁不够厚。有的厂家为了减轻接闪器重量（例如玻璃钢杆身的接闪杆为减轻杆身弯曲），选用的接闪器为装饰用不锈钢管，其壁厚只有零点几毫米，截面积远远小于 IEC 规定的 $50\ mm^2$，根本承受不了直击雷击强大的机械的和热效应的冲击，是地地道道的样子货，一旦遭受雷击将彻底损毁。同样道理，一些楼顶如果用漂亮的不锈钢栏杆来兼起女儿墙和接闪带的作用，必须保证不锈钢管的厚度和截面积。

（3）接闪带部分倒伏。由于屋顶维修等原因造成接闪带部分倒伏的事经常发生，它不像接闪带断开容易引起重视。

应注意的是接闪器或引下线腐蚀情况的检查不同于锈蚀情况的检查，锈迹斑斑的接闪器或引下线如果截面积没有明显减小，它的散流功能就还在，只不过会影响使用寿命。此种情况不应轻易判定为不合格，但应要求做维护处理。对用镀锌材料做的接闪带、避雷网等在作支撑时，除了与引下线连接处需要焊接外，其他地方应尽可能采用专用接闪带燕尾支撑卡，夹住接闪带，而不要都采用接闪带与支撑钢筋焊接的方法，以减少镀锌层的破坏。

建筑物顶上往往有许多突出物，如金属旗杆、放散管、钢爬梯、金属烟囱、广告架、风窗等，应检查它们是否与避雷网焊成了一体，较大的金属构件应有两处以上与接闪带可靠地焊接。容易遗漏的是通向卫生间的铸铁放散管（通气孔），经常可能忘记将其与接闪带等电位连接。

当非金属屋顶可排除于需防雷空间之外时，其下方的屋顶结构的金属部件（桁架等）应视为合格的自然接闪器。这种情况在检查简易的成品库时经常会遇到，不应再强求在屋顶上做专门的接闪器，只需将这些金属梁架按要求引下并接地就行。

5.3　引下线的检测项目主要是材料规格（见表 1.2）、布置间距以及断接卡等连接处的连接电阻等。容易出现的问题主要有用多根引下线明敷时，在各引下线上距地面0.3～1.8 m之间装设的断接卡连接电阻过大。检测的方法可以用专用的低电阻测试仪测试连接电阻（200 mA测试电流），一般应不大于0.03 Ω。简便的方法也可以用接地电阻测试仪在断接卡的上端和下端分别测试接地电阻，两个阻值应相同。此外，应格外注意检查引下线在地表附近的腐蚀情况，尤其是背阴潮湿的地方引下线容易锈蚀变细，影响泄流功能。必要时应摇、拽引下线根部，看有无问题。

　　各条引下线应借助于在靠近地面处及垂直方向上每隔20 m的环形导体互相连接起来，该环形导体可以是圈梁中的钢筋。当墙体不是由易燃性材料构成时，引下线允许直接安装于墙体表面或墙体内。这种方法有利于用镀锌扁钢作引下线时的施工，只需用射钉将扁钢牢固地固定在墙上即可。引下线应垂直安装以获得最短、最直接的入地通路。应尽量避免弯曲，更不能出现死弯，防止通过强大的雷电流时产生巨大的电动力。接闪器也应注意同样的问题。

　　5.4　接地装置因为是隐蔽工程，对它的检测分为施工阶段的跟踪检测和在用阶段的定期检测。施工阶段的检测主要检测接地体材料规格、布置、埋深、焊接质量、防腐措施以及接地电阻等。

　　外部环形接地体（B类排列）最好埋入地下至少0.5 m，围绕外墙体的间距约为1 m。接地体（A类排列）应安装于受保护建筑物的外部，上端深度至少为0.5 m，尽可能均匀分布以使大地中的电气耦合效应最低。

　　接地体应以方便建造过程中的检测的方式加以安装。嵌入深度和接地体的类型应能减小腐蚀效应、土壤干化和冻结效应，由此使得常规接地阻抗稳定。接地体埋深最好在冻土层以下，垂直接地体位于冻土深度的首段长度，在冻结条件下不应视作有效。

　　接地体由于埋在地中，需要稳定工作数十年，不易维护施工，所以材料规格显得尤为重要。必须选用镀锌质量好的（热镀锌工艺）钢材，镀锌角铁、镀锌钢管、镀锌扁钢等要保证壁厚。人工接地体的布置要考虑到雷电流幅值大而超过工频电流的并联接地极的集合效应，也就是各垂直接地体的距离不应太近，否则即便测量得到的接地电阻符合要求，地中散流效果也不一定很好。一般垂直接地体间的距离为垂直接地体长度的2倍，最少为1.5倍。

　　一般标准或规范规定的是防雷装置的冲击接地电阻允许值，而通常测试仪表测试的是工频接地电阻（由于便携式接地电阻测试仪不易产生较大的模拟雷电流测试波形，因而不易产生雷电流在地中的冲击接地物理过程，所以，目前市面上没有真正意义上的冲击接地电阻测试仪）。由于雷电流是个非常强大的冲击电流，其幅度往往大到几十千安甚至上百千安的数值。这样，使流过接地装置的电流密度增大，并受到由于电流冲击特性而产生电感的影响，此时接地电阻称为冲击接地电阻。由于流过接地装置电流密度的增大，以致土壤中的气隙、接地极与土壤间的气层等处发生火花放电现象,这就使土壤的电阻率变小,同时土壤与接地极间的接触面积增大。结果,相当于加大接地极的尺寸,降低了冲击电阻值。也就是说由于雷电流的火花效应(若火花效应大于电感效应),一般同一个接地体的工频接地电阻大于冲击接地电阻:$R_{\infty}=ARi(A\geqslant1)$,所以,一般情况下,若检测结果工频接地电阻值符合防雷标准中对冲击接地电阻值的要求,就不用进行换算直接判定为合格。否则,应将工频接地电阻值换算成冲击接地电阻值,甚至要考虑季节因素等,再与规范要求比较,从而判定是否合格。这一点尤其对检测结果中工频接地电阻值超过冲击接地电阻允许值不多的情况下很有用,也很有必要。

在距接地体 3 m 的范围内,由于冲击电位梯度大,对人体有危险的是由跨步电压引起的电击伤害。因此,人工接地网的外缘应闭合,外缘各角应做成圆弧形,圆弧的半径不宜小于水平接地带(能起均压作用)间距的一半。接地网的边缘经常有人出入的走道处,应铺设砾石、沥青路面或"帽檐式"均压带(见图 1-11),以改善地电位分布。

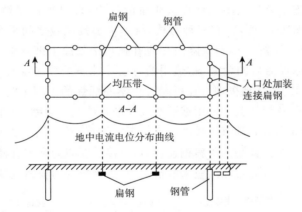

图 1-11　加装均压带以使电位分布均匀

在腐蚀性较强的土壤中,应采取热镀锌等防腐蚀措施或加大截面,也可采用阴极保护技术措施。阴极保护技术理论是:接地装置所发生的腐蚀基本属于电化学腐蚀,因而在防腐保护措施中可采用电化学保护。电化学保护就是使金属构件极化到免蚀区或钝化区而得到保护。电化学保护分为阴极保护和阳极保护。阴极保护是使金属构件作为阴极,通过阴极极化来消除该金属表面的电化学不均匀性,达到保护目的。阴极保护是一种经济而有效的防护措施。一些要求在海水和土壤中使用的接地体,采用阴极保护,可有效提高其抗腐蚀能力。

阴极保护可通过两种方法实现:一是牺牲阳极法;二是外加电流法。牺牲阳极法是在被保护的金属上连接电位更负的金属或合金作为牺牲阳极,靠它不断熔解所产生的电流对被保护的金属进行阴极极化,达到保护的目的。

为了达到防腐的目的,接地装置的选址和施工还应注意:

(1)接地装置的铺设地点要远离强腐蚀性的场所和重污染的场所,还要尽量避开透气性较强的风化石和沙石地带,因为在这些场所不但降阻困难,而且还因为氧的渗透性强,而容易造成接地体的腐蚀。如果避不开应想办法改良接地体四周的土壤,如换土,或施加降阻防腐剂。

(2)接地体在选择其截面时不但要考虑其热稳定的要求,还要将寿命考虑在整个寿命周期内,经过腐蚀后还能满足截面的要求,其材质应选用耐腐蚀的材料,如采用镀锌钢材。

(3)接地体的深度要足够,因为把接地体埋设到一定的深度不但使接地电阻得到改善,而且下层土壤比上层土壤的含氧量小,从而减小腐蚀速度。用细土回填并夯实可以减少氧气的渗透而减缓接地体的腐蚀,同时也可增加接地体与周围土壤的接触而降低接触电阻。

关于接地体施工时焊接工艺和焊接质量的检查,现以角钢接地极和扁钢接地线的连接为例。如图 1-12 所示,有三种方式,接地极和接地线之间采用焊接,为了保证连接强度,应四周连续焊。焊后应除去焊渣并在焊接处涂上沥青漆(实际接地工程中利用刚焊接完敲除焊渣后的余温,趁热用沥青块涂抹整个焊接点)。圆钢、扁钢、钢管接地极的焊接类似。当接地极埋设在可能有化学腐蚀性的土壤中时,应加大接地极与连接扁钢的连接面,各焊接头必须用玻璃布加涂沥青油二度包缠,以加强防腐能力。圆钢与圆钢搭接时,双面焊时其搭接长度应不小于圆钢直径的 6 倍,单面焊则搭接长度应不小于圆钢直径的 12 倍。圆钢与扁钢连接时,搭接长度亦为圆钢直径的 6 倍。扁钢与扁钢之间的连接不准采用对接焊,应采取搭接焊,搭接长度为扁钢宽度的 2 倍。

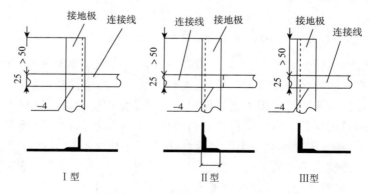

图 1-12　接地极与连接线的连接方式

接地极为 L 50×5,L=2500,连接线为扁钢 25×4,潮湿地区为 40×4

接地电阻的测量将在本书的第四章详细介绍。

5.5　防雷区的划分已在§1.4检测项目中介绍过,这里不再赘述。

5.6　建筑物、机房、设备、电缆等的电磁屏蔽措施

建筑物电磁屏蔽措施主要利用屋顶金属表面、立面、混凝土内钢筋和金属门窗框架等大尺寸金属件等电位连接在一起,并与防雷接地装置相连,以形成格栅型大空间屏蔽;机房电磁屏蔽措施一般强调金属门窗接地和利用剪力墙结构钢筋(如果有的话),特殊场合应设专用屏蔽网甚至是屏蔽室;设备电磁屏蔽措施一般采用机柜、机架、机壳接地的方式;电缆电磁屏蔽措施一般采取屏蔽电缆屏蔽层两端在各自防雷区交界处做等电位连接,并与防雷接地装置相连。非屏蔽电缆应穿金属管道、桥架等,金属管道、桥架等两端应电气贯通且两端与各自建筑物等电位连接带连接。

电磁屏蔽的检测通常可检查上述屏蔽接地点的连接情况和接地电阻。应该注意的是,不同材料的金属连接时应有一定的工艺。例如,从结构中的钢筋焊引出的连接用钢筋应与铜质连接排做铜焊,然后,其他等电位或接地电缆或接地铜线用铜鼻子等与连接排拧紧。常出现的问题是简易缠绕,连接无机械强度,不可靠等。

重要机房等的电磁屏蔽效能可通过建筑物利用钢筋或专门设置的屏蔽网的磁场强度屏蔽效率来估算,有必要的话,也可使用专门的仪器设备测试,如使用电磁干扰测试接收机。最后,还应检查是否将重要设备放在了安放信息设备的空间 V_s 中。通俗地讲,就是检查设备离外墙或框架柱距离是否够远(距离大于 $d_{s/1}$ 或 $d_{s/2}$),通常要求不小于1 000 mm。

5.7　等电位连接的要求和测试方法与电磁屏蔽差不多,它们本来就是密不可分的。等电位连接的检测工作量是最大的。等电位连接工作中容易出现的问题是等电位连接线截面不够大、连接线太长、连接点连接工艺差、强度不够等。特别要指出的是:任何新添加的公共设施或结构其金属部分均需与LPS形成一体。

5.8　对SPD的检验包括在专业SPD检验中心进行的形式检验和各级防雷质量检验机构对安装完成的SPD进行的验收与运行的现场检验。防雷装置检测技术规范针对的是后者。

对SPD进行的验收与运行检验主要内容包括:根据不同的电源制式或通信线路选取的SPD型号规格是否合理;SPD外观质量检查;SPD的安装位置是否合理;SPD的安装工艺、选取的导线和接地线的截面积、SPD两端连接线长度等是否合适;多级SPD的布置与能量配合问题有无考虑;SPD正常或故障时,表示其状态的标志或指示灯的检查;可以进行的压敏电压、泄漏电流、限制电压(规定波形下的残压)、绝缘电阻等参数的测试;SPD内置或外接脱离器的测试;二端口SPD的电压降等。检测使用的检测原始记录和检测技术报告等制表应包括以上内容。

SPD的接线端子除应符合GB17464的要求外,其连接导线的能力还应符合表

1-3的要求。

表 1-3　单端口 SPD 接线端子允许连接铜导线的标称截面积

SPD 类型		能被夹紧的导线标称截面积尺寸（mm²）
交流 SPD	In≥60 kA(8/20 μs)	25～50
	≥40 kA	16～35
	≥15～25 kA	10～25
	≥5 kA	4～16
直流 SPD	In≥5 kA	4～16
	≥2 kA	2.5～6

　　SPD 在按正常使用条件安装和连接时，其非带电的易触及的金属部件（用于固定基座、罩盖、铆钉、铭牌等以及与带电部件绝缘的小螺钉除外）应连接成一个整体后与保护接地端子可靠连接；保护接地端子螺钉的尺寸应不小于 M4；保护接地应采用符合国标的标记加以识别，如：文字符号 PE，图形符号 ⏚ 等。

表 1-4　二端口 SPD 接线端子允许连接铜导线的标称截面积

额定负载电流 I_R（A）	能被夹紧的导线标称截面积尺寸（mm²）
$I_R≤13$	1～2.5
$13<I_R≤16$	1～4
$16<I_R≤25$	1.5～6
$25<I_R≤32$	2.5～10
$32<I_R≤50$	4～16
$50<I_R≤80$	10～25
$80<I_R≤100$	16～35
$100<I_R≤125$	25～50

注：1. 对于额定负载电流小于或等于 50 A 的 SPD，要求接线端子的结构能紧固实心导体有及硬性多股绞合导体，允许使用软导体。
　　2. 二端口 SPD 接线端子连接导线的能力除应符合本表的要求外，还应根据其标称放电电流的大小，同时符合相关的要求。

　　二端口 SPD 的 L-N 之间通过电阻性的额定负载电流 I_R 时，在稳定条件下，同时测量的输入端口与输出端口之间的电压降应不大于 2%。

　　二端口直流 SPD 的 $V_+\sim V_-$ 之间通过电阻性的额定负载电流 I_R 时，在稳定条件下，同时测量的输入端口与输出端口之间的电压降，应不大于 0.5%。

　　按照 IEC61643:2002 1.1 版《连接至低压配电系统的电涌保护器 第 1 部分 性能要求和试验方法》。

　　电涌保护器应清晰地附有下列标志。标志应是容易识别和不可擦掉的，标志不应位于螺钉、垫圈或其他可拆卸的零件上。

    a. 制造厂的名称或商标、产品型号和生产型号

    b. 最大持续运行电压 U_C（一种保护模式一个值）

    c. 电压保护水平 U_P（一种保护模式一个值）

    d. 每一保护模式的试验类别及放电参数

        Ⅰ类试验的 I_{imp} 和 I_n

        Ⅱ类试验的 I_{max} 和 I_n

        Ⅲ类试验的 U_{oc}

    e. 接线端子标志

    f. 应用系统；交流、直流或交直均可

    g. 额定负载电流 I_R（二端口 SPD）

    h. 后备过流保护装置的最大推荐额定值

压敏电压、泄漏电流、限制电压（规定波形下的残压）、绝缘电阻等参数的测试原理和方法在本书第四章中介绍。

5.9　防雷装置的检测工作受环境影响较大。影响测试结果的环境因素主要有气象环境和电磁环境因素。由于接地装置的接地电阻与土壤电阻率有关，而土壤电阻率与土壤水分有很大关系，且土壤电阻率在土壤冻结时将大大增加，所以，不应在雨天或冻土季节进行接地电阻测试。

外部防雷装置检测中最突出的是地电压干扰和电磁辐射干扰。尤其是电磁辐射干扰严重时可能无法测试接地电阻（如大功率发射塔附近的建筑物上的金属导体会感应出很高的电压，这时，仅仅将加长测试线换成屏蔽线也不能解决问题）。在电磁干扰较严重的地方测试时，可用屏蔽测试线等手段减轻影响，还不行时，应与有关单位协调工作。

防雷装置的检测工作经常需要登高检测，因此，要求检测人员的身体不能有影响高空作业的疾病如恐高症、高血压、心脏病等。攀高危险作业必须遵守攀高作业安全守则。在高处放线时应避开高、低压供电线路。尤其不能甩线，大风天也要防止将测试线吹落到高压线上。我国曾发生过将测试线甩到高压线上遭电击的惨痛教训。检测仪表、工具等也不能放置在高处，防止坠落伤人。

要加强对检测人员进行安全知识培训，要有保障检测人员和设备的安全防护措施，大风天、雷雨天应停止检测。因为在此种情况下对防雷装置的检测会遇到许多问题。

可以增加而且方便实施的检测项目是零—地电位差。关于零—地电位差，基于电磁兼容的要求，有些被保护对象（信息设备）要求工作在较低的零—地电位差的供配电系统中。例如，采用共用接地系统的银行、保险公司大楼、证券公司等有较多的远程数据通信设备，而这些设备对零—地电位要求较高。如调制解调器要求不大于 5 V，卫星通信技术要求小于 3 V，个别重要服务器甚至要求小于 1 V。若零—地电

位差过高，通信就会受到影响，数据传输误码率升高，有些机器（如服务器等）还设置有零—地电压检测电路，一旦零—地电位差高于某一规定值就不能开机。因此，进行证券、金融等系统的机房接地设计时一般要求零—地电位差不大于 2 V。

零—地电位差较大的原因一般有以下几种情况：

（1）三相电源配电时负载分配严重不平衡，造成中性线电流过大。由于中性线阻抗的存在，中性线电流在阻抗上产生电位差。中性线上远离进线端的点，相对于地电位就可能较高。

（2）三相不平衡且中性线断线、未接好或阻抗较大导致中性点位移。

（3）中性线（零线）中有较多高次谐波电流流过。由于谐波电流必然在零线上产生压降，而使零—地电位差抬高。

（4）电磁场干扰

当零线与其他线路构成较大回路，且受电磁场干扰，零线中会产生感应电压。这在设备未开机，零线线缆较长时表现更为明显。

（5）接地电阻不符合要求

共用接地时中性线接地电阻、地线重复接地电阻要求小于 4 Ω，若接地电阻太大或与大地接触不良，受电流在接地电阻上产生电压降的影响，零—地电位差可能抬高。

（6）PE 线中存在较大电流

正常工作时，PE 线中不应有电流，但若出现以下情况都可能导致 PE 线中有电流，从而有电压降存在。那么，沿 PE 线，各点零—地电位差会出现不一致现象。

一是当 PE 线与 N 线接错或在某一点 PE 线与 N 线短接。PE 线与 N 线混接时，PE 线中杂散电流最大，在 N 线中的一部分工作电流也会流过 PE 线。

二是当 PE 线附近有直流大电流流动（如地铁附近）。杂散电流会通过大地流入 PE 线。

（7）接地时使用了不同材料的接地极

施工时为了降低工作接地的接地电阻，采用铜作接地极，而 PE 线重复接地时，为降低工程造价，采用角钢作接地极，这时不同材料会在土壤中呈现不同电位，从而造成电位差。如表 1-5。工作接地用铜，重复接地用铁，则两极之间就会产生 0.777 V 的电位差。0.777 V 的电位差对于某些零—地电位差要求较高的设备来说不可忽视。

表 1-5　不同元素的电位（温度 25℃）

元素	符号	电位（V）
铁	Fe	−0.44
铜	Cu	+0.337
铝	Al	−1.66
锌	Zn	−0.763

（8）UPS 选用不当

UPS 的功率因数较低，因而有较多的谐波成分，而上面已提到谐波电流可导致零—地电位抬高。此外，有些 UPS 不带有隔离变压器也不能有效地抑制零—地电位漂移。

5.10　防雷检测工作常用测量工具和仪器

（1）尺。主要用来测量建筑物的尺寸以及接闪器、引下线、接地装置等外部防雷装置的规格尺寸。

钢直尺：测量上限（mm）：150、300、500、1 000、1 500、2 000。

钢卷尺：自卷式或制动式测量上限（m）：1、2、3、3.5、5。

　　　　摇卷盒式或摇卷架式测量上限（m）：5、10、15、20、50、100。

卡钳：全长（mm）：100、125、200、250、300、350、400、450、500、600。

游标卡尺：全长（mm）：0～150，分度值（mm）：0.02。

数字式测厚仪：用于接闪器规格、封闭金属管罐及金属保护层的厚度测量。

　　　　　　测试范围：1.5～200 mm。

　　　　　　分辨率：0.1 mm。

（2）经纬仪。用于测量不便于登高场所的高度，比如烟囱、水塔等。

测风经纬仪：测量范围：仰角：－5°～180°

　　　　　　方位：0°～360°

　　　　读数最小格值：0.1°

（3）便携式激光测距仪。便携式激光测距仪是更加方便的专业测距工具。其测量精度高，操作简便，测量时间短，易于携带。可精确测试房屋面积、安全距离等，只需用可见激光瞄准目标，就可以看到打到目标上的激光点，按键，立刻就可以测出并显示到激光点照准目标的距离。

便携式激光测距仪与经纬仪结合，利用勾股定律可以间接测量不便于登高场所的高度。

测距范围：0.2～200 m。

测量精度（典型值）：±1.5～3 mm（100 m 处）。

（4）工频接地电阻测试仪。

便携式工频接地电阻测试仪的一般测量参数为：

　　　　测量范围：0～1 Ω　　　　最小分度值：0.01 Ω

　　　　　　　　　0～10 Ω　　　　　　　　　0.1 Ω

　　　　　　　　　0～100 Ω　　　　　　　　1 Ω

便携式工频接地电阻测试仪的测量电流一般仅为毫安级，若要进行大地网的测试，或对有较大的电压干扰的场合进行测试，还需配备数安培乃至数十安培的大电流接地电阻测试仪，或者使用变频原理抗干扰的接地电阻测量仪器。

工频接地电阻测试仪应具有的性能和要求:

①在下列情况下,最大误差不应超过±30 %:噪声电压为 3 V/400 Hz,60 Hz,50 Hz,16.66 Hz 或直流电流连接在 E(ES)与 S 测试端子之间。

②辅助探头的电阻为 100 R_E 或 50 kΩ(以数值低者为先)。

③应采用交流测试电压。

④测试电压应低于 50 V_{eff}(70 V_p),或测试电流应低于 3.5 mA_{eff}(5 mAp),或测试信号应存在至少 30 ms。

⑤测试仪表必须显示辅助测试探头的过量电阻。

⑥高达额定电源电压的 120%并与测试设备相连的外部电压,不应损坏该设备或对操作人员造成任何危险,并且测试设备中的保险丝不应熔断。

(5)土壤电阻率测试仪。主要利用文纳四级法在大地表面测量不同深度范围内的平均土壤电阻率。

许多工频接地电阻测试仪具有土壤电阻率测试功能,综合多种测试仪,一般仪器主要参数指标见表 1-6。

表 1-6　土壤电阻率测试仪主要参数指标

测量范围(Ω·m)	分辨率(Ω·m)	精　　度
0~19.99	0.01	$\pm(2\%+2\pi a\quad 0.02\ \Omega)$;
20~199.9	0.1	$\dfrac{\rho}{2\pi a}\leqslant 19.99\ \Omega$
200~1 999	1	
$2\times10^3\sim19.99\times10^3$	10	$\pm(2\%+2\pi a\quad 0.2\ \Omega)$; $19.99\ \dfrac{\rho}{2\pi a}\leqslant 199.9\ \Omega$
$20\times10^3\sim199.9\times10^3$	100	$\pm(2\%+2\pi a\quad 2\ \Omega)$; $\dfrac{\rho}{2\pi a}\leqslant 199.9\ \Omega$

(6)毫欧表(或智能型等电位测试仪)

毫欧表主要用以电气连接过渡电阻的测试,含等电位连接有效性的测试,其主要参数指标见表 1-7。

表 1-7　毫欧表参数指标

测量范围(mΩ)	分辨率(mΩ)	测量电流(A)	精度
0~19.9	0.01	0.1	$\pm(0.1\%+3d)$
20~200	0.1	0.1	$\pm(0.1\%+2d)$

毫欧表应具有的性能和要求:

①最大误差不应超过±30 %。

②可以采用 4～24 V 范围内的交流或直流电压。

③在直流测试电压的情况下,测试设备应能够使测试电压极性反向。

④在最小测试范围内,测试电流不应小于 200 mA。

⑤最小测试范围应包括 0.2～2 Ω。

⑥应确保数字仪表上的分辨率为 0.01 Ω,同时应能在简单仪表上清晰显示所超过的极限值。

⑦在补偿测试导线或辅助外部电阻的情况下,必须显示出这种情况。

⑧高达额定电源电压的 120% 并与测试设备相连的外部电压,不应损坏该设备或对操作人员造成任何危险,但是测试设备中的电位保险丝应熔断。

(7)绝缘电阻

绝缘电阻测试主要用于采用 S 型连接网络时,除在接地基准点(ERP)外,是否达到规定的绝缘要求和 SPD 的绝缘电阻测试要求。

绝缘电阻测试仪器主要为兆欧表。除兆欧表外,也可以使用 $1.2/50\ \mu s$ 波形的冲击电流发生器进行冲击,以测试 S 型网络除 ERP 外的绝缘。

兆欧表或绝缘电阻测试仪主要参数指标见表 1-8。

表 1-8　兆欧表或绝缘电阻测试仪主要参数指标

额定电压(V)	量限(MΩ)	延长量限(MΩ)	准确度等级
100	0～200	500	1.0
250	0～500	1 000	1.0
500	0～2 000	∞	1.0
1 000	0～5 000	∞	1.0
2 500	0～10 000	∞	1.5
5 000	2×10^3～5×10^5		1.5

绝缘电阻测试仪应具有的性能和要求:

①最大误差不应超过 ±30 %。

②应采用直流测试电压。

③在与被测电阻($R_i = U_n\ 1\ 000\ \Omega/V$)串联的 $5\ \mu F$ 电容器的情况下,测试结果应与没有连接电容器的情况不同,并大于 10%。

④测试电压不应超过 $1.5\ U_n$ 的数值。

⑤流过被测电阻的测试电流 $U_n\ 1\ 000\ \Omega/V$ 应至少为 1 mA。

⑥测试电流不应超过 $15\ mA_p$ 的数值,而交流分量不应超过 1.5 mA。

⑦高达 $1.2\ U_n$、与测试设备相连并持续 10 s 的外部交流或直流电压,不应损坏该设备。

(8)环路电阻测试仪

N-PE 环路电阻测试仪不仅可应用于低压配电系统接地形式的判定,也可用于等电位连接网络有效性的测试,其主要参数指标见表 1-9。

表 1-9　环路电阻测试仪主要参数指标

显示范围(Ω)	分辨率(Ω)	精度
0.00~19.99	0.01	
20.0~199.9	0.1	±(2%+3d)
200~1 999	1	

环路电阻测试仪应具有的性能和要求:

①最大误差不应超过±30%。

②测试仪表应显示测试导线的电阻是否被补偿。

③高于 50 V 的接触电压不应在测试过程中出现,或该电压必须在 30 ms 内消除。

④高达额定电源电压的 120%并与测试设备相连的外部电压,不应损坏该设备或对操作人员造成任何危险,并且测试设备中的保险丝不应熔断。

⑤高达额定电源电压的 173%、与测试设备相连并持续 1 min 的外部电压,不应损坏该设备或对操作人员造成任何危险,但是测试设备中的电位保险丝应熔断。

(9)指针或数字万用表

万用表应有交流(a. c)和直流(d. c)的电压、电流、电阻等基本测量功能,也可有频率测量的性能,例如,可以测量零地电位差。其主要参数指标见表 1-10:

表 1-10　万用表主要参数指标

电阻	30 MΩ	1 Ω	±(0.1%+5d)
性能	量程	分辨率	精度
直流电压(d. c)	0.2 V	0.1 mV	
	2 V	1 mV	
	20 V	10 mV	±(0.8%+2d)
	200 V	100 mV	
	400 V	1 000 mV	
交流电压(a. c)	200 V	0.1 V	
	400 V	1 V	±(1.5%+10d)
	750 V	10 V	
电流(a. c 或 d. c)	10 A	1 mA	±(0.5%+30d)

(10) 压敏电压测试仪

压敏电压测试仪主要参数指标见表 1-11:

表 1-11　压敏电压测试仪主要参数指标

量程	允许误差	恒流误差	$0.75\,U_{1mA}$ 下漏电流量程	漏电流测试允许误差	漏电流分辨率
0～1 700 V	≤±（2%＋1d）	5 μA	0.1～199.9 μA	≤2 μA±1d	0.1 μA

（11）电磁屏蔽用测试仪

电磁屏蔽用测试仪主要参数指标见表 1-12：

表 1-12　电磁屏蔽测试仪主要参数指标

频率范围	输入电平范围	参考电平准确度
0.15 MHz～1 GHz	－100～20 dBm	±1 dBm（80 MHz）

（12）RCD 测试仪

RCD 测试仪主要测试 RCD 的跳闸电流和跳闸时间。RCD 测试仪应具有的性能和要求：

①应采用交流正弦测试电流进行该测试。

②测试设备应能实现接触电压测试和显示，或至少能显示所超过的极限值。该测试可以在有或没有辅助测试探头的情况下进行。在测试跳闸电流的情况下，接触电压应与跳闸电流成比例，并与极限值进行对比。

③接触电压测试的误差应在极限值的 0%～＋20% 之间。

④测试设备应能实现跳闸时间测试，或至少能显示所超过的极限值。跳闸时间测试的误差不应超过极限值的±10%。当在 $0.5\,I\Delta N$ 情况下进行测试时，该测试应持续至少 0.2 s，RCD 不应在测试中切断。

⑤用于测试 RCD 并具有额定差动电流等于或小于 30 mA 的测试仪表也应允许在 $5\,I\Delta N$ 并且持续时间限制为 40 ms 的情况下进行测试。在接触电压小于极限值（50 V 或 25 V）的情况下与该极限值无关。

⑥测试设备应能够实现跳闸电流测试，或至少能显示所超过的极限值。跳闸电流测试的误差不应超过额定差动电流的±10%。跳闸电流测试时的测试电流应在 $I\Delta N$ 与 $1.1\,I\Delta N$ 之间。

⑦在额定差动电流减半的情况下测试 RCD 时的测试电流必须在 $0.4\,I\Delta N$ 与 $0.5\,I\Delta N$ 之间。

⑧正常情况下以下的所提到的误差有效：

PE 导体处没有电压；

在测试过程中电源电压稳定；

在被测设备上没有泄漏电流；

测试过程中电源电压的数值应在额定电源电压的 85% 与 110% 之间；

任何辅助探头的电阻均在测试设备生产商所规定的范围内。

⑨在任何测试中接触电压均不应超过 $50\ V_{eff}$（$70\ V_p$），或测试电流不应超过 $3.5\ mA_{eff}$（$5\ mA_p$），或电压持续时间应小于 $30\ ms$。

⑩高达额定电源电压的 120% 并与测试设备相连的外部电压，不应损坏该设备或对操作人员造成任何危险，并且测试设备中的保险丝不应熔断。

高达额定电源电压的 173%、与测试设备相连并持续 1 min 的外部电压，不应损坏该设备或对操作人员造成任何危险，但是测试设备中的电位保险丝应熔断。

（13）其他常用的测试仪器

表面电阻测试仪和静电电压表：主要用于主机房地板、工作台面等绝缘体的绝缘度测量、主机房及工作台面静电泄露电阻、主机房内绝缘体静电电位测量；体积电阻率测试、接地限流电阻测量。重要机房的防静电措施等的检查。

电源质量分析仪：主要用于供电负荷等级、供电电源质量等级、供配电系统综合指标测量如电压波动、频率波动、电压电流波形失真率等测量。

网络线路测试仪等。主要用于信号类 SPD 的传输特性测量。

防雷检测所采用的仪器、仪表和测量工具应具有产品认证证书和计量许可证。检测用的仪器、仪表和测量工具应经法定专业计量机构检定，且在检定有效期内，并处于正常状态。

对有精度要求的参数检测，现场检测的仪器、仪表和测量工具的精度指标宜较标准要求值的精度要求高一个等级。

检测采用的仪器、仪表和测量工具，在测试中发现故障、损伤或误差超过允许值，应及时更换或修复；经修复的仪器、仪表和测量工具应经重新检定，在取得合格证后方可使用。

§1.6　检测周期

一、条文

6　检测周期

固定检测周期见表 7。

表 7　检测的间隔时间

建筑物防雷类别	彻底检测的时间间隔	要求严格的系统的检测间隔时间
第一类防雷建筑物	2 年	6 个月
第二类防雷建筑物	4 年	12 个月
第三类防雷建筑物	6 年	12 个月

二、条文理解

防雷装置应根据其重要性、使用性质、气象、地理环境及土壤特性等安排合适的检验周期。例如,一般对安装在爆炸和火灾危险环境的防雷装置,宜每半年检测一次。对其他场所防雷装置应每年检测一次。对电力系统的输变电杆塔一般每6年检测一次。

实际上,对有大量测试点的某建筑物的防雷检测也是按主要测试点每年检测一次,对其他次要测试点轮流抽测来进行的。LPS的目视检查至少每年一次。在某些多次天气变化和极端天气条件的地区,建议目视检查系统比表7的规定更频繁些。如果政府或保险公司对LPS维护程序有明确要求,LPS可能被要求每年进行全面的测试。

决定LPS检查周期的因素有:

受保护建筑物或区域的分类,尤其要考虑损害的后果;

LPS的类型;

本地环境,例如腐蚀大气环境下检查周期要短些;

单个LPS组件的材料;

LPS组件依附表面的类型;

土壤条件和相关的腐蚀率。

除了上述情况外,无论何时,对受保护建筑物在已知雷击对LPS放电后,LPS应被检查。

全面的检查和测试应每2～4年进行一次。在恶劣环境条件中的系统,例如,暴露于严重机械应力的LPS组件如大弯区域处的柔性连接带,管道上的浪涌保护器,线缆的户外连接等等,都应每年有一次全面检查。

在大部分地区,尤其是在温度和降雨方面有极端季节变化的区域,在不同的天气期内通过测量电阻,考虑接地阻抗的变化。当电阻系数的变化大于设计的预期时,尤其当两次检查之间电阻系数逐年升高时,应考虑改善接地装置。

§1.7　检测程序

一、条文

7　检测程序

7.1　检测前应对使用仪器仪表和测量工具进行检查,保证其在计量合格证有效期内和能正常使用。

7.2　对受检测单位的首次检测应全面检测本标准第 4 章中的全部检测项目(彻底检测)。

7.3　对受检单位的后续检测,在受检单位防雷装置无较大变化时,可不进行本标准第 4 章中 a)和 b)中的接闪器保护范围、及 e)和 f)项的检测项目。

7.4　首次检测单位,应先通过查阅防雷工程技术资料和图纸,了解并记录受检单位的防雷装置的基本情况,在与受检单位协商制定检测方案后进行现场检测。

7.5　现场检测进行时可按先检测外部防雷装置,后检测内部防雷装置的顺序进行,将检测结果填入防雷装置安全检测原始记录表。部分检测业务表格式样参见本标准附录 F(资料性附录)。

7.6　对受检单位出具检测报告和整改意见书。

二、条文理解

1. 检测作业程序

防雷检验就是按照规定的程序,为了确定防雷产品的一种或多种特性或性能的技术操作。为达到质量要求应采取一系列作业技术和活动。图 1-13 为防雷检测工作参考流程图。

2. 检测的主要内容和部位

在建筑物建造过程中,应跟踪核查嵌入的接地体、引下线等;在安装 LPS 之后,参照受保护建筑物的性质,例如防腐问题和 LPS 的类型,定期检测。当建筑物防雷装置变更或维修之后,或在得知建筑物遭雷击之后也要进行安全检测。

在定期检测时,尤其要核查下列项目:

接闪器部件、导体和接点的老化和腐蚀;

接地体的腐蚀;

接地终端装置的接地阻抗值;

连接点、等电位连接和固定的状况。

检测的主要部位例如:

建(构)筑物天面的接闪杆(杆、塔)、天线、水箱、放散管、通风管、金属构件等;

建(构)筑物上的金属防护栏、金属管道、太阳能热水器、广告牌、金属门窗、玻璃幕墙和外挂墙砖的金属框架、防晒棚、装饰物等按照其结构、形状参照一类、二类、三类建筑物规定确定检测点;

进出和连接建(构)筑物的各类金属管、线、呼吸管、金属通风管、其他长形和变形金属物体;

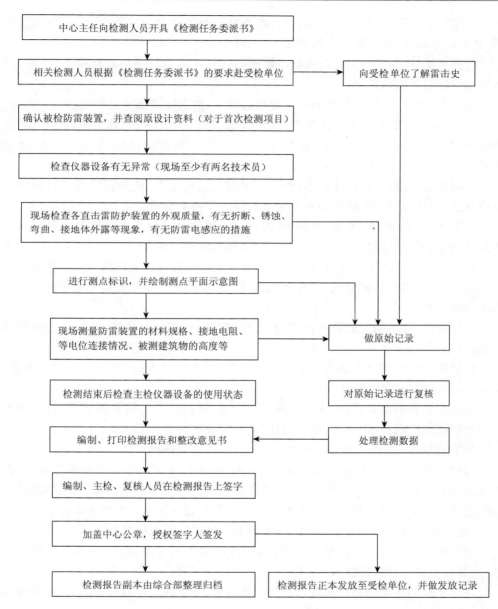

图 1-13　防雷检测工作流程图

建筑物供电系统：配电室按等电位连接系统的接地点和设备的接地连接点确定检测点。高压配电柜、低压总配电柜、分配电柜、供电终端设施以及操作台等。柜（箱）内的零线排、安全保护地线排、接零、接地点等。总配箱、区域配电箱、用户配电

箱和终端配电设施、高低压避雷器、进出电力室的电缆护套及穿线管接地、直流变压器、直流蓄电箱、传输信号机柜和电涌保护器;

电梯系统:电梯机房及机房内配电设施;道轨、井道内的等电位连接排;轿箱、召唤器、电梯门、楼层显示器;

管道井、线路井:从入口开始至大楼顶层终端,按实际情况确定检测点;

消防、安防、语音、图像、数据系统:相关监控室、操作室、中继室等和专用配电设施参照计算机房确定检测点;总配线箱、区域配线箱、终端配线箱和各类电涌保护器;

金属管道、线槽、线桥、线架等:首先确定端头为检测点,再根据设备结构确定中间检测点,消防、给排水、暖气等每根管道不得少于两个检测点。

构筑物(古塔、水塔、塔吊、锅炉、烟囱、铁塔、罐储及其他孤立高耸的构筑等):一般按其大小、形状、结构参照二类建筑物防雷标准确定检测点;

锅炉房:烟囱、锅炉主体、操作台、配电箱按布设情况及设备结构确定检测点。

发电室(油机室):发电机、配电箱、避雷器(含电涌保护器)、进出发电室穿线管或电缆金属护套。

室外设施:建筑物上的馈线拉杆、避雷杆、旗杆、导航灯穿线管、电涌保护器及其他金属物件等;

通信塔、线路支架(含吊挂钢交线)、彩灯穿线管、铠装电缆、防护栏;各类(卫星、微波、雷达、通信)天线等;

信息系统室内设备:进出线口接地汇流总排,进出线处电缆金属护套接地(或电涌保护器接地)、机柜、走线架、吊挂铁件、前端箱及电涌保护器;

各类通信(广播电视、微波、卫星、雷达)设备及电涌保护器;

医疗系统:大型医疗设备、操作台、手术台、控制台及控制系统电涌保护器、工作接地点、屏蔽接地、汇流排接地、防静电泄流排、空调、监控系统电涌保护器、消防报警系统电涌保护器、金属门窗、机房配电箱及电涌保护器、UPS、应急照明系统电涌保护器、等电位接地排等,各类进出管线、金属竖井、通风管、等电位接地系统等。

计算机数据处理、交换、集线器等设备,进出馈线信号避雷器、室内较大金属物件、计算机主机、空调、监控器;各类机柜、操作台、控制台;

进出机房的各类金属穿线管、暖气管、集线架、架空线路承载钢绞线、光缆承重金属线、总接地线;

机房等电位连接网络汇流排、均压环,按接地点确定检测点;

金属罐、金属罐的阻火器、呼吸阀、量油孔、人孔、透光孔、法兰盘(过渡电阻)、管线金属件。地上或管沟的输油管按接地点确定检测点;

进出和连接人工石油洞的各类金属管、线、呼吸管、金属通风管,按根(组)数首先确定两个检测点;当长度超过 50 m 时增加检测点。

装卸油品台:固定设备、法兰盘、计量仪表、鹤管、防静电栓、配电箱、避雷器;栈桥、铁轨。

汽车加油(气)站建筑物及防晒棚按一类防雷建筑物,分别按个数确定检测点。

露天储油罐和建(构)筑物内储油罐按每罐两根引下线确定检测点;地上或管沟的输油管按每根两个检测点确定;法兰盘、罐区设避雷塔(杆);

地埋储油罐按呼吸管(阻火器)、量油孔、法兰盘;

卸油(气)台防静电栓、加油(气)信息系统穿线管或铠装电缆外皮接地点、加油(气)机、加油(气)枪、加压泵、压缩机、报警器;

液化气站、天然气站:建筑物及防晒棚,按一类防雷建筑物确定检测点。贮气罐、残液罐、观察台,法兰盘、安全阀、报警装置;地上或地沟输气管道、消防管道,当长度超过 50 m 的增加检测点;

泵房:输气泵、计量仪表、机柜、法兰盘、等电位总接地、电源穿线管、配电箱、避雷器、报警装置、金属门窗、金属通风口等;

充气间:充气枪、抽残枪、输气管道、法兰盘、电子(台)称、报警装置、穿线管、防静电等电位接地、金属门窗、通风口;

卸气台:液相管、气相管、防静电栓、装卸栈桥、输气管道、法兰盘、阀门、铁路轨道、构架、鹤管;

氢氧站(含乙炔站):建筑物及防晒棚,按一类防雷建筑物确定检测点。

罐区:贮气罐、分离(转换)设备、避雷塔、排放管、安全阀、法兰盘;架空管、金属构架;

制气(加压)车间:金属构架(件)、各类生产设备、法兰盘、阀门、加压(压缩)机、金属门窗、等电位排、报警器;

爆炸危险环境入口处外侧裸露金属体、防护栏杆、金属门窗、金属支架、静电泄流触摸器;

危化生产区:各类固定的金属设备、管线、法兰盘、排放管、安全阀、支架、泵、电机、过滤器、缓和器、金属附件、非金属管段屏蔽、配电箱、避雷器、穿线管或铠装电缆、各类生产消防管道、机柜、等电位排,罐体、塔梯、操作口;

危化装卸区:所有设备、管道、法兰盘、构建物金属体、铁轨、防静电端子、栈桥、鹤管、计量仪表、配电箱、避雷器,按个确定检测点;装卸、存放导电地坪。

3. 检测内容

接闪杆:材料名称、规格、质量评定、机械强度、导电性能、防腐措施、安装高度、安装位置、连接方式、焊接工艺、针体垂直度。

接闪带(含避雷网):材料名称、规格、质量评定、机械强度、导电性能、搭接长度、焊接工艺、支撑高度、支撑间距、曲率半径、环路电阻。

引下线：材料名称、规格、质量评定、机械强度、导电性能、安装位置、固定器件、固定间距、搭接长度、焊接工艺、利用系数。

人工接地装置：材料名称、规格、质量评定、机械强度、导电性能、安置深度、安装位置、安装形式、焊接工艺、防腐措施、降阻措施、接地电阻。

自然接地装置：接地材料名称、规格，利用主筋根数，桩、柱的利用系数，桩、柱电阻平衡度，土壤电阻率，地下同位含水量，焊接情况，综合电阻。

天面金属物体，竖井金属器件，各类金属管道，电梯，高低压电器设施保护、重复接地。

电涌保护器：型号，参数，保护级数，安置位置，引下线材料的名称、规格。

均压环(防侧击雷)：材料名称、规格，质量评定，机械强度，导电性能，安置深度、位置，环的间距，敷设方式，连接方式，与竖井的连接，与柱筋的连接。

防静电设施：材料名称、规格，质量评定，机械强度，导电性能，静电地板电阻率，限流电阻，金属、导体对地绝缘率，接地连接方式，接地材料名称、规格，各接点的过渡电阻，防腐措施。

根据测试能力可以开展的与防雷相关的测试项目：绝缘电阻、RCD—跳闸时间、RCD—跳闸电流、故障回路阻抗和预期短路电流、短路电流下的接触电压、电压、电流(真有效值)、电源频率、峰值电流、功率、电能、谐波分析(电压和电流)等，静电的有关测试、综合布线检查测试等。

4. 其他事项

防雷产品质量检验机构应正确配备进行检验的全部仪器设备。仪器设备验收、流转应受控。应对所有仪器设备进行正常维护，并有维护程序；如果任一仪器设备有过载或错误操作或显示的结果可疑或通过检定(验证)或其他方式表明有缺陷时，应立即停止使用，并加以明显标志，如可能应将其贮存在规定的地方直至修复；修复的仪器设备必须经校准、检定(验证)，或检验证明其功能指标已恢复。实验室应检查由于这种缺陷对过去进行的检验所造成的影响。

每一台检测用仪器设备都应有明显的标志来表明其校准或检定状态。应有"合格"、"准用"、"停用"等计量标志；通常上述标志用"绿"、"黄"、"红"等三色标志表示；(非计量)测试设备也应有类似的彩色标志表明其经验证后是否处于完好状态，具体管理标志为：

(a)合格证(绿色)为计量检定合格者；

(b)准用证(黄色)为不必检定的设备，经检查其功能正常者(如计算机，打印机等)；

多功能检测设备，某些功能已丧失，但检测工作所用功能正常，经校准合格者；

测试设备某一量程准确度不合格,但检验(测)工作所用量程合格者;

降级使用。

(c)停用证(红色)

检测仪器、设备损坏者;

检测仪器、设备经计量检定不合格者;

检测仪器、设备性能无法确定者;

检测仪器、设备超过检定周期者;

每次使用前都应进行仪器有效期确认、基本功能的检查和零点的调整(如果有的话)。

防雷产品质量检验机构应使用适当的方法和程序进行所有检验工作以及职责范围内的其他有关业务活动(包括样品的抽取、处置,测量不确定度的估算,检验数据的分析);这些方法和程序应与所要求的准确度和有关检验的标准规范一致。防雷产品质量检验机构除了应按《建筑物防雷装置检测技术规范》的条文要求进行检测作业外,最好专门制定相应的作业指导书,规范检测工作。

大多数建筑物应先通过查阅防雷工程技术资料、图纸,了解被检方的防雷设施的基本情况,然后进行现场检测。

§1.8　检测数据处理

一、条文

8　检测数据处理

8.1　检测结果的记录

8.1.1　在现场将各项检测结果如实记入原始记录表,原始记录表应有检测人员、校核人员和现场负责人签名。原始记录表应作为用户档案保存两年。

8.1.2　首次检测时,应绘制建筑物防雷装置平面示意图,后续检测时应进行补充或修改。

8.2　检测结果的判定

用数值修约比较法将经计算或整理的各项检测结果与相应的技术要求进行比较,判定各检测项目是否合格。

8.3　防雷装置检测报告

8.3.1　检测报告由检测员按本标准8.1和8.2的内容填写,检测员和校核员签字后,经技术负责人签发,应加盖检测单位公章。

8.3.2　检测报告一式两份，一份送受检单位，一份由检测单位存档。存档应有文字和计算机存档两种形式。

二、条文解释

防雷产品质量检验机构应有适合自身具体情况并符合现行规章的记录制度。所有的原始测试记录、计算和导出数据、记录以及证书副本、检验证书副本检验报告副本均应归档并保存适当的期限。例如，保存两个检测周期以上时间。

每次检验的记录应包含足够的信息以保证其能够再现。记录应包括参与检验人员的标志。记录更改应按适当程序规范进行。应使用预先设计好的原始记录表，现场记录，现场签名。杜绝现场用白纸临时记录，回去再重新登录整理记录的情况发生。

所有记录（包括有关校准和检验仪器设备的记录）、证书和报告都应安全贮存、妥善保管并为委托方保密。

对于实验室完成的每一项或每一系列检验的结果，均应按照检验方法中的规定，准确、清晰、明确、客观地在检验证书或报告中表述，应采用法定计量单位。证书或报告中还应包括为说明检验结果所必需的各种信息采用方法所要求的全部信息。

应合理地编制检验证书或报告，尤其是检验数据的表达应易于读者理解。注意逐一设计所承担不同类型检验证书或报告的格式，但标题应尽量标准化。

对已发出的检验证书或报告作重大修改，只能以另发文的方式，或采用对"编号为××××的检验证书或报告"作出补充声明或以检验数据修改单的方式。这种修改应有相应规定。

当发现诸如检验仪器设备有缺陷等情况，而对任何证书、报告或对证书或报告的修改单所给出结果的有效性产生疑问时，防雷产品质量检验机构应立即以书面形式通知被检方。

当被检方要求用电话、电传、图文传真或其他电子和电磁设备传送检验结果时，实验室应保证其工作人员遵循质量文件规定的程序，这些程序应满足本准则的要求，并为委托方保密。

关于记录、技术报告、证书的具体要求，在本书第三章中叙述。

习题与思考题

一、填空

1. 建筑物防雷分类主要应根据_____、_____、_____和_____等综合考虑分为三类。

2. 在检测总等电位连接情况时,应检测的指标主要是_____、_____、_____。

3. 外部防雷装置包括_____、_____、_____和_____等。

4. 第二类防雷建筑物的引下线不应少于_____根,并应沿建筑物四周_____布置,当仅利用建筑物四周钢柱或柱内钢筋作为引下线时,可按跨度设引下线,但引下线平均间距不大于_____m。

5. 在设有信息系统的建筑物需防雷击电磁脉冲的情况下,当该建筑物不属于第一类、第二类和第三类防雷建筑物和不处于其他建筑物或物体的保护范围内时,宜将其划属_____或_____类防雷建筑物。

6. 接地装置的接地电阻(或冲击接地电阻)值应符合设计要求,有关标准规定的设计要求值为:

接地装置的主体	允许值(Ω)	接地装置的主体	允许值(Ω)
第一类防雷建筑物防雷装置	≤_____ ᵃ	天气雷达站共用接地	≤_____
汽车加油、加气站防雷装置	≤_____ ᵃ	配电变压器(B类)	≤_____

7. 接地装置的工频接地电阻值的测量常用_____法,其测得的为_____接地电阻值,但需要冲击接地电阻值时,应按公式_____的规定进行换算。

8. 选择电子系统中信息技术设备信号电涌保护器,U_c 值一般不高于系统运行时信号线上的最高工作电压的_____倍。

9. 当在线路上多处安装 SPD 时,电压开关型 SPD 与限压型 SPD 之间的线路长度不宜小于_____m,若小于 10 m 应加装_____元件。限压型 SPD 之间的线路长度不宜小于_____m。

10. 连接导体应符合相线采用_____、_____、_____色。保护线用_____的要求。

11. 在高土壤电阻率地区,降低接地电阻通常采用的方法有_____、_____、_____、_____、_____和_____等。

12. 电子计算机机房宜将交流工作接地(要求≤_____Ω)、交流保护接地(要求≤_____Ω)、直流工作接地(按_____确定接地电阻值)、防雷接地共用一组接地装置,其接地电阻按_____确定。

13. SPD两端的引线长度之和不宜超过_____m,否则应采用_____接法。

14. 选择电子系统中信息技术设备信号电涌保护器,若 RS422/485 接口的工作电压为 5 V,U_c 值一般应为_____V。U_c 值一般不高于系统运行时信号线上的最高工作电压的_____倍。

15. 在等电位连接中,连接电阻应不大于_____Ω,连接电阻过大的可能原因有_____、_____、_____。

16. 为了减少相邻接地体的屏蔽作用,垂直接地体的间距不宜小于其长度的_____倍。接地网的埋深一般范围采用_____m。

二、选择题

1. 一般建筑物用圆钢作为明装引下线时,圆钢直径应不小于多少?　　　　　(　　)

　　A:8 mm;　　　　　B:10 mm;　　　　　C:16 mm

2. 在一个有直击雷防护装置的建筑物内的封闭金属机柜内的设备处于防雷分区的哪个区?　　　　　　　　　　　　　　　　　　　　(　　)

　　A:0 区;　　　　　B:1 区;　　　　　C:2 区

3. 高层建筑物是否可以利用建筑物女儿墙内的钢筋作暗敷接闪带。　　(　　)

　　A:可以;　　　　　B:不可以;　　　　　C:无所谓

4. 6.15 按 0.1 修约间隔修约后为　　　　　　　　　　　　　　　　(　　)

　　A:6.1;　　　　　B:6.2;　　　　　C:6.10;　　　　　D:6.20

5. 电源变压器的中性点直接接地,可触及的导电部件与 PE 导体相连接,在全系统内 N 线和 PE 线是分开的。这种系统属于　　　　　　　　　　　(　　)

　　A:TT 系统;　　　B:TN-C 系统　　C:TN-S 系统

6. 防雷工程质量检验机构在对某行业进行防雷检测时,可以选择使用标准为:(　　)

　　A:国际标准;　　　B:国家标准;　　　C:行业标准

7. 超过 40 m 的烟囱用圆钢作为明装引下线时,圆钢直径应不小于:　　(　　)

　　A:8 mm;　　　　　B:12 mm;　　　　　C:16 mm

8. 一个敏感的信息设备应处于防雷分区的哪个区?　　　　　　　　　(　　)

　　A:0 区;　　　　　B:1 区;　　　　　C:2 区

9. 奥运场馆水立方应划为　　　　　　　　　　　　　　　　　　　(　　)

　　A:第一类防雷建筑物;　　　B:第二类防雷建筑物;　　　C:第三类防雷建筑物

10. 储存油品的金属储罐若采用铁质钢罐,其最小罐壁厚度应不小于:　　(　　)

　　A:6 mm;　　　　　B:5 mm;　　　　　C:4 mm

11. 某大型体育场年预计雷击次数大于 0.06 次,则该建筑物应划为　　　(　　)

　　A:一类防雷建筑物;　　　B:二类防雷建筑物;　　　C:三类防雷建筑物

12. LPZ2 区与 LPZ1 区间等电位连接导体使用铜材料最小截面为 （ ）

    A：16 mm²；   B：2.5 mm²   C：6 mm²

13. 南京信息工程大学文德楼若年预计雷击次数大于 0.06 次，则该建筑物应划为（ ）

    A：一类防雷建筑物；   B：二类防雷建筑物；   C：三类防雷建筑物

三、名词解释

  1. 接地装置冲击系数

  2. SPD 的限制电压

  3. TN-S 系统

  4. 火花效应

  5. 压敏电压（SPD）

  6. 插入损耗

  7. 等电位连接

  8. TT 配电系统

  9. 电压保护水平 U_P

  10. 退耦元件

  11. 劣化（SPD）

  12. SPD 的泄漏电流

  13. 耐冲击过电压额定值 U_w

  14. 共用接地系统

四、问答题

  1. SPD 的检测有哪些内容？

  2. 在测试一些等电位连接端子的连接电阻时为何要进行两种电压极性测试？等电位连接端子的连接电阻一般不应超过多少欧姆？

  3. 检测作业要求（不考虑易燃易爆危险场所）有哪些？

  4. 测量信息系统设备电源输入端的零、地电压时，在 TN—S 系统中，中性线（N）与保护线（PE）间的电位差不宜大于多少伏。电位差太大的可能原因有哪些？

  5. 易燃易爆危险场所及高低压变配电场所检测作业要求有哪些？

  6. 箝位电压 U_{as}、开关型 SPD 的放电电压、残压 U_{res}、电压保护水平 U_p 有什么不同？

  7. 防雷检测项目主要有哪些？

  8. 爆炸和火灾危险环境如何分区？

  9. 简述接地装置的火花效应和冲击系数。

  10. 人工接地体的布置有何要求？

  11. 引下线的材料规格有何要求？

12. 接地极施工应注意哪些问题？

13. 电涌保护器应清晰地附有哪些标志？

14. 影响零—地电位差的因素有哪些？

15. 防雷分区的作用是什么？

16. 请叙述防雷检测的主要工作程序。

17. 在高土壤电阻率地区，降低接地电阻通常采用哪些方法？

18. 请叙述压敏电阻电涌保护器工作原理，有哪些优缺点？

19. 对于装设有敏感电子设备的建筑物，其低压供电系统宜采用哪种制式？有何注意事项？

20. 使用 MOV(氧化锌压敏电阻)时，为何应在 SPD 的前端串接过流保护装置？

21. 计算机房内供配电系统，在所有设备不工作状态下，零—地漂移电压有何要求？零—地漂移电压产生的原因有哪些？

第二章　计量基础知识

各级防雷产品质量检验机构由于对社会承担委托检验、监督检验和仲裁检验,其检验结果必须具有科学性、公正性和法律效力,因此,必须建立和运行质量管理体系以实现质量目标。

为了规范质检机构的行为,加强管理,全面提高检测技术水平及工作质量并与国际接轨,有必要对各级防雷产品质量检验机构进行实验室资质认定评审。

实验室资质认定评审是依据《中华人民共和国计量法》。该法第二十二条规定"为社会提供公正数据的产品质量检验机构,必须经省级以上人民政府计量行政部门对其计量检定、测试的能力和可靠性考核合格。"实验室资质认定评审是对检测机构的法制性强制考核,是政府权威部门对检测机构进行规定类型检测所给予的正式承认。经实验室资质认定评审合格的检测机构出具的数据,用于贸易的出证、产品质量评价、成果鉴定作为公证数据,具有法律效力。未经实验室资质认定评审的技术机构为社会提供公证数据属于违法行为。

设立防雷检测机构的目的就是为社会提供准确可靠的检测数据和检测结果,认定评审合格的检测机构出具的数据和结果主要用于以下方面:

1. 政府机构要依据有关检测结果来制定和实施各种方针、政策;
2. 科研部门利用检测数据来发现新现象、开发新技术、新产品;
3. 生产者利用检测数据来决定其购销活动;
4. 消费者利用检测结果来保护自己的利益;

§2.1　概述

计量在我国已有近五千年的历史。过去,计量在我国称为"度量衡",其原意是关于长度、容量和质量的测量,其主要的计量器具是尺、斗、秤。随着社会的发展和科学技术的进步,它的概念和内容也在不断扩展和充实,远远超出"度量衡"的范畴。计量原本是物理学的一部分,或者说是物理学的一个分支,现已发展形成一门研究测量理论和实践的综合性学科——计量学。

一、计量学及其分类

（一）计量学的定义及研究的内容

1. 计量的定义：

计量是实现单位统一和量值准确可靠的测量。从定义中可以看出，它属于测量，源于测量，而又严于一般测量，是测量的一种特定形式。

计量与其他测量一样，是人们理论联系实际，认识自然、适应自然、改造自然的方法和手段。它是科技、经济和社会发展中必不可少的一项重要的技术基础。

计量与测试是含义完全不同的两个概念。测试是具有试验性质的测量，也可理解为测量和试验的综合。它具有探索、分析、研究和试验的特征。

计量的对象，在相当长的历史时期内，主要是各种物理量。随着科技的进步和经济、社会的发展，计量的对象已突破了传统物理量的范畴，不仅扩展到化学量、工程量，而且扩展到生物方面的生理、心理量，甚至一些微观领域的统计计数量，如质子数、中子数、血球个数等计数量也可通过一定的物理技术手段转换成物理量来计量。因此，可以说，一切可测量的量，皆属于计量的对象。

计量根据其对象主要可分为物理计量、化学计量、工程计量、生物计量等。

计量学是有关测量知识领域的一门学科。然而它又不同于其他学科，具有特别的双重属性，既属于自然科学，又属于社会科学。作为自然属性，它属于生产力的范畴，不是某种社会制度的产物，也不因某种社会制度的消亡而消亡；而作为社会属性，它又属于上层建筑，伴随着经济基础的发展而发展，与社会制度紧密相连，不能脱离社会制度而单独存在。

2. 计量学研究的内容

计量学研究的内容包括：

（1）计量单位及其基准、标准的建立、复制、保存和使用；

（2）量值传递、计量原理、计量方法、计量不确定度以及计量器具的计量特性；

（3）计量人员进行计量的能力；

（4）计量法制和管理；

（5）有关计量的一切理论和实际问题。

此外，计量学也研究物理常量、常数和标准物质、材料特性的准确测定。可以预见，随着生产和科学技术的发展，计量学的内容还会更加丰富。

（二）计量学的分类

计量学包括的专业很多，应用十分广泛。

国际法制计量组织（OIML）根据应用领域将计量学分为工业计量学、商业计量学、天文计量学、医用计量学等。

目前我国按专业把计量学划分为几何量、温度、力学、电磁学、电子、时间频率、电磁辐射、光学、声学、化学(含标准物质)等 10 大类。

就学科而言,根据任务性质,计量学又可分为法制计量学、普通计量学、技术计量学、质量计量学、理论计量学等。

其实,上述划分并不是绝对的。在实际研究和具体计量中,往往并不也没有必要去严格区分。

二、计量的发展及特点

(一)计量的发展

计量的历史源远流长。计量的发展与社会进步联系在一起,它是人类文明的重要组成部分。

计量的发展大体可分为三个阶段。

1. 古典阶段

计量起源于量的概念。量的概念在人类产生的过程中就开始形成。人类从利用工具到制造工具,包含着对事物大小、多少、长短、轻重、软硬等的思维过程,逐渐产生了形与量的概念。在同自然界漫长的斗争中,人们首先学会了用感觉器官耳听、眼观、手量来进行计量。作为最高依据的"计量基准",也多用人体的某一部分,或其他天然物如动物丝毛、植物果实或乐器等。例如,我国古代的"布手知尺"、"取权定重"、"迈步定亩"、"滴水计时";英王亨利一世将其手臂向前平伸,从其鼻尖到指尖的距离定为"码";英王查理曼大帝以自己的脚长为标准,把它定为"英尺"等。可见,计量的古典阶段是以经验为主的初级阶段。

我国计量工作具有悠久的历史,在计量古典阶段中为人类作出了突出的贡献。早在公元前 26 世纪,传说黄帝就设置了"衡、量、度、亩、数"五量。尤其在秦朝,秦始皇不仅统一了六国,主张车同轨、书同文,而且发了诏书,统一了全国度量衡,为我国古代计量史写下光辉的一页。

2. 经典阶段(近代阶段)

1875 年计量经典阶段开始。这阶段的主要特征是计量摆脱了利用人体、自然物体作为"计量基准"的原始状态,进入以科学为基础的发展时期。由于科技水平的限制,这个时期的计量基准大都是经典理论指导下的宏观实物基准。例如,根据地球子午线四分之一的一千万分之一长度制成长度基准米原器;根据 1 dm^3 的纯水在密度最大时的质量制成了质量基准千克原器等。

这类实物基准,随着时间的推移,由于腐蚀、磨损,量值难免发生微小变化;由于原理和技术的限制,准确度也难以大幅度提高,以致不能适应日益发展的社会、经济的需要。于是不可避免地提出了建立更准确、更稳定的新型计量基准的要求。

3. 现代阶段

现代计量的标志是由以经典理论为基础,转为以量子理论为基础,由宏观实物基准转为微观自然基准。也就是说,现代计量以当今科学技术的最高水平,使基本单位计量基准建立在微观自然现象或物理效应的基础之上。迄今为止,国际单位制中7个 SI 基本单位,已有5个实现了微观自然基准,即量子基准。量子基准的稳定性和统一性为现代计量的发展奠定了坚实的基础。

(二)计量的特点

计量不管处于那一阶段,均与社会经济的各个部门,人民生活的各个方面有着密切的关系。随着社会的进步,经济的发展,加上计量的广泛性、社会性,必然对单位统一、量值准确可靠提出愈来愈高的要求。因此,计量必须具备以下4个特点。

1. 准确性

准确性是计量的基本特点,是计量科学的命脉,计量技术工作的核心。它表征计量结果与被测量真值的接近程度。只有量值,而无准确程度的结果,严格来说不是计量结果。准确的量值才具有社会实用价值。所谓量值统一,说到底是指在一定准确程度上的统一。

2. 一致性

一致性是计量学最本质的特性,计量单位统一和量值统一是计量一致性的两个方面。然而,单位统一是量值统一的重要前提。量值的一致是指在给定误差范围内的一致。计量的一致性,不仅限于国内,也适用于国际。

3. 溯源性

为了使计量结果准确一致,任何量值都必须由同一个基准(国家基准或国际基准)传递而来。换句话说,都必须能通过连续的比较链与计量基准联系起来,这就是溯源性。因此,"溯源性"是"准确性"和"一致性"的技术归宗。尽管任何准确、一致是相对的,它与科技水平,与人的认识能力有关。但是,"溯源性"毕竟使计量科技与人们的认识相一致,使计量的"准确"与"一致"得到基本保证。否则,量值出于多源,不仅无准确一致可言,而且势必造成技术和应用上的混乱。

图 2-1 是供参考用的防雷检测工作中的仪器设备量值溯源保证示意图。

4. 法制性

计量的社会性本身就要求有一定的法制来保障。不论是单位制的统一,还是基标准的建立,量值传递网的形成,检定的实施等各个环节,不仅要有技术手段,还要有严格的法制监督管理。也就是说都必须以法律法规的形式作出相应的规定。尤其是那些重要的或关系到国计民生的计量,更必须有法制保障。否则,计量的准确性、一致性就无法实现,其作用也无法发挥。

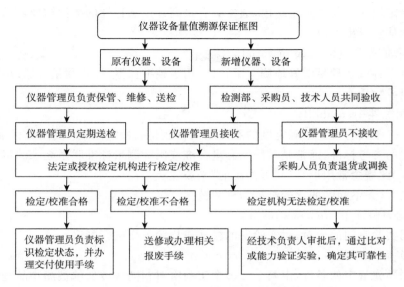

图 2-1　防雷检测工作中的仪器设备量值溯源保证示意图

§2.2　管理术语和定义

由于计量的社会性,因而计量的管理显得尤为重要。下面是一些主要的计量管理术语或定义。

1. 实验室 laboratory

从事校准和/或检验的机构。例如,各级防雷产品质量检验机构应属于实验室。

注:①如果实验室只是某组织的一部分,该组织除了进行检验工作以外,还进行其他活动,则"实验室"仅指该组织内进行检验工作的那部分。

②"实验室"是指在下列情况下,开展检验工作的机构:在或来自一个固定的地点;在或来自一个临时的设施;在或来自一个可移动的设施。例如,各级防雷产品质量检验机构应属于实验室。

2. 检验 test

按照规定的程序,为了确定给定的产品、材料、设备、生物体、物理现象、工艺过程或服务的一种或多种特性或性能的技术操作。

检验结果通常被记录在称之为检验报告或检验证书的文件中。

3. 检验方法 test method

为进行检验而规定的技术程序。

4. 参考标准 reference standard

在给定地区或在给定组织内,通常具有最高计量学特性的测量标准,在该处所做的测量均从它导出。

5. 标准物质 reference material

具有一种或多种足够好地确立了特性、用于校准仪器、评审测量方法或给材料赋值的材料或物质。

6. 溯源性 traceability

通过一条具有规定不确定度的不间断的比较链,使测量结果或测量标准的值能够与规定的参考标准,通常是与国家测量标准或国际测量标准联系起来的特性。

注:①此概念常用形容词"可溯源的"来表述;

　　②这条不间断的比较链称为溯源链。

7. 能力验证 proficiency testing

利用实验室间的比对,对实验室的校准或检验工作进行判定。

8. 实验室间比对 inter-laboratory comparison

按照预先规定的条件,由两个或多个实验室对相同或类似的被测物品进行检测、实施评价。

9. 校准与测量能力 calibration and measurement capability

通常提供给用户的最高校准与测量水平,它用置信水准为95%的扩展不确定度表示。

注:有时称为最佳测量能力。

10. 专业判断 professional judgment

单个或一组人员做结论的能力,依据测量结果、知识、经验、文献和其他方面信息提供见解和作出解释。

注:专业判断不包括评价、决定或合格保证,这些内容包括在 ISO/IEC 关于认证和检验的导则中。

11. 质量方针 quality policy

由某组织的最高管理者正式发布的该组织的质量宗旨和质量方向。

注:质量方针是总方针的一个组成部分,由最高管理者批准。

12. 质量管理 quality management

确定质量方针、目标和职责并在质量体系中通过诸如质量策划、质量控制、质量保证和质量改进使其实施全部管理职能的所有活动。

注:①质量管理是各级管理者的职责,但必须由最高管理者领导。质量管理的实验涉及组织中的所有成员。

　　②在质量管理中要考虑到经济性因素。

13. 质量控制 quality control

为达到质量要求所采取的作业技术和活动。

注:①质量控制包括作业技术和活动,其目的在于监视过程并排除质量环中所有
　　　阶段中导致不满意的原因,以取得经济效益。

　　②质量控制和质量保证的某些活动是相关联的。

14. 质量保证 quality assurance

为了提供足够的信任表示实体能够满足质量要求,而在质量体系中实施并根据需要进行证实的全部有计划和有系统的活动。

注:①质量保证有内部和外部两种目的。

　　(a)内部质量保证:在组织内部,质量保证向管理者提供信任。

　　(b)外部质量保证:在合同或其他情况下,质量保证向顾客或他方提供信任。

　　②质量控制和质量保证的某些活动是相互关联的。

　　③只有质量要求全面反映了用户的要求,质量保证才能提供足够的信任。

15. 质量体系 quality system

为实施质量管理所需的组织结构、程序、过程和资源。

注:①质量体系的内容应以满足质量目标的需要为准。

　　②一个组织的质量体系,主要是为满足该组织内部管理的需要而设计的。它
　　　比特定顾客的要求更为广泛。顾客仅仅评价质量体系中的有关部分。

　　③为了合同或强制性质量评价的目的,可要求对已确定的质量体系要素的实
　　　施进行证实。

16. 管理评审 management review

由最高管理者就质量方针和目标,对质量体系的现状和适应性进行的正式评价。

注:①管理评审可以包括质量方针评审;

　　②质量审核的结果可作为管理评审的一种输入;

　　③"最高管理者"指的是其质量体系受到评审的组织的管理者。

17. 质量手册 quality manual

阐明一个组织的质量方针并描述其质量体系的文件。

注:①质量手册可以涉及一个组织的全部活动或部分活动。手册的标题和范围
　　　反映其应用的领域。

　　②质量手册通常至少应包括或涉及以下方面:

　　(a)质量方针;

　　(b)影响质量的管理、执行、验证或评审工作的人员职责、权限和相互关系;

　　(c)质量体系程序和说明;

　　(d)关于手册评审、修改和控制与规定。

③质量手册在深度和形式上可以不同，以适应组织的需要。它可以由几个文件组成。根据手册的范围，可以使用限定词，如"质量保证手册"、"质量管理手册"。

18. 质量计划 quality plan

针对特定的产品、项目或合同，规定专门的质量措施、资源和活动顺序的文件。

注：①质量计划通常参照质量手册中适用于特定情况的有关部分。

②根据质量计划的范围，可以使用限定词，如"质量保证计划"、"质量管理计划"。

19. 质量审核 quality audit

确定质量活动和有关结果是否符合计划的安排，以及这些安排是否有效地实施并适合于达到预定目标的、有系统的、独立的检查。

注：①质量审核一般用于（但不限于）对质量体系或其要素、过程、产品或服务的审核。上述这些审核通常称为"质量体系审核"、"过程质量审核"、"产品质量审核"和"服务质量审核"。

②质量审核应由被审核领域无直接责任的人员进行，但最好在有关人员的配合下进行。

③质量审核的一个目的是，评价是否需采取改进或纠正措施。审核不能和旨在过程控制或产品验收的"质量监督"或"检验"相混淆。

④质量审核可以是为内部或外部的目的而进行的。

20. 组织结构 organization structure

组织为行使其职能按某种方式建立的职责、权限及其相互关系。

21. 程序 procedure

为进行某项活动所规定的途径。

22. 过程 process

将输入转化为输出的一组彼此相关的资源和活动。

23. 规范 specification

阐明要求的文件。

注：①应使用限定词以表示规范的类型，如"产品规范"、"试验规范"。

②"规范"应涉及或包括图样、模样或其他有关文件，并指明用以检查合格与否的方法与准则。

24. 技术规范 technical specification

规定产品或服务特性的文体。例如，质量水平、性能、安全或尺寸。它可以包括或只涉及术语、符合、检测或试验方法、包装、标志或标签的要求。

25. 标准 standards

为促进最佳的共同利益，在科学、技术、经验成果的基础上，由各有关方面合作起草并协商一致或基本同意而制定的适于公用并被标准化机构批准的技术规范和其他文件。

　　注:①满足定义中所有条件的文件,有时可能称为其他名称,例如"建议"。

　　　②在某些语言中,"标准"一词经常具有其他含义,它可以指不符合本定义全部条件的技术规范,例如"公司标准"。

　　26. 预防措施 preventive

　　为了防止潜在的不合格、缺陷或其他不希望情况发生,消除其原因所采取的措施。

　　注:预防措施可以包括诸如程序和体系的更改,以实现质量环中任一阶段的质量改进。

　　27. 纠正措施 corrective action

　　为了防止已出现的不合格、缺陷或其他不希望的情况再次发生,消除其原因所采取的措施。

　　注:①这种措施可以包括诸如程序和体系等的更改,以实现质量环中任一阶段的质量改进。

　　　②"纠正"和"纠正措施"的区别是:"纠正"是指"返修"、"返工"或调整,涉及对现有的不合格所进行的处置。"纠正措施"涉及消除产生不合格的原因。

　　28. 合格 conformity

　　满足规定的要求。

　　注:上述定义仅适用于质量标准。ISO/IEC 导则 2 对合格有不同的定义。

　　29. 不合格 nonconformity

　　没有满足某个规定的要求。

　　注:该定义包括一个或多个质量特性(包括可信性特性)或质量体系要素偏离了规定要求。

　　30. 法制计量 legal metrology

　　计量的一部分,即与法定计量机构所执行工作有关的部分,涉及对计量单位、测量方法、测量设备和测量实验室的法定要求。

　　31. 法定[计量]单位 legal unit [of measurement]

　　由国家法律承认、具有法定地位的计量单位。

　　32.[计量器具的]的检定 verification [of measuring instrument]

　　查明和确认计量器具是否符合法定要求的程序,它包括检查、加标记和(或)出具检定证书。

　　33. 后续检定 subsequent verification

　　计量器具首次检定后的任何一种检定:

①强制性周期检定；

②修理后检定；

③周期检定有效期内进行的检定，不论它是由用户提出请求，或者由于某种理由，在有效期内封印不再有效。

34. 周期检定 periodic verification

按时间间隔和规定程序，对计量器具定期进行的一种后续检定。

35. 检定证书 verification certificate

证明计量器具已经过检定获满意结果的文件。

36. 不合格通知书 rejection notice

声明计量器具不符合有关法定要求的文件。

37. 溯源等级图 hierarchy scheme

一种代表等级顺序的框图，用以表明计量器具的计量特性与给定量的基准之间的关系。溯源等级图是对给定量或给定型号计量器具所用的比较链的一种说明，以此作为其溯源性的证据。

38. ［计量器具的］检查 examination［of measuring instrument］

为确定计量器具是否符合该器具有关法定要求所进行的操作。

39. 检验 inspection

通过观察和判断，必要时结合测量、试验或估计所进行的符合性评价。

§2.3　技术术语

一、测量和计量

1. 量值 value of a quantity

一般由一个数乘以测量单位所表示的特定量的大小。

例：5.34 m 或 534 cm,15 kg,10 s,−40℃。

注：对于不能由一个数乘以测量单位所表示的量，可参照约定参考标尺，或参照测量程序，或两者都参照的方式表示。

2. ［量的］真值 true value［of a quantity］

与给定的特定量的定义一致的值。

注：①量的真值只有通过完善的测量才可能获得。

②真值按其本性是不确定的。

③与给定的特定量定义一致的值不一定只有一个。

3. ［量的］约定真值 conventional true value［of a quantity］

对于给定目的的具有适当不确定度的、赋予特定量的值,有时约定采用该值。

例:(a)在给定地点,取由参考标准复现而赋予该量的值作为约定真值。

(b)常数委员会(CODATA)1986 年推荐的阿伏伽德罗常数值为 6.022 136 7×10^{23} mol^{-1}。

注:①约定真值有时称为指定值、最佳估计值、约定值或参考值。

②常常用某量的多次测量结果来确定约定真值。

4. 测量 measurement

以确定量值为目的的一组操作。

注:①操作可以是自动地进行的。

②测量有时也称计量。

5. 计量 metrology

实现单位统一、量值准确可靠的活动。

6. 测量原理 principle of measurement

测量的科学基础。

例:(a)应用于温度测量的热电效应。

(b)应用于电位差测量的约瑟夫森效应。

(c)应用于分子振动波数测量的喇曼效应。

7. 测量方法 method of measurement

进行测量时所用的、按类别叙述的逻辑操作次序。

注:测量方法可按不同方式分类,如替代法、微差法、零位法。

8. 测量程序 measurement procedure

进行特定测量所用的,根据给定的测量方法具有叙述的一组操作。

注:测量程序(有时被称为测量方法)通常记录在文件中,并且足够详细,以使操作者在进行测量时不再需要补充资料。

9. 被测量 measured

作为测量对象的特定量。

例:给定的水样品在 20℃时的蒸汽压力。

注:对被测量的详细描述,可要求包括对其他有关量(如时间、温度和压力)作出说明。

10. 影响量 influence quantity

不是被测量但对测量结果有影响的量。

例:(a)用来测量长度的千分尺的温度;

(b)交流电位差幅值测量中的频率;

(c)测量人体血液样品血红蛋白浓度时的胆红素的浓度。

二、测量结果及其特性

1. 测量结果 result of a measurement

由测量所得到的赋予被测量的值。

注:①在给出测量结果时,应说明它是示值、未修正测量结果或已修正测量结果,
　　　还应表示它是否为几个值的平均。

　　②在测量结果的完整表述中应包括测量不确定度,必要时还应说明有关影响
　　　量的取值范围。

2.[测量仪器的]示值 indication [of a measuring instrument]

测量仪器所给出的量值。

注:①由显示器读出的值可称为直接示值,将它乘以仪器常数即为示值。

　　②这个量可以是被测量、测量信号或用于计算被测量之值的其他量。

　　③对于实物量具,示值就是它所标出的值。

3. 未修正结果 uncorrected result

系统误差修正前的测量结果。

4. 已修正结果 corrected result

系统误差修正后的测量结果。

5. 测量准确度 accuracy of measurement

测量结果与被测量真值之间的一致程度。

注:①不要用术语精密度代替准确度。

　　②准确度是一个定性概念。

6.[测量结果的]重复性 repeatability [of results of measurements]

在相同测量条件下,对同一被进行连续多次测量所得结果之间的一致性。

注:①这些条件称为重复性条件。

　　②重复性条件包括:相同的测量程序;相同的观测者;在相同的条件下使用相
　　　同的测量仪器;在短时间内重复测量。

　　③重复性可以用测量结果的分散性定量地表示。

7.[测量结果的]复现性 reproducibility [of results of measurements]

在改变了的测量条件下,同一被测量的测量结果之间的一致性。

注:①在给出复现性时,应有效说明改变条件的详细情况。

　　②改变条件可包括:测量原理;测量方法;观测者;测量仪器;参考测量标准;
　　　地点;使用条件;时间。

　　③复现性可用测量结果的分散性定量地表示。

④测量结果在这里通常理解为已修正结果。

8. 实验标准[偏]差 experimental standard deviation

对同一被测量作 n 次测量，表征测量结果分散性的量 s 可按下式算出：

$$s = \sqrt{\frac{\sum\limits_{i=1}^{n}(x_i - \overline{x})^2}{n-1}}$$

式中 x_i 为第 i 次测量的结果，$\overline{x}$ 为所考虑的 n 次测量结果的算术平均值。

注：①当将 n 个值视作分布的取样时，$\overline{x}$ 为该分布的期望的无偏差估计，s^2 为该分布的方差 δ^2 的无偏差估计。

②$\dfrac{s}{\sqrt{n}}$ 为 $\overline{x}$ 分布的标准偏差的估计，称为平均值的实验标准偏差。

③将平均值的实验标准偏差称为平均值的标准误差是不正确的。

9. 测量不确定度 uncertainty of measurement

表征合理地赋予被测量之值的分散性，与测量结果相联系的参数。

注：①此参数可以是诸如标准[偏]差或其倍数，或说明了置信水准的区间的半宽度。

②测量不确定度由多个分量组成。其中一部分量可用测量列结果的统计分布估算，并用实验标准[偏]差表征。另一些分量则可用基于经验或其他信息的假定概率分布估算，也可用标准[偏]差表征。

③测量结果应理解为被测量之值的最佳估计，而所有的不确定度分量均贡献给了分散性，包括那些由系统效应引起的（如与修正值和参考测量标准有关的）分量。

10. 标准不确定度 standard uncertainty

以标准[偏]差表示的测量不确定度。

11. 不确定度的 A 类评定 type A evaluation of uncertainty

用对观测列进行统计分析的方法来评定标准不确定度。

注：不确定度的 A 类评定，有时也称 A 类不确定度评定。

12. 不确定度的 B 类评定 type B evaluation of uncertainty

用不同于对观测列进行统计分析的方法来评定标准不确定度。

注：不确定度的 B 类评定，有时也称 B 类不确定度评定。

13. 合成标准不确定度 combined standard uncertainty

当测量结果是由若干个其他量的值求得时，按其他各量的方差和协方差算得的标准不确定度。

14. 扩展不确定度 expanded uncertainty

确定测量结果区间的量,合理赋予被测量之值分布的大部分可望含于此区间。

注:扩展不确定度有时也称展伸不确定度或范围不确定度。

15. 包含因子 coverage factor

为求得扩展不确定度,对合成不确定度所乘之数字因子。

注:①包含因子等于扩展不确定度与合成标准不确定度之比。

　　②包含因子有时也称覆盖因子。

16. [测量]误差 error [of measurement]

测量结果减去被测量的真值。

注:①由于真值不能确定,实际上用的是约定真值。

　　②当有必要与相对误差相区别时,此术语有时称为测量的绝对误差。注意不要与误差的绝对值相混淆,后者为误差的模。

17. 偏差 deviation

一个值减去其参考值。

18. 相对误差 relative error

测量误差除以被测量的真值。

注:由于真值不能确定,实际上用的是约定真值。

19. 随机误差 random error

测量结果与在重复性条件下对同一被测量进行无限多次测量所得结果的平均值之差。

注:①随机误差等于误差减去系统误差。

　　②因为测量只能进行有限次数,故可能确定的只是随机误差的估计值。

20. 系统误差 systematic error

在重复性条件下,对同一被测量进行无限多次测量所得结果的平均值与被测量的真值之差。

注:①如真值一样,系统误差及其原因不能完全获知。

　　②对测量仪器而言,其示值的系统误差称偏移(bias)。

21. 修正值

用代数方法与未修正测量结果相加,以补偿其系统误差的值。

注:①修正值等于负的系统误差。

　　②由于系统误差不能完全获知,因此这种补偿并不完全。

22. 修正因子 correction factor

为补偿系统误差而与未修正测量结果相乘的数字因子。

注:由于系统误差不能完全获知,因此这种补偿并不完全。

三、测量仪器及其特性

1. 测量仪器 measuring instrument
计量器具单独地或连同辅助设备一起用以进行测量的器具。
2. 实物量具 material measure
使用时以固定形态复现或提供给定量的一个或多个已知值的器具。
例：(a)砝码；
　　(b)(单值或多值、带或不带标尺的)量器；
　　(c)标准电阻；
　　(d)量块；
　　(e)标准信号发生器；
　　(f)参考物质。
注：这里的给定量亦称为供给量。
3. 测量系统 measuring system
组装起来以进行特定测量的全套测量仪器和其他设备。
例：(a)测量半导体材料电导率的装置；
　　(b)校准体温计的装置。
注：①测量系统可以包含实物量具和化学试剂。
　　②固定安装着的测量系统称为测量装备。
4. 测量设备 measuring equipment
测量仪器、测量标准、参考物质、辅助设备以及进行测量所必需的资料的总称。
5. 标称范围 nominal range
测量仪器操纵器件调到特定位置时可得到的示值范围。
注：①标称范围通常用它的上限和下限表明。例如：100～200℃。若下限为零，
　　标称范围一般只用其上限表明，例如：0～100 V 的标称范围可表示为
　　100 V。
　　②参见下一条"量程"的注。
6. 量程 span
标称范围两极限之差的模。
例：对从－10～＋10 V 的标称范围，其量程为 20 V。
注：在有些知识领域中，最大值与最小值之差称为范围。
7. 标称值 nominal value
测量仪器上表明其特性或指导其使用的量值，该值为圆整值或近似值。
例：(a)标在标准电阻上的量值：100 Ω；

（b）标在单刻度量杯上的量值：1 L。

8. 测量范围 measuring range

工作范围 working range，测量仪器的误差处在规定极限内的一组被测量的值。

注：①按约定真值确定"误差"。

②参见"量程"的注。

9. 额定操作条件 rated operating conditions

测量仪器的规定计量特性处于给定极限内的使用条件。

注：额定操作条件一般规定了被测量和影响量的范围或额定值。

10. 极限条件 limiting conditions

测量仪器的规定计量特性不受损也不降低，其后仍可在额定操作条件下运行而能承受的极端条件。

注：①贮存、运输和运行的极限条件可以各不相同。

②极限条件可包括被测量和影响量的极限值。

11. 参考条件 reference conditions

为测量仪器的性能试验或为测量结果的相互比较而规定的使用条件。

注：参考条件一般包括作用于测量仪器的影响量的参考值或参考范围。

12. 灵敏度 sensitivity

测量仪器响应的变化除以对应的激励变化。

注：灵敏度可能与激励值有关。

13. 鉴别力［阈］discrimination［threshold］

使测量仪器产生未察觉的响应变化的最大激励变化，这种激励变化应缓慢而单调地进行。

注：鉴别力阈可能与例如噪声（内部的或外部的）或摩擦有关，也可能与激励值有关。

14. ［显示装置的］分辨力 resolution［of a displaying device］

显示装置能有效辨别的最小的示值差。

注：①对于数字式显示装置，这就是当变化一个末位有效数字时其示值的变化。

②此概念亦适用于记录式装置。

15. 稳定性 stability

测量仪器保持其计量特性随时间恒定的能力。

注：①若稳定性不是对时间而是对其他量而言，则应该明确说明。

②稳定性可以用几种方式定量表示，例如：用计量特性变化某个规定的量所经过的时间；用计量特性经规定的时间所发生的变化。

16. 测量仪器的准确度 accuracy of a measuring instrument

测量仪器给出接近于真值的响应的能力。

注:准确度是定性的概念。

17. 准确度等级 accuracy class

符合一定的计量要求,使误差保持在规定极限以内的测量仪器的等别、级别。

18. 测量仪器的[示值]误差 error[of indication]of a measuring instrument

测量仪器示值与对应输入量的真值之差。

注:①由于真值不能确定,实际上用的是约定真值。

　　②此概念主要应用于参考标准相比较的仪器。

　　③就实物量具而言,示值就是赋予它的值。

19.[测量仪器的]最大允许误差 maximum permissible errors [of a measuring instrument]

对给定的测量仪器,规范、规程等所允许的误差极限值。

注:有时也称测量仪器的允许误差值。

20.[测量仪器的]固有误差 intrinsic error [of a measuring instrument]

在参考条件下确定的测量仪器的误差。

21.[测量仪器的]重复性 repeatability [of a measuring instrument]

在相同测量条件下,重复测量同一个被测量,测量仪器提供相近示值能力。

注:①这些条件包括:相同的测量程序;相同的观测者;在相同条件下使用相同的测量设备;在相同地点;在短时间内重复。

　　②重复性可用示值的分散性定量地表示。

22.[测量仪器的]引用误差 fiducially error [of a measuring instrument]

测量仪器的误差除以仪器的特定值。

注:该特定值一般称为引用值,例如,可以是测量仪器的量程或标称范围的上限。

四、测量标准和基准

1.[测量]标准 [measurement]standard etalon

为了定义、实现、保存或复现量的单位或一个或多个量值,用作参考的实物量具、测量仪器、参考物质或测量系统。

例:(a)1 kg 质量标准;

　　(b)100 Ω 标准电阻;

　　(c)标准电流表;

　　(d)铯频率电极;

　　(e)标准氢电极;

　　(f)有证的血浆中可的松浓度的参考溶液。

注:①一组相似的实物量具或测量仪器,通过它们的组合使用所构成的标准称为集合标准。

②一组其值经过选择的标准,它们可单个使用或组合使用,从而提供一系列同种量的值,称为标准组。

2. 国际[测量]标准 international [measurement]standard

国际[计量]基准,经国际协议承认的测量标准,在国际上作为对有关量的其他测量标准定值的依据。

3. 国家[测量标准] national [measurement] standard

国家[计量]基准,经国家决定承认的测量标准,在一个国家内作为对有关量的其他测量标准定值的依据。

4. 基准 primary standard

原级标准,具有最高的计量学特性,其值不必参考相同量的其他标准,被指定的或普遍承认的测量标准。

注:基准的概念同等地适用于基本量和导出量。

5. 次级标准 secondary standard

通过与相同量的基准比对而定值的测量标准。

注:有时副基准、工作基准亦称次级标准。

6. 工作标准 working standard

用于日常校准或核查实物量具、测量仪器或参考物质的测量标准。

注:①工作标准通常用参考标准进行校准。

②用于确保日常测量工作正确进行的工作标准称为核查标准。

7. 传递标准 transfer standard

在测量标准相互比较中用作媒介的测量标准。

8. 搬运式标准 traveling standard

供运输到不同地点有时具有特殊结构的测量标准。

例:由电池供电的便携式铯频率标准。

9. 参考物质 reference material (RM)

标准物质,具有一种或多种足够均匀和很好地确定了的特性,用以校准测量装置、评价测量方法或给材料赋值的一种材料或物质。

注:参考物质是纯的或混合的气体、流体或固体。例如:校准黏度计用的水,量热计法中作为热容校准物的蓝宝石,化学分析校准用的溶液。

10. 有证参考物质 certified reference material(CRM)

有证标准物质,附有证书的参考物质,某一种或多种特性值用建立了溯源性的程序确定,使之可溯源到准确复现的表示该特性值的测量单位,每一种出证的特性值都附有给定置信水平的不确定度。

　　注:①有证参考物质一般成批制备,其特性值是通过对代表整批物质的样品进行
　　　　测量而确定,并具有规定的不确定度。

　　　②当物质与特制的器件结合时,例如已知三相点的物质装入三相点瓶、已知
　　　　光密度的玻璃组装成透射滤光片、尺寸均匀的球状颗粒安放在显微镜载片
　　　　上,有证参考物质的特性有时可方便和可靠地确定。上述这些器件也可以
　　　　认为是有证参考物质。

　　　③所有有证参考物质均应符合测量标准的定义。

　　　④有些参考物质和有证参考物质,由于不能和已确定的化学结构相关联,或
　　　　出于其他原因,其特性不能按严格规定的物理和化学测量方法确定。这类
　　　　物质包括某些生物物质,如疫苗,世界卫生组织已经规定了它的国际单位。

§2.4　法定计量单位的构成、定义和使用原则

　　1954 年第十届 CGPM(决议 6,CR,80)和 1971 年第十四届 CGPM(决议 3,CR,78),决定采用以下 7 个量:长度、质量、时间、电流、热力学温度、物质的量和发光强度的单位为"实用单位制"的基本单位。

　　1960 年第十一届 CGPM(决议 12,CR,87)。把这种实用计量单位制的名称定为国际单位制,国际缩写为 SI,并制定了词头、导出单位和辅助单位的原则以及其他一些规定。由此建立了一整套计量单位规则。随后的历届 CGPM,考虑到科学的发展和使用中的需要,对国际单位制进行了不断的修订和完善。

一、基本单位和导出单位

　　国际单位制中,SI 单位分为如下两类:基本单位,导出单位。

　　1. 基本单位

　　CGPM 考虑到应在国际关系、教学和科学工作中使用一种具有统一性、实用性和世界性优点的实用单位制,决定选取 7 个具有严格定义的,在量纲上彼此独立的单位作为国际单位制的基础,这 7 个单位是:米、千克、秒、安培、开尔文、摩尔与坎德拉。这 7 个 SI 单位称为基本单位。

　　2. 导出单位

　　SI 单位的第二类是导出单位,即可以按照选定的代数式由基本单位组合起来构成的单位。由基本单位构成的这些单位,有一些可用专门名称和符号代替,这些专门名称和符号本身又可以构成其他导出单位的表示式和符号。

按照通常一贯性的含义,这两类 SI 单位构成了一个一贯单位体系。就是说,按照乘除规则相互联系的没有任何数字系数的单位制。这种一贯单位体系中的单位称为 SI 单位。

应该强调指出,每个物理量只有一个 SI 单位,这是极为重要的,尽管这个单位可以有不同的表示形式。然而反过来讲,相同的 SI 单位也可以用来表示某些不同的量。

二、SI 词头

CGPM 采纳了一组词头(prefixes),构成了 SI 单位的十进倍数和十进分数单位。按照 CGPM(1969)建议,这些词头称之为 SI 词头。

SI 单位是指 SI 基本单位和导出单位,他们形成了一个一贯单位系列。SI 单位的倍数和分数单位是由 SI 单位与 SI 词头组合形成的,称为 SI 单位的十进倍数和分数单位。这些 SI 单位的十进倍数和分数单位与 SI 单位并非一贯性的。

作为例外,千克的倍数和分数单位是在单位名称"克"前加词头构成的,即词头符号"k"与单位符号"g"组成。

三、SI 基本单位

所有 SI 基本单位(units,SI base)的正式定义是由 CGPM 通过的。从 1889 年通过了第一个这样的定义,直到最近的 1983 年。这些定义,随着时代和计量技术的发展而不断完善,其基本单位的复现愈趋准确。

1. 长度(length)单位［米(metre)］第十一届 CGPM(1960)将 1889 年公布生效的国际铂铱原器的米定义改为 ^{86}Rn 的辐射波长来定义。为了提高米的复现准确度,第十七届 CGPM(1983)定义为:米等于光在真空中于 1/299 792 458 秒时间间隔内所经路径的长度。

这个定义的实质是确认光速等于 299 792 458 m · s^{-1}。原来的国际米原器仍由 BIPM 按 1889 年第一届 CGPM 所确定的条件保存。

2. 质量(mass)单位［千克(kilogram)］第一届 CCPM(1889)(CR,34—88)批准了铂铱国际千克原器,按大会规定的条件,保存在 BIPM,并宣布:今后以这个原器为质量单位。

千克是质量的单位,等于国际千克原器的"质量"。

3. 时间(time)单位［秒(second)］

定义:秒是与 Cs—133 原子基态的两个超精细能级间跃迁相对应的辐射的 9 192 631 770个周期的持续时间。这一定义中所要求的铯原子基态指在 0 K 温度。

4. 电流单位［安培(ampere)］

安培是电流单位,在真空中,截面积可忽略的两根相距 1 m 的无限长平行直导线内通以等量恒定电流时,若导线间相互作用力在每米长度上为 2×10^{-7} N。则每根导线中的电流为 1 A。定义的实质是把真空磁导率严格地给定为 $4\pi \times 10^{-7}$ H·m^{-1}。

5. 热力学温度(temperature,thermodynamic)单位［开尔文(Kelvin)］

热力学温度单位的定义实际上是第十届 CCPM(1954,决议 3)规定的。它选取水的三相点为基本定点,并定义其温度为 273.16 K。热力学温度单位的定义如下:开尔文是热力学温度单位,等于水的三相点热力学温度的 1/273.16。

由于温标的习惯定义,实践中常用热力学温度表示,符号为 T,在冰点时两者的关系:$T_0 = 273.15$ K,与这一温度之差称为摄氏温度,符号 t,量方程的定义是:

$$t = T - T_0$$

摄氏温度的单位是摄氏度,符号℃。按定义,"摄氏度"这个单位的大小与单位"开尔文"的大小是相等的。温度间隔或温差,既可用摄氏度表示,也可用开尔文表示。摄氏温度的数值用摄氏度表示为:

$$t(℃) = T(K) - 273.15$$

开尔文和摄氏度也是 1990 国际温标的单位。

6. 物质的量(amount of substance)单位　［摩尔(mole)］自从发现一些化学基本定律以来,就已用例如"克原子"和"克分子"来表明各种化学元素或化合物的量了。这些单位和"原子量"以及"分子量"(实际上是相对质量)有直接联系。最初,"原子量"以化学元素氧的原子量(规定为 16)为标准。但是,物理学家利用质谱仪分离出了各种同位素,并且只把氧的一种同位素的数值定为 16 后,化学家却把同位素 16,17,18 的混合物,即天然氧元素的数值定为 16(实际上稍有差异)。1959—1960 年间,国际理论与应用物理协会第十四届 CGPM 通过摩尔的定义:

①摩尔是一系统的物质的量,该系统中所包含的基本单元数与 0.012 千克 ^{12}C 的原子数目相等,其符号是"mol"。

②使用摩尔时,基本单元应予指明,可以是原子、分子、离子、电子及其他粒子,或是这些粒子的特定组合。

在摩尔定义中所参照的应是非结合的、静止的、并处于基态的碳—12 原子(注:在引用摩尔定义时,有必要做这条注释)。

7. 发光强度(luminous intensity)单位［坎德拉(candela)］

1948 年前各国采用的依据火焰或白炽灯丝基波建立的发光强度单位首先改为"新烛光(candle,new)"。"新烛光"是根据铂凝固温度下普朗克辐射体(黑体)的亮度建立的。第九届 CGPM 于 1948 年批准,给这个单位一个新的国际名称"坎德拉"(符号 cd)。

　　第十六届 CGPM 于 1979 年通过了以下新定义:坎德拉是一光源在给定方向上的发光强度,该光源发出频率为 540×10^{12} Hz 单色辐射,在此方向上的辐射强度为每球面度 1/683 W。

四、基本单位符号

　　1. 国际单位制的基本单位名称及其符号列于表 2-1

　　导出单位是借助代数式的乘除运算以 SI 基本单位表示的单位。某些导出单位具有专门名称和符号,而这些专门名称和符号本身又可与基本单位组合,用来表示其他导出单位。

　　2. 用基本单位表示的 SI 导出单位

　　表 2-2 列出了一些直接用基本单位表示的导出单位。这些导出单位是基本单位用乘除形式组合而成的。

表 2-1　SI 基本单位

基本量	名称	符号
长度	米	m
质量	千克	kg
时间	秒	s
电流	安[培]	A
热力学温度	开[尔文]	K
物质的量	摩[尔]	mol
发光强度	坎[德拉]	cd

表 2-2　用 SI 基本单位表示的 SI 导出单位示例

导出量	名称	符号
面积	平方米	m^2
体积	立方米	m^3
速度	米每秒	m/s
加速度	米每二次方秒	m/s^2
波数	每米	m^{-1}
密度,质量密度	千克每立方米	kg/m^3
比体积	立方米每千克	m^3/kg
电流密度	安[培]每平方米	A/m^2
磁场强度	安[培]每米	A/m
(物质的量)浓度	摩[尔]每立方米	mol/m^3

（续表）

导出量	名称	符号
光亮度	坎[德拉]每平方米	cd/ m²
折射率	（数值）1	1*

＊符号"1"一般省略了与数值1的组合。

3. 具有专门名称和符号的导出单位，以及用专门名称和符号组合而成的导出单位

为了方便，某些具有专门名称和符号的导出单位列在表 2-3 中。这些专门名称和符号本身又可用来表示其他导出单位，见表 2-4 的例子。这些专门名称和符号是常用单位的缩写。

表 2-3　具有专门名称的 SI 导出单位

导出量	名称	符号	用其他 SI 单位的表示式	用 SI 基本单位的表示式
平面角	弧度①（radian）	rad		$m \cdot m^{-1} = 1$②
立体角	球面度①（steradian）	sr③		$m^2 \cdot m^{-2} = 1$②
频率	赫[兹]（hertz）	Hz		s^{-1}
力（force）	牛[顿]（newlon）	N		$m \cdot kg \cdot s^{-2}$
压力、压强、应力	帕[斯卡]（pascal）	Pa	N/m²	$m^{-1} \cdot kg \cdot s^{-2}$
能[量]、功、热	焦[耳]（joule）	J	N·m	$m^2 \cdot kg \cdot s^{-2}$
功[率]、[辐]射通量	瓦[特]（watl）	W	J/s	$m^2 \cdot kg \cdot s^{-3}$
电荷[量]	库[仑]（coulomb）	C		$s \cdot A$
电压，电动势	伏[特]（volt）	V	W/A	$m^2 \cdot kg \cdot s^{-3} \cdot A^{-1}$
电容	法[拉]（farad）	F	C/V	$m^{-2} \cdot kg^{-1} \cdot s^4 \cdot A^2$
电阻	欧[姆]（ohm）	Ω	V/A	$m^2 \cdot kg \cdot s^{-3} \cdot A^{-2}$
电导	西[门子]（siemens）	S	A/V	$m^{-2} \cdot kg^{-1} \cdot s^3 \cdot A^2$
磁通[量]	韦[伯]（weber）	Wb	V·s	$m^2 \cdot kg \cdot s^{-2} \cdot A^{-1}$
磁通[量]密度	特[斯拉]（tesla）	T	Wb/m²	$kg \cdot s^{-2} \cdot A^{-1}$
电感	亨[利]（herry）	H	Wh/A	$m^2 \cdot kg \cdot s^{-2} \cdot A^{-2}$
摄氏温度（temperature,celsius）	摄氏度（defree celsius）（d）	℃		K
光通量	流[明]（lumen）	Lx	cd·sr③	$m^2 \cdot m^{-2} \cdot cd = cd$
[光]照度	勒[克斯]（lux）	Lx	lm/m²	$m^2 \cdot m^{-4} \cdot cd = m^{-4} \cdot cd$
[放射性]活度吸收剂量（absorbed dose），比授	贝克[勒尔]（becquerel）	Bq		s^{-1}

（续表）

导出量	名称	符号	用其他 SI 单位的表示式	用 SI 基本单位的表示式
予能，比释动能	戈［瑞］(gray)	Gy	J/kg	$m^2 \cdot s^{-2}$
剂量当量(dose equivalent)，周围剂量当量，定向剂量当量，个人剂量当量	希［沃特］(sievert)	Sv	J/kg	$m^2 \cdot s^{-2}$

注：①弧度和球面度可用来表示导出单位，以便对不同性质所属相同量纲的量加以区别，一些用平面角和立体角表示的 SI 导出单位的示例列于表 2-4 中。

②实际使用中，弧度 rad 和球面度 sr，在与数值组合时，其导出单位"1"通常被省略了。

③在光学中，名称球面度和符号 sr 通常用单位表示。

这个单位可以与 SI 词头组合使用。例如：毫摄氏度 m℃。

表 2-4　用专门名称和符号表示的 SI 导出单位示例

导出量	名称	符号	用 SI 基本单位的表示式
［动力］黏度	帕［斯卡］秒	Pa·s	$m^{-1} \cdot kg \cdot s$
力矩	牛［顿］米	N·m	$m^2 \cdot kg \cdot s^{-2}$
表面张力	牛［顿］每米	n/m	$kg \cdot s^{-2}$
角速度	弧度每秒	rad/s	$m \cdot m^{-1} \cdot s^{-1} = s^{-1}$
角加速度	弧度每二次方秒	rad/s²	$m \cdot m^{-1} \cdot s^{-2} = s^{-2}$
热流密度，辐［射］照度	瓦［特］每平方米	W/m²	$kg \cdot s^{-3}$
热容，熵	焦［耳］每开［尔文］	J/K	$m^2 \cdot kg \cdot s^{-2} \cdot K^{-1}$
比热容，比熵	焦［耳］每千克开［尔文］	J/(kg·K)	$m^2 \cdot s^{-2} \cdot K^{-1}$
比能	焦［耳］每千克	J/kg	$m^2 \cdot s^{-2}$
热导率	瓦［特］每米开［尔文］	W/(m·K)	$m^2 \cdot kg \cdot s^{-3} \cdot K^{-1}$
能［量］密度	焦［耳］每立方米	J/m³	$m^{-1} \cdot kg \cdot s^{-2}$
电场强度	伏［特］每米	V/m	$m^2 \cdot kg \cdot s^{-3} \cdot A^{-1}$
电荷密度	库［仑］每立方米	C/m³	$m^{-3} \cdot s \cdot A$
电位移	库［仑］每平方米	C/m²	$m^{-2} \cdot s \cdot A$
电容率	法［拉］每米	F/m	$m^{-3} \cdot kg^{-1} \cdot s^4 \cdot A^2$
磁导率	亨［利］每米	H/m	$m \cdot kg \cdot s^2 \cdot A^{-2}$
摩尔能	焦［耳］每摩［尔］	J/mol	$m^2 \cdot kg \cdot s^{-2} \cdot mol^{-1}$
摩尔熵，摩尔热容	焦［耳］每摩尔开［尔文］	J/(mol·K)	$m^2 \cdot kg \cdot s^{-2} \cdot k^{-1} \cdot mol^{-1}$
（X 和 γ 射线的）照射量	库［仑］每千克	C/kg	$kg^{-1} \cdot S \cdot A$
吸收剂量率	戈［瑞］每秒	Gy/s	$m^2 \cdot s^{-3}$
辐［射］强度	瓦［特］每球面度	W/sr	$m^4 \cdot m^{-2} \cdot kg \cdot s^{-3} = m^2 \cdot kg \cdot s^{-3}$
辐［射］壳度	瓦［特］每平方米球面度	W/(m²·sr)	$m^2 \cdot m^{-2} \cdot kg \cdot s^{-3} = kg \cdot s^{-3}$

4. SI 单位的十进倍数与十进分数单位

表 2-5 列出了所有的词头和符号。

表 2-5　SI 词头

因数	名称	符号	因数	名称	符号
10^{24}	尧[它]yotta	Y	10^{-1}	分 deci	d
10^{21}	泽[它]zelta	Z	10^{-2}	厘 centi	e
10^{18}	艾[可萨]exa	E	10^{-3}	毫 milli	m
10^{15}	拍[它]peta	P	10^{-6}	微 micro	μ
10^{12}	太[拉]tera	T	10^{-9}	纳[诺]nano	n
10^{9}	吉[咖]giga	G	10^{-12}	皮[了]pico	p
10^{6}	兆 mega	M	10^{-15}	飞[母托]femto	f
10^{3}	千 kilo	k	10^{-18}	阿[托]atto	a
10^{2}	百 hecto	h	10^{-21}	仄[普托]zepto	z
10^{1}	十 deca	da	10^{-24}	幺[科托]yocto	y

注：严格地说,这些 SI 词头只适用于 10 的幂,不能在表示 2 的幂的地方使用(例如:1 千比特是 1 000 bits,而不是 1 024 bits)。

§2.5　数据处理

一、有效数字

1.（末）的概念

所谓（末）,指的是任何一个数最末一位数字所对应的单位量值。例如:用分度值为 1 mm 的钢卷尺测量某物体的长度,测量结果为 26.6 mm,最末一位的量值 0.6 mm,即为最末一位数字 6 与其所对应的单位量值 0.1 mm 的乘积,故 26.6 mm 的（末）为 0.1 mm。

2. 有效数字的概念

人们在日常生活中接触到的数,有准确数和近似数。对于任何数,包括无限不循环小数和循环小数,截取一定位数后所得的即是近似数。同样,根据误差公理,测量总是存在误差,测量结果只能是一个接近于真值的估计值,其数字也是近似数。

例如:将无限不循环小数 $\pi = 3.141\ 59\cdots$ 截取到百分位,可得到近似数 3.14,则此时引起的误差绝对值为

$$\mid 3.14 - 3.141\ 59\cdots \mid = 0.001\ 59\cdots$$

近似数 3.14 的（末）为 0.01，因此 0.5（末）＝0.5×0.01＝0.005，而 0.001 59…＜0.005，故近似数 3.14 的误差绝对值小于 0.5（末）。

由此可以得出关于近似数有效数字的概念：当该近似数的绝对误差的模小于 0.5（末）时，从左边的第一个非零数字算起，直到最末一位数字为止的所有数字。根据这个概念，3.14 有 3 位有效数字。

测量结果的数字，其有效位数代表结果的不确定度。例如：某长度测量值为 26.6 mm，有效位数为 3 位；若是 26.60 mm，有效位数为 4 位。它们的绝对误差的模分别小于 0.5（末），即分别小于 0.05 mm 和 0.005 mm。

显而易见，有效位数不同，它们的测量不确定度也不同，测量结果 26.60 mm 比 26.6 mm 的不确定度要小。同时数字右边的"0"不能随意取舍，因为这些"0"都是有效数字。

二、近似数运算

1. 加、减运算

如果参与运算的数不超过 10 个，运算时以各数中（末）最大的数为准，其余的数均比它多保留一位，多余位数应舍去。计算结果的（末），应与参与运算的数中（末）最大的那个数相同。若计算结果尚需要与下一步运算，则可多保留一位。

例如：28.7 Ω＋10.454 Ω＋2.573 Ω→28.7 Ω＋10.45 Ω＋2.57 Ω＝41.72 Ω≈41.7 Ω

计算结果为 41.7Ω。若尚需参与下一步运算，则取 41.72 Ω。

2. 乘、除（或乘方、开方）运算

在进行数的乘除运算时，以有效数字位数最少的那个数为准，其余的数的有效数字均比它多保留一位。运算结果（积或商）的有效数字位数，应与参与运算的数中有效数字位数最少的那个数相同。若计算结果尚需参与下一步运算，则有效数字可多取一位。

例如：1.1 m×0.326 8 m×0.103 00 m→1.1 m×0.327 m×0.103 m＝0.037 0 m≈0.037 m

计算结果为 0.327 m×0.103 m＝0.037 0 m≈0.037 m

乘方、开方运算类同。

三、数据修约

1. 数据修约的基本概念

对某一拟修约数，根据保留数位的要求，将其多余位数的数字进行取舍，按照一

定的规则,选取一个其值为修约间隔整数倍的数(称为修约数)来代替拟修约数,这一过程称为数据修约,也称为数的化整或数的凑整。为了简化计算,准确表达测量结果,必须对有关数据进行修约。

修约间隔一经确定,修约数只能是修约间隔的整数倍。例如:指定修约间隔为0.1,修约数应在0.1的整数倍的数中选取;若修约间隔为2×10^n,修约数的末位只能是0,2,4,6,8等数字;若修约间隔为5×10^n,则修约数的末位数字必然不是"0",就是"5"。

当对某一拟修约数进行修约时,需确定修约数位,其表达形式有以下几种:

①指明具体的修约间隔;

②将拟修约数修约至某数位的0.1或0.2或0.5个单位;

③指明按"k"间隔将拟修约数修约为几位有效数字,或者修约至某数位,有时"1"间隔可不必指明,但"2"间隔或"5"间隔必须指明。

2. 数据修约规则

我国的国家标准GB/I 8170—2008《数值修约规则》,对"1"、"2"、"5"间隔的修约方法分别作了规定,但使用时比较烦琐,对"2"和"5"间隔的修约还需进行计算。下面介绍一种适用于所有修约间隔的修约方法,只需直观判断,简便易行:

①如果为修约间隔整数倍的一系列数中,只有一个数最接近拟修约数,则该数就是修约数。

例如:将8.150 001按0.1修约间隔进行修约。此时,与拟修约数8.150 001邻近的为修约间隔整数倍的数有8.1和8.2(分别为修约间隔0.1的81倍和82倍),然而只有8.2最接近拟修约数,因此8.2就是修约数。

又如:要求将1.015修约至十分位的0.2个单位。此时修约间隔为0.02,与拟修约数1.015 1邻近的为修约间隔整数倍的数有1.00和1.02(分别为修约间隔的0.02的50倍和51倍),然而只有1.02最接近拟修约数,因此1.02就是修约数。

同理,若要求将1.250 5按"5"间隔修约至十分位。此时,修约间隔为0.5。1.250 5只能修约成1.5而不能修约成1.0,因为只有1.5最接近拟修约数1.250 5。

②如果为修约间隔整数倍的一系列数中,有连续的两个数同等地接近拟修约数,则这两个数中,只有为修约间隔偶数倍的那个数才是修约数。

例如:要求将1 150按100修约间隔修约。此时,有两个连续的为修约间隔整数倍的数1.1×10和1.2×10同等地接近1 150,因为1.1×10是修约间隔100的奇数倍(11倍),只有1.2×10是修约间隔100的偶数倍(12倍),因而$1.2x \times 10$是修约数。

又如:要求将1.500按0.2修约间隔修约。此时有两连续的为修约间隔整数倍的数1.4和1.6同等地接近拟修约数1.500,因为1.4是修约间隔0.2的奇数倍(7

倍），所以不是修约数，而只有 1.6 是修约间隔 0.2 的偶数倍（8 倍），因而才是修约数。

　　同理，1.025 按"5"间隔修约到 3 位有效数字时，不能修约为 1.05，而应修约为 1.00。因为 1.05 是修约间隔 0.05 的奇数倍（21 倍），而 1.00 是修约间隔 0.05 的偶数倍（20 倍）。

　　需要指出的是：数据修约导致的不确定度呈均匀分布，约为修约间隔的 1/2。在进行修约时还应注意：不要多次连续修约（例如：12.251→12.25→12.2），因为多次连续修约会产生累积不确定度。此外，在有些特别规定的情况（如考虑安全需要等）下，最后只按一个方向修约。

§2.6　测量误差

一、测量误差和相对误差

1. 测量误差

　　测量的目的是获得被测量的真值，但所有测量结果都带有误差。测量结果减去被测量的真值所得的差，称为测量误差，简称误差。

　　这个定义从 20 世纪 70 年代以来没有发生过变化，以公式可表示为：

$$测量误差＝测量结果－真值$$

　　测量结果是由测量所得到的赋予被测量的值，是客观存在的量的实验表现，仅是对测量所得被测量之值的近似或估计，显然它是人们认识的结果，不仅与量的本身有关，而且与测量程序、测量仪器、测量环境以及测量人员等有关。

　　真值是量的定义的完整体现，是在一定的时间和空间环境条件下，被测量本身所具有的真实数值。真值是与给定的特定量的定义完全一致的值，它是通过完善的或完美无缺的测量，才能获得的值。所以，真值反映了人们力求接近的理想目标或客观真理，本质上是不能确定的，量子效应排除了唯一真值的存在。实际应用中常用实际值 A（高一级或数级的标准仪器或计量器具所测得的值）来代替真值。这叫约定真值。

　　约定真值须以测量不确定度来表征其所处的范围。因而，作为测量结果与真值之间的测量误差，也是无法准确得到或确切获知的。此即"误差公理"的内涵。

　　这里应予指出的是：过去人们有时会误用误差一词，即通过误差分析给出的往往是被测量值不能确定的范围，而不是真正的误差值。误差与测量结果有关，即不同的测量结果有不同的误差，合理赋予的被测量之值各有其误差而并不存在一个共同的误差。一个测量结果的误差,若不是正值(正误差)就是负值(负误差),它取决于这个结果是大于还是小于真值。

如图 2-2 所示,被测量值为 y,其真值为 t,第 i 次测量所得的观测值或测得值为 y_i。由于误差的存在使测得值与真值不能重合,设测得值呈正态分布 $N(\mu,\sigma)$,则分布曲线在数轴上的位置(即 μ 值)决定了系统误差的大小,曲线的形状(按 σ 值)决定了随机误差的分布范围 $[\mu-k\sigma,\mu+k\sigma]$,及其在范围内取值的概率。由图可见,误差和它的概率分布密切相关,可以用概率论和数理统计的方法来恰当处理。实际上,误差可表示为:

误差＝测量结果－真值＝(测量结果－总体均值)＋(总体均值－真值)

＝随机误差＋系统误差

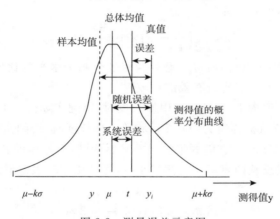

图 2-2　测量误差示意图

因此,任意一个误差 $\Delta i=\varepsilon_i+\delta_i$,实际上测量结果的误差往往是由若干个分量组成的,这些分量按其特性均可分为随机误差与系统误差两大类,而且无例外地取各分量的代数和,换言之,测量误差的合成只用"代数和"方式。

不要把误差与不确定度混为一谈。测量不确定度表明赋予被测量之值的分散性,它与人们对被测量的认识程度有关,是通过分析和评定得到的一个区间。测量误差则是表明测量结果偏离真值的差值,它客观存在但人们无法准确得到。例如:测量结果可能非常接近于真值(即误差很小),但由于认识不足,人们赋予的值却落在一个较大区间内(即测量不确定度较大);也可能实际上测量误差较大,但由于分析估计不足,使给出的不确定度偏小。国际上开始研制铯原子频率标准时,经分析其测量不确定度达到 10^{-15} 量级,运行一段时间后,发现有一项重要因素不可忽视,经再次分析和评定,不确定度扩大到 10^{-14} 量级,这说明人们的认识提高了。因此,在评定测量不确定度时应充分考虑各种影响因素,并对不确定度的评定进行必要的验证。

当有必要与相对误差相区别时，测量误差有时称为测量的绝对误差。注意不要与误差的绝对值相混淆，后者为误差的模。

绝对误差是有大小，正负和量纲的数值。

2. 相对误差

测量误差除以被测量的真值所得的商，称为相对误差。

设测量结果 y 减去被测量约定真值 t，所得的误差或绝对误差为 Δ。将绝对误差 Δ 除以约定真值 t，即可求得相对误差为：

$$\delta = \frac{\Delta}{t} \times 100\% = \frac{y-t}{t} \times 100\%$$

所以，相对误差表示绝对误差所占约定真值的百分比，它也可以用数量级来表示所占的份额或比例，即表示为：

$$\delta = \left[\left(\frac{y}{t} - 1\right) \times 10^n\right] \times 10^{-n}$$

当被测量的大小相近时，通常用绝对误差进行测量水平的比较。当被测量值相差较大时，用相对误差才能进行有效的比较。

例如：测量标称值为 10.2 mm 的甲棒长度时，得到实际值为 10.0 mm，其示值误差 $\Delta=0.2$ mm；而测量标称值为 100.2 mm 的乙棒长度时，得到实际值为100.0 mm，其示值误差 $\Delta'=0.2$ mm。它们的绝对误差虽然相同，但乙棒的长度是甲棒的 10 倍左右，显然要比较或反映两者不同的测量水平，还须用相对误差或误差率的概念，即：

$$\delta = 0.2/10.0 = 2\%$$
$$而\ \delta' = 0.2/100.0 = 0.2\%$$

所以乙棒比甲棒测得准确。或者用数量级表示为：

$$\delta = 2 \times 10^{-2}, \delta' = 2 \times 10^{-3}$$

从而也反映出后者的测量水平高于前者一个数量级。

另外，在某些场合下应用相对误差还有方便之处。例如：已知质量流量计的相对误差为 δ，用它测量流量 $Q(\text{kg/s})$ 的某管道所通过的流体质量及其误差。经过时间 $T(\text{s})$ 后流过的质量为 $QT(\text{kg})$，故其绝对误差为 $Q\delta T(\text{kg})/(QT) = \delta$，而与时间 T 无关。

还应指出的是：绝对误差与被测量的量纲相同，而相对误差是无量纲量。

3. 引用误差

引用误差又称满度相对误差，它是仪器量程内最大绝对误差与测量仪器满度值的百分比。满度相对误差是仪器在正常工作条件下不应超过的最大相对误差。一个量程内各处示值的最大绝对误差是一个常数。

电工仪表就是按引用误差之值进行分级的，是仪表在工作条件下不应超过的最大引用相对误差。

我国电工仪表共分七级:$0.1,0.2,0.5,1.0,1.5,2.5$ 及 5.0。如果仪表为 S 级,则说明该仪表的最大引用误差不超过 S%。

在使用这类仪表测量时,应选择适当的量程,使示值尽可能接近于满度值,指针最好能偏转在不小于满度值 2/3 以上的区域。

例:某待测电流约为 100 mA,现有 0.5 级量程为 0~400 mA 和 1.5 级量程为 0~100 mA 的两个电流表,问用哪一个电流表测量较好?

解:用 0.5 级量程为 0~400 mA 电流表测 100 mA 时,最大相对误差为:

$$\gamma_{x_1} = \frac{x_m}{x}s\% = \frac{400}{100} \times 0.5\% = 2\%$$

用 1.5 级量程为 0~100 mA 电流表测量 100 mA 时的最大相对误差为:

$$\gamma_{x_2} = \frac{x_m}{x}S\% = \frac{100}{100} \times 1.5\% = 1.5\%$$

显然,这里使用量程合适、准确度等级低的 1.5 级表,其最大相对误差反而比使用量程偏大、准确度等级高的 0.5 级表还小。

二、测量误差的来源

(1)仪器误差:由于测量仪器及其附件的设计、制造、检定等不完善,以及仪器使用过程中老化、磨损、疲劳等因素而使仪器带有的误差。

(2)影响误差:由于各种环境因素(温度、湿度、振动、电源电压、电磁场等)与测量要求的条件不一致而引起的误差。

(3)理论误差和方法误差:由于测量原理、近似公式、测量方法不合理而造成的误差。

(4)人身误差:由于测量人员感官的分辨能力、反应速度、视觉疲劳、固有习惯、缺乏责任心等原因,而在测量中使用操作不当、现象判断出错或数据读取疏失等而引起的误差。

三、随机误差和系统误差

1. 随机误差

测量结果与在重复性条件下,对同一被测量进行无限多次测量所得结果的平均值之差,称为随机误差。

重复性条件是指在尽量相同的条件下,包括测量程序、人员、仪器、环境等,以及尽量短的时间间隔内完成重复测量任务。这里的"短时间"可理解为保证测量条件相同或保持不变的时间段,它主要取决于人员的素质、仪器的性能以及对各种影响量的监控。从数理统计和数据处理的角度来看，在这段时间内测量应处于统计控制状态，即符合统计规律的随机状态。通俗地说，它是测量处于正常状态的时间间隔。重复观测中的变动性，正是由于各种影响量不能完全保持恒定而引起的。

这个定义是 1993 年由 BIPM、IEC、ISO、OIML 等国际组织确定的，它表明测量结果是真值、系统误差与随机误差三者的代数和；而测量结果与无限多次测量所得结果的平均值（即总体均值）之差，则是这一测量结果的随机误差分量。此前，随机误差曾被定义为：在同一量的多次测量过程中，以不可预知方式变化的测量的分量。

这个所谓以不可预知方式变化的分量，是指相同条件下多次测量时误差的绝对值和符号变化不定的分量，它时大时小、时正时负、不可预定。例如，天平的变动性、测微仪的示值变化等，都是随机误差分量的反映。事实上，多次测量时的条件不可能绝对地完全相同，多种因素的起伏变化或微小差异综合在一起，共同影响而致使每个测得值的误差以不可预定的方式变化。现在，随机误差是按其本质定义的，但可能确定的只是其估计值，因为测量只能进行有限次数，重复测量也是在上述重复性条件下进行的。就单个随机误差估计值而言，它没有确定的规律；但就整体而言，却服从一定的统计规律，故可用统计方法估计其界限或它对测量结果的影响。

随机误差一般来源于影响量的变化，这种变化在时间上和空间上是不可预知的或随机的，它会引起被测量重复观测值的变化，故称之为"随机效应"。可以认为正是这种随机效应导致了重复观测中的分散性，我们用统计方法得到的实验标准[偏]差是分散性，确切地说是来源于测量过程中的随机效应，而并非来源于测量结果中的随机误差分量。

随机误差的统计规律性，主要可归纳为对称性、有界性和单峰性三条：

①对称性是指绝对值相等而符号相反的误差，出现的次数大致相等，也即测得值是以它们的算术平均值为中心而对称分布的。由于所有误差的代数和趋近于零，故随机误差又具有抵偿性，这个统计特性是最为本质的；换言之，凡具有抵偿性的误差，原则上均可按随机误差处理。

②有界性是指测得值误差的绝对值不会超过一定的界限，也即不会出现绝对值很大的误差。

③单峰性是指绝对值小的误差比绝对值大的误差数目多，也即测得值是以它们的算术平均值为中心而相对集中地分布的。

2. 系统误差

在重复性条件下，对同一被测量进行无限多次测量所得结果的平均值与被测量的真值之差，称为系统误差。它是测量结果中期望不为零的误差分量。

由于只能进行有限次数的重复测量，真值也只能用约定真值代替，因此可能确定的系统误差只是其估计值，并具有一定的不确定度。这个不确定度也就是修正值的不确定度,它与其他来源的不确定度分量一样贡献给了合成标准不确定度。值得指出的是:不宜按过去的说法把系统误差分为已定系统误差和未定系统误差,也不宜说未定系统误差按随机误差处理。因为,这里所谓的未定系统误差,其实并不是误差分量而是不确定度;而且所谓按随机误差处理,其概念也是不容易说得清楚的。

系统误差一般来源于影响量,它对测量结果的影响若已识别并可定量表述,则称之为"系统效应"。该效应的大小若是显著的,则可通过估计的修正值予以补偿。例如:高阻抗电阻器的电位差(被测量)是用电压表测得的,为减少电压表负载效应给测量结果带来的"系统效应",应对该表的有限阻抗进行修正。但是,用以估计修正值的电压表阻抗与电阻器阻抗(它们均由其他测量获得),本身就是不确定的。这些不确定度可用于评定电位差的测量不确定度分量,它们来源于修正,从而来源于电压表有限阻抗的系统效应。另外,为了可能消除系统误差,测量仪器须经常地用计量标准或标准物质进行调整或校准;但是同时须考虑的是:标准自身仍带着不确定度。

3. 疏失误差(粗大误差)

定义:在一定的测量条件下,测量值明显地偏离实际值所形成的误差。含有粗差的测量值称为坏值或异常值,在数据处理时,应剔除掉。

产生粗大误差的原因:

①测量操作疏忽和失误;

②测量环境条件的突然变化。

至于误差限、最大允许误差、可能误差、引用误差等,它们的前面带有正负(＋ －)号,因而是一种可能误差的分散区间,并不是某个测量结果的误差。对于测量仪器而言,其示值的系统误差称为测量仪器的"偏移",通常用适当次数重复测量示值误差的均值来估计。

过去所谓的误差传播定律,所传播的其实并不是误差而是不确定度,故现已改称为不确定度传播定律。还要指出的是:误差一词应按其定义使用,不宜用它来定量表明测量结果的可靠程度。

四、修正值和偏差

1. 修正值和修正因子

用代数方法与未修正测量结果相加,以补偿其系统误差的值,称为修正值。

含有误差的测量结果,加上修正值后就可能补偿或减少误差的影响。由于系统误差不能完全获知,因此这种补偿并不完全。修正值等于负的系统误差,这就是说加上某个修正值就像扣掉某个系统误差,其效果是一样的,只是人们考虑问题的出发点不同而已,即:

$$真值＝测量结果＋修正值＝测量结果－误差$$

在量值溯源和量值传递中,常常采用这种加修正值的直观的办法。用高一个等级的计量标准来校准或检定测量仪器,其主要内容之一就是要获得准确的修正值。例如:用频率为 f_s 的标准振荡器作为信号源,测得某台送检的频率计的示值为 f,则示值误差 Δ 为 $f-f_s$。所以,在今后使用这台频率计时应扣掉这个误差,即加上修正值($-\Delta$),可得 $f+(-\Delta)$,这样就与 f_s 一致了。换言之,系统误差可以用适当的修正值来估计并予以补偿。但应强调指出:这种补偿是不完全的,也即修正值本身就含有不确定度。当测量结果以代数和方式与修正值相加之后,其系统误差之模会比修正前的要小,但不可能为零,也即修正值只能对系统误差进行有限程度的补偿。

为补偿系统误差而与未修正测量结果相乘的数字因子,称为修正因子。

含有系统误差的测量结果,乘以修正因子后就可以补偿或减少误差的影响。例如:由于等臂天平的不等臂误差,不等臂天平的臂比误差,线性标尺分度时的倍数误差,以及测量电桥臂的不对称误差所带来的测量结果中的系统误差,均可以通过乘一个修正因子得以补偿。但是,由于系统误差并不能完全获知,因而这种补偿是不完全的,也即修正因子本身仍含有不确定度。通过修正因子或修正值已进行了修正的测量结果,即使具有较大的不确定度,但可能仍然十分接近被测量的真值(即误差甚小)。因此,不应把测量不确定度与已修正测量结果的误差相混淆。

2. 偏差

一个值减去其参考值,称为偏差。

这里的值或一个值是指测量得到的值,参考值是指设定值、应有值或标称值。以测量仪器的偏差为例,它是从零件加工的"尺寸偏差"的概念引申过来的。尺寸偏差是加工所得的某一实际尺寸,与其要求的参考尺寸或标称尺寸之差。相对于实际尺寸来说,由于加工过程中诸多因素的影响,它偏离了要求的或应有的参考尺寸,于是产生了尺寸偏差,即:

尺寸偏差＝实际尺寸－应有参考尺寸

对于量具也有类似情况。例如:用户需要一个准确值为 1 kg 的砝码,并将此应有的值标示在砝码上;工厂加工时由于诸多因素的影响,所得的实际值为 1.002 kg,此时的偏差为 +0.002 kg。显然,如果按照标称值 1 kg 来使用,砝码就有 −0.002 kg 的示值误差;而如果在标称值上加一个修正值 +0.002 kg 后再用,则这块砝码就显得没有误差了。这里的示值误差和修正值,都是相对于标称值而言的。现在从另一个角度来看,这块砝码之所以具有 −0.002 kg 的示值误差,是因为加工发生偏差,偏大了 0.002 kg,从而使加工出来的实际值(1.002 kg)偏离了标称值(1 kg)。为了描述这个差异,引入"偏差"这个概念就是很自然的事,即:

偏差＝实际值－标称值＝1.002 kg−1.000 kg＝0.002 kg

在此可见,偏差与修正值相等,或与误差等值而反向。应强调指出的是:偏差相对于实际值而言,修正值与误差则相对于标称值而言,它们所指的对象不同。所以在分析时,首先要分清所研究的对象是什么。还要提及的是:上述尺寸偏差也称实际偏差或简称偏差,而常见的概念还有上偏差(最大极限尺寸与应有参考尺寸之差)、下偏差(最小极限尺寸与应有参考尺寸之差),它们统称为极限偏差。由代表上、下偏差的两条直线所确定的区域,即限制尺寸变动量的区域,通称为尺寸公差带。

五、测量结果的评定

准确度表示系统误差的大小。系统误差越小,则准确度越高,即测量值与实际值符合的程度越高。

精密度表示随机误差的影响。精密度越高,表示随机误差越小。随机因素使测量值呈现分散而不确定,但总是分布在平均值附近。

精确度用来反映系统误差和随机误差的综合影响。精确度越高,表示正确度和精密度都高,意味着系统误差和随机误差都小。

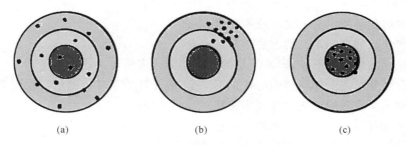

(a)　　　　　　　　(b)　　　　　　　　(c)

图 2-3　测量结果的评定

(a)为系统误差小,随机误差大,即准确度高,精密度低。(b)为系统误差大,随机误差小,即准确度低,精密度高。(c)为系统误差和随机误差都小,即精确度高。

§2.7　测量不确定度

一、测量不确定度和标准不确定度

1. 测量不确定度

表征合理地赋予被测量之值的分散性、与测量结果相联系的参数,称为测量不确定度。

"合理"意指应考虑到各种因素对测量的影响所做的修正,特别是测量应处于统计控制的状态下,即处于随机控制的过程中。"相联系"意指测量不确定度是一个与测量结果"在一起"的参数,在测量结果的完整表示中应包括测量不确定度。此参数可以是诸如标准[偏]差或其倍数,或说明了置信水准的区间的半宽度。

　　测量不确定度从词义上理解,意味着对测量结果可信性、有效性的怀疑程度或不肯定程度,是定量说明测量结果的质量的一个参数。实际上由于测量不完善和人们的认识不足,所得的被测量值具有分散性,即每次测得的结果不是同一值,而是以一定的概率分散在某个区域内的许多个值。虽然客观存在的系统误差是一个不变值,但由于我们不能完全认知或掌握,只能认为它是以某种概率分布存在于某个区域内,而这种概率分布本身也具有分散性。测量不确定度就是说明被测量之值分散性的参数,它不说明测量结果是否接近真值。

　　为了表征这种分散性,测量不确定度用标准[偏]差表示。在实际使用中,往往希望知道测量结果的置信区间,因此规定测量不确定度也可用[偏]差的倍数或说明了置信水准的区间的半宽度表示。为了区分这两种不同的表示方法,分别称它们为标准不确定度和扩展不确定度。

　　在实践中,测量不确定度可能来源于以下十个方面。

　　① 对被测量的定义不完整或不完善;

　　② 实现被测量的定义的方法不理想;

　　③ 取样的代表性不够,即被测量的样本不能代表所定义的被测量;

　　④ 对测量过程受环境影响的认识不周全,或对环境条件的测量与控制不完善;

　　⑤ 对模拟仪器的读数存在人为偏移;

　　⑥ 测量仪器的分辨力或鉴别力不够;

　　⑦ 赋予计量标准的值或标准物质的值不准;

　　⑧ 引用于数据计算的常量和其他参量不准;

　　⑨ 测量方法和测量程序的近似性和假定性;

　　⑩ 在表面上看来完全相同的条件下,被测量重复观测值的变化。

　　由此可见,测量不确定度一般来源于随机性和模糊性,前者归因于条件不充分,后者归因于事物本身概念不明确。这就使测量不确定度一般由许多分量组成,其中一些分量可以用测量列结果(观测值)的统计分布来进行评价,并且以实验标准[偏]差表征;而另一些分量可以用其他方法(根据经验或其他信息的假定概率分布)来进行评价,并且也以标准[偏]差表征。所有这些分量,应理解为都贡献给了分散性。若需要表示某分量是由某原因导致时,可以用随机效应的不确定度和系统效应导致的不确定度的说法。例如:由修正值和计量标准带来的不确定度分量,可以称之为系统效应导致的不确定度。

　　不确定度当由方差得出时,取其正平方根。当分散性的大小用说明了置信水准的区间的半宽度表示时,作为区间的半宽度取负值显然也是毫无意义的。当不确定度除以测量结果时,称之为相对不确定度,这是个无量纲量,通常以百分数或 10 的负数幂表示。

在测量不确定度的发展过程中,人们从传统上理解它是"表征(或说明)被测量真值所处范围的一个估计值(或参数)";也有一段时期理解为"由测量结果给出的被测量估计值的可能误差的度量"。这些含义从概念上来说是测量不确定度发展和演变的过程,与现定义并不矛盾,但它们涉及真值和误差这两个理想化的或理论上的概念,实际上是难以操作的未知量,而可以具体操作的则是测量结果的变化,即被测量之值的分散性。

2. 标准不确定度和标准[偏]差

以标准[偏]差表示的测量不确定度,称为标准不确定度。

标准不确定度用符号 u 表示,它不是由测量标准引起的不确定度,而是指不确定度以标准[偏]差表示,来表征被测量之值的分散性。这种分散性可以有不同的表示方式,例如:用 $\dfrac{\sum\limits_{i=1}^{n}(x_i-\overline{x})}{n}$ 表示时,由于正残差与负残差可能相消,反映不出分散程度;用 $\dfrac{\sum\limits_{i=1}^{n}|x_i-\overline{x}|}{n}$ 表示时,则不便于进行解析运算。只有用标准[偏]差表示的测量结果的不确定度,才称为标准不确定度。

当对同一被测量作 n 次测量,表征测量结果分散性的量 s 按下式算出时,称它为实验标准[偏]差:

$$s=\sqrt{\frac{\sum\limits_{i=1}^{n}(x_i-\overline{x})^2}{n-1}}$$

式中 x_i 为第 i 次测量的结果;$\overline{x}$ 为所考虑的 n 次测量结果的算术平均值。

对同一被测量作有限的 n 次测量,其中任何一次的测量结果或观测值,都可视作无穷多次测量结果或总体一个样本。数理统计方法就是要通过这个样本所获得的信息(例如算术平均值 $\overline{x}$ 和实验标准[偏]差 s 等),来推断总体的性质(例如期望 μ 和方差 σ^2 等)。期望是通过无穷多次测量所得的观测值的算术平均值或加权平均值,又称为总体均值 μ,显然它只是在理论上存在并可表示为:

$$\mu=\lim_{n\to\infty}\frac{1}{n}\sum_{i=1}^{n}x_i$$

方差 σ^2 则是无穷多次测量所得观测值 x_i 与期望 μ 之差的平方的算术平均值,它也只是在理论上存在并可表示为

$$\sigma^2 = \lim_{n \to \infty} \left[\frac{1}{n} \sum_{i=1}^{n} (x_i - \mu)^2 \right]$$

方差的正方根 σ，通常被称为标准［偏］差，又称为总体标准［偏］差或理论标准［偏］差；而通过有限次测量算得的实验标准［偏］差 s，又称为样本标准［偏］差。这个计算公式即为贝塞尔公式，算得的 s 是 σ 的估计值。

在图 2-2 中，示出了总体均值为 μ、总体标准［偏］差为 σ 的正态分布情形。由图中可见，σ 越小，分布曲线越集中或越尖锐，表征测量结果或观测值的分散性越小；反之 σ 越大，曲线越平坦，表征分散性越大。分布曲线在 $x = \mu$ 处具有极大值，在 $x = \mu \pm \sigma$ 处有两个拐点。分布中心处 μ 值的大小，决定了曲线在 x 轴上的位置。

$\overline{x}$ 为 μ 的无偏估计，s^2 为 σ^2 的无偏估计。这里的"无偏估计"可理解为：$\overline{x}$ 比 μ 大的概率，与 $\overline{x}$ 比 μ 小的概率是相等的或皆为 50%；而且当 $n \to \infty$ 时，$(\overline{x} - \mu) \to 0$。值得注意的是：$s^2$ 为 σ^2 的无偏估计，但 s 不是 σ 的无偏估计，而是偏小估计，即 $(s - \sigma)$ 为负值的概率大于 $(s - \sigma)$ 为正值的概率。s 是单次观测值 x_i 的实验标准［偏］差，$\frac{s}{\sqrt{n}}$ 才是 n 次测量所得算术平均值 $\overline{x}$ 的实验标准［偏］差，它是 $\overline{x}$ 分布的标准［偏］差的估计值。为易于区别，前者用 $s(x)$ 表示，后者用 $s(\overline{x})$ 表示，故有 $s(\overline{x}) = \dfrac{s(x)}{\sqrt{n}}$。

通常用 $s(x)$ 表征测量仪器的重复性，而用 $s(\overline{x})$ 评价以仪器进行 n 次测量所得测量结果的分散性。随着测量次数 n 的增加，测量结果的分散性 $s(\overline{x})$ 即与 $\sqrt{n}$ 成反比地减小，这是由于对多次观测值取平均后，正、负误差相互抵偿所致。所以，当测量要求较高或希望测量结果的标准［偏］差较小时，应适当增加 n；但当 $n > 20$ 时，随着 n 的增加，$s(\overline{x})$ 的减小速率减慢。因此，在选取 n 的多少时应予综合考虑或权衡利弊，因为增加测量次数就会拉长测量时间、加大测量成本。在通常情况下，取 $n \geqslant 3$，以 $n = 4 \sim 20$ 为宜。另外，应当强调 $s(\overline{x})$ 是平均值的实验标准［偏］差，而不能称它为平均值的标准误差。

二、不确定度的 A 类、B 类评定

由于测量结果的不确定度往往由许多原因引起，对每个不确定度来源评定的标准［偏］差，称为标准不确定度分量，用符号 u_i 表示。对这些标准不确定度分量有两类评定方法，即 A 类评定和 B 类评定。

1. 不确定度的 A 类评定

用对观测列进行统计分析的方法来评定标准不确定度，称为不确定度的 A 类评定，有时也称 A 类不确定度评定。

通过统计分析观测列的方法，对标准不确定度进行的评定，所得到的相应的标准

不确定度称为 A 类不确定度分量,用符号 u_A 表示。

这里的统计分析方法,是指根据随机取出的测量样本中所获得的信息,来推断关于总体性质的方法。

例如:在重复性条件或复现性条件下的任何一个测量结果,可以看作是无限多次测量结果(总体)的一个样本,通过有限次数的测量结果(有限的随机样本)所获得的信息(诸如平均值 $\bar{x}$、实验标准差 s),来推断总体的平均值(即总体均值 μ 或分布的期望值)以及总体标准[偏]差 σ,就是所谓的统计分析方法之一。A 类标准不确定度用实验标准[偏]差表征。

2. 不确定度的 B 类评定

用不同于对观测列进行统计分析的方法来评定标准不确定度,称为不确定度的 B 类评定,有时也称 B 类不确定度评定。

这是用不同于对测量样本统计分析的其他方法,进行的标准不确定度的评定,所得到的相应的标准不确定度称为 B 类标准不确定度分量,用符号 u_B 表示。它用根据经验或资料及假设的概率分布估计的标准[偏]差表征,也就是说其原始数据并非来自观测列的数据处理,而是基于实验或其他信息来估计,含有主观鉴别的成分。用于不确定度 B 类评定的信息来源一般有:

① 以前的观测数据;

② 对有关技术资料和测量仪器特性的了解和经验;

③ 生产部门提供的技术说明文件;

④校准证书、检定证书或其他文件提供的数据、准确度的等别或级别;

⑤手册或某些资料给出的参考数据及其不确定度;

⑥规定实验方法的国家标准或类似技术文件中给出的重复性限 r 或复现性限 R。

图 2-4 是应用不确定度的评定程序。

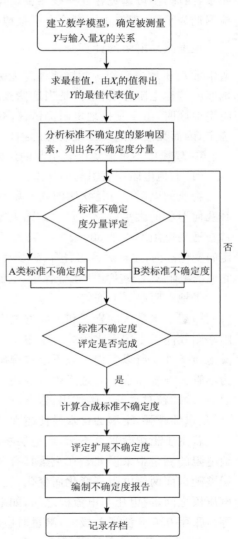

图 2-4　应用不确定度的评定程序

§2.8　防雷检测工作中的误差来源及对策

在防雷工程检测、审核验收中,不可缺少的工作就是要进行防雷装置参数的测量。为了得出科学准确的数据,我们通常使用一些测量仪器对需要测量的参数进行测量,因而,不可避免存在一些测量误差的问题。而在这些检测中,对接地电阻值的检测最为平常,现在主要讨论一下接地电阻测量工作中的主要误差来源。

根据接地电阻的计算公式:$R = \dfrac{\varepsilon\rho}{C}$可知,接地电阻的结果可以定性地判断为与介电常数 ε、土壤电阻率 ρ 和接地体与无穷远处的电容。根据不同的需求,规定了不同地网的接地电阻标准值,但是当这些接地装置安装在特殊土壤下垫面地区、高土壤电阻率地区时,由于受接地电阻测试仪的接地电阻测试原理要求限制,接地电阻值不能确定,因而无法确定其接地装置的接地效果。

1. 环境中不可避免因素引起的误差

(1)大地电阻率 ρ 引起的误差

物质的电阻率 ρ 是物质的基本属性,物质的电阻率与几何形状无关,而电阻则由其几何形状的大小以及电阻率共同决定。地电阻率的变化范围很大,在接地工程中常常遇到电阻率小于 500 $\Omega \cdot$ m 到大于 5 000 $\Omega \cdot$ m 的地层。各个地层的电阻率有一定的变化范围,在自然界的岩石、矿石及土壤中,或多或少地含有溶解盐的间隙水,因而它们的电阻率主要决定于水分含量、电解溶液的性质及其浓度,具有离子导电性能。

①地电阻率 ρ 不均匀

一般含水量大的岩石和土壤的电阻率较低,而含水量少的干燥岩石和土壤的电阻率则较高。土壤含水量的大小主要取决于岩石、砂和土壤本身的孔隙度及当地水文地质条件。所以我们一般不会选择雨后或当土壤很湿润时进行接地电阻检测。因为不管大气中的水分通过降雨渗入还是通过其他形式进入土壤,在渗透过程中由于岩石、砂颗粒对水的吸附作用,岩石、砂的孔隙中能保持一部分水。一般孔隙直径越小,吸水性越强,土壤的含水量便越大,则电阻率较低。

若由于土壤含水量不同,或地层物质不同而引起土壤电阻率 ρ 不均匀时,将给接地电阻的测量带来误差。在土壤具有一个或两个剖面结构时,采用 0.618 法的测量误差随剖面两侧电阻率变化而变化,变化越大测量误差越大。特别在被测接地网与电压极之间,或电压与电流极之间,如果存在一条有高电阻率地层(如冲沟、干涸河床等),采用 0.618 法误差极大,测量时应注意。

② 地电阻率 ρ 受外界环境影响

在测量接地电阻时,在变频激发极化物探中发现,用不同频率的电流测量的视在电阻率是不相同的,即使使用的频率很低,也可发现地电阻率随频率的增加而减小,并且发现了电阻率随外加电场的频率增加而减小。

　　另外,地电阻率随电场强度的增加而下降。当地中电场强度超过某一值后,电流和电压已不再是直线关系,而呈现出非线性的电学现象,电阻率随电场强度的增加而下降。在导电的矿物、潮湿或干燥的岩石以及土壤和水中均可以见到。对于这种非线性的电学现象,在潮湿的土壤中,有可能是因为电解溶液中电导在强电场中增大;在干燥的土壤中,由于颗粒间的空气间隙易于产生局部放电而使电导非线性。

　　当土壤所处的外界温度发生变化时,其电阻率也会相应发生变化(见图2.5)。这是由于土壤中沙石中所含水溶液的电阻率与温度有明显的变化关系。从图2.5可以看出,在0℃以上的正温区内,随温度的升高,电阻率缓慢减小,变化不明显。这说明在常温条件下,温度的变化对岩石电阻率的影响并不大。然而在0℃以下的负温区,随温度的降低,含水岩石的电阻率明显增高,当温度下降到近−20℃时,电阻率高达10^6 Ω·m,这是由于岩石孔隙中水溶液结冰后导电性能很差的缘故。

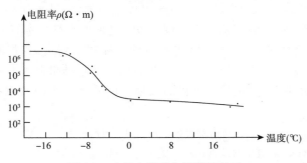

图 2-5　土壤电阻率与温度的关系

　　此外,由于地壳常温带(自地表面深度20～25 m)以下,地温随深度的增加而变大。把地温每升高1℃所下延的深度称为地温增加率,其值因地而异,且同一地区不同深度也不一致。在我国平均约40 m增加1℃,这样在地下1 600 m深处的地温将比地面约高40℃,在那里金属矿物的电阻率大约降低20%,而含水岩石的电阻率约降低一半。

　　(2)无线电波的干扰

　　近年来,国内无线通信技术迅速发展,由于无线通信电台多集中分布在电磁环境复杂的城市,且经常处于运动状态,因而无线通信的干扰问题要比固定点通信严重得多。无线通信系统中的干扰按发生源的不同可分为无线电台的干扰和非无线电台的干扰。非无线电设施电磁干扰是人们早就发现的电磁现象,一些电器、电子设备工作时所产生的电磁干扰,容易对周围的其他电气、电子设备形成电磁干扰,引发故障或者影响信号的传输。

　　测量中经常遇到土壤中杂散电流和测量引线在空间感应到无线电波的干扰,尤其麻烦的是工频电力干扰和音频广播干扰,因为它们的频率和测量接地电阻仪表的电源频率相接近,而且幅度比较大。轻微干扰能引起仪表指针摆动,造成测量误差,严重干扰时将使仪表无法工作。此时,测量线应使用带有屏蔽层的导线或电缆。实测表明,单层屏蔽导线比无屏蔽导线在广播频段范围内的屏蔽性能可提高 15 dB 左右。另外,可用测量干扰的仪表测得干扰电压最小的布线方位,然后进行测量。

　　(3)大地的集肤效应

　　交流电流通过接地网向大地流散时,由于大地的电阻率相当大,在接地网附近因感应电势而引起的电压降远小于电阻电压降,因而对接地网附近直流和交流的作用可以认为近似相同。但是当使用导线——大地回路来测量接地电阻时,由于交流电流在接地网和电流极间的广大区域内流动,就要在这区域内产生相当强的磁场,具有趋肤效应,使电流通过区域截面变小,电阻增大。

　　在高电阻率土壤或岩石地区测量接地电阻时,如果电源使用的频率不恰当,有可能因激发极化效应或大地的集肤效应而产生显著的异常,结果使接地电阻测量值因地的视电阻率(表征有限容积范围内土壤导电性能的综合性指标)的减小而降低或因地中附加电阻分量而增高。这时,宜使用两种电源频率测量,并将测量结果相互校正,一般电源频率为 65～85 Hz 或 115～135 Hz 的测量结果较为准确。

　　由于大地的集肤效应,使接地电极的接地电阻附加一个与频率有关的电阻分量 R_r,其数值如下:

$$R_r = S\pi^2 f \times 10^{-7}\ \Omega$$

式中 S 为电流在地中流过的距离(m);f 为频率(Hz)。

　　因此,在现场测量接地电阻时,接地体(或地网)E 和辅助电流极棒 C 之间的距离并不是越大越好。如果这个距离太大,可能由于测量回路中包括了比较显著的附加电阻分量而影响测量结果。当被测接地体为单极接地体时,E～C 的距离一般取 30～40 m 较为合适。当被测接地体为地网形式时,辅助电流极棒 C 与被测地网中心点的距离一般取地网对角线 D 的 3～5 倍。

　　(4)地下金属管道

　　在测量电极的下面遇有金属管道使得电极与接地体之间的距离减小,因而减小接地电阻。测量接地电阻时,如果被测接地体 E 和辅助电极(电流、电压极棒)之间有与辅助极棒相平行的金属管道(如自来水管、暖气管、天然气管道、地下电缆等)时,将使 E-C、E-P 的有效距离缩短,测量的接地电阻值偏低。

　　如果接地体与辅助测量电极(电压、电流极棒)之间有与辅助极棒相垂直的建筑物也将引起测量值的变化。与辅助极棒相平行的金属管道对接地电阻测量结果有很大影响。一旦遇到这种情况,辅助电极应避开金属管道,并且电流极棒与它们之间的距离应大于 50 m,电压极棒与它们之间的距离应大于 25 m,以提高测量结果的准确性。

如果辅助电极附近有与被测接地体相连接的金属管道或电缆,则整个测量区域的电位将发生一定的均衡作用,电压极棒所在点的电位将不等于零,因此就会使测量结果出现很大误差。在这种情况下,电流极棒和上述金属管道或电缆的距离应大于100 m 以上,电压极棒与它们之间的距离应大于 50 m 以上,测量结果才不受影响。

(5)土壤电阻率坡度

土壤电阻率坡度即 a、b 两点间土壤电阻率的改变量与距离的比值,用公式表示为:

$$\Gamma = \frac{\rho_a - \rho_b}{S_{ab}}$$

当接地装置周围土壤性质均匀一致,电阻率坡度小,接地电阻的测量值相对真值误差小,即测桩以任何方向所测得值应当相差不大。但在实际测量中常遇到的是电阻率的坡度较大,导致朝不同方向所测得的接地电阻值差异较大。由此造成的粗大误差应在测量结果中予以剔除。

(6)地下金属管线与防雷接地装置相连

由于建筑物之间的关联,地下金属管线和防雷接地装置相互连接,如地下金属管线直达接地装置,电压探棒正好处在金属管道上或离金属管道较近的水平方向,土壤电阻率实际就是金属材料的电阻率,这时电压探棒所插位置并不代表相对于接地装置的远方零电位处,电压探棒与接地极越近,接地极与电压探棒间的电位差就越小,由 $R_g = \dfrac{U}{I}$ 可知接地电阻的测量值小于真值。

(7)地电容抗

地电容抗为:

$$X_c = \frac{1}{2\pi fc}$$

式中 f 为频率(Hz);C 为电容(F)。

接地电阻测试仪选定的工作频率应与地电容抗耦合,否则不能消除地电容抗的影响。若因测试仪老化影响仪器中的电容元件参数改变,进而引起振荡频率改变,则测量值偏差于真值。

(8)接地装置周围的地电位

在防雷接地装置的周围或者防雷接地装置有电力接地时,由于三相电源的负载不平衡等原因,使工作接地电位升高。由:

$$R_g = \frac{U}{\displaystyle\int_s \frac{E_n}{\rho} ds}$$

可知:R_g 随电场强度的变化而变化,这是测量时见到接地电阻测试仪指针摆动不定的原因。

(9)引线之间的互感

当电流极和电压极的引线距离太近时,当其中一根引线中的电流发生变化时,必然会在另一根引线中产生感应电动势。对于短电极距离来说,感应耦合不足以影响测量结果。但是,当接地系统较大时,必须使用大电极间距来显示深层土壤的特性,此时互感对大电极电距测量有显著的影响。同时,当试验电源频率变得越高时感应耦合的影响变得越强烈。

引线间的耦合效应会随引线间距、频率、土壤电阻率和不同的土壤结构而有所不同。在均匀土壤中试验频率为 80 Hz 时根据引线间距离不同得到的接地电阻值的测量结果。显示在图 2-6 中的四条电阻值曲线分别对应于无耦合情形,电流电压引线间距 L 分别为 1 m、10 m、30 m 时有感应耦合的情形。对应于无耦合情形的电阻率曲线是恒定值,对应于有耦合效应的土壤电阻率曲线就不再是常数,背离常数的偏移量显示感应耦合的强度。对于 100 Ω·m 土壤电

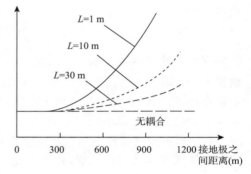

图 2-6　接地电阻值测量结果——电压和电流引线之间的距离

阻率来说,电流极之间距离小于300 m时感应耦合的影响是小的。对于 300 m 以外,这个影响是很大的。从图 2-6 可以看出通过增大电流电压引线之间距离可以降低感应耦合的强度。但是在现场测量时两引线间距离不容易控制,因为受很多因素的限制,例如时间、引线长度、物理障碍物等。

2. 测量仪器自身引起的误差

(1)指针摆动的误差来源

在实际测量接地电阻实验中,对于仪器的要求也是很高的,往往不同型号的测量仪器测量的数据都存在很大差异,甚至同一型号的仪器之间测量结果都不能达到一致。这就说明了仪器本身内部构造和使用频率也能对测量产生误差。

仪器在测量时指针来回摆动,对我们准确读数造成干扰,此时大多数情况是因为某些接触点的接触不良,需要检查各个连接点,保证各点接触都达到良好。如果检查后并不是因为外部接触点接触不良时,有可能就是仪器内部出现问题,这时可以左右摇晃仪表,指针偏转厉害,停止摇晃时,指针仍摆来摆去,此现象说明表头回路处于开路状态,应检查各线头有无断线,焊点有无开焊,表头线圈是否断线等。有时也有可能是因为电量不足,这就需要及时更换电池。还有可能是外界环境有干扰电流或干

扰电压,当测量电压极和接地体间存在微小的电位差,又无法找到比这干扰电压更小的点时,接地电阻测试仪的测试电压越高,则测量误差越小。

(2)测量仪器参数要求不达标引起的误差

接地电阻的测量工作有时在野外进行,因此,测量仪表应坚固可靠,机内自带电源,重量轻、体积小,并对恶劣环境有较强的适应能力。大于 20 dB 以上的抗干扰能力,能防止土壤中的杂散电流或电磁感应的干扰。仪表应具有大于 500 kW 的输入阻抗,以便减少因辅助极棒探针和土壤间接触电阻引起的测量误差。

仪表内测量信号的频率应在 25~1 000 Hz 之间,我们一般选用 800 Hz 的信号频率,测量信号频率太低和太高易产生极化影响,或测试极棒引线间感应作用的增加,使引线间电感或电容的作用造成较大的测量误差。在耗电量允许的情况下,应尽量提高测试电流,较大的测试电流有利于提高仪表的抗干扰性能。测量仪表应操作简单,读数最好是数字显示,以减少读数误差。

3. 人为操作造成的误差

(1)直线布置下不同距离引起的误差

接地体 E、电位极 P 和电流极 C 成直线布置时,不同型号的接地电阻测试仪对 EP 和 PC 距离的要求不相同,电位极和电流极到被测接地体的距离不同时,所测得的接地电阻值不相同。

(2)三角形布置下不同距离引起的误差

实际工作中,电流极 C 距离接地体 E 不能满足大于 35 m 的情况经常发生,这时可以考虑把电流极 C、电位极 P 与接地体 E 布置成三角形。

(3)接地电阻测量引线引起的误差

排除了一系列的外在因素,测量接地电阻依然存在着很大的误差,这种误差来源于电压极和电流极的引线。根据引线的线长、线径的不同,测得的接地电阻会相差零点几欧甚至几欧以上,这是因为引线本身也是导体,也具有电阻,并且这些电阻会直接影响到测量值的准确性,这对严格的接地电阻测量是致命的。

接地电阻检测中,为了保证数据的准确性,应该先测出引线自身电阻,因为这个值一般比较大,不可以忽略。再用测得的接地电阻值减去这个引线的自身电阻,此时得到的数据结果才是相对来说更接近于真实值的。

通过对以上测量误差的多方面因素进行分析,针对不同的测量误差来源可以采取对应的方法来减小误差。测量前和测量过程中可以采取如下几种方法来排除或减少测量误差:

(1)当所用引线较长时,一定要将线团完全解开,不可以堆在一起,因为引线卷在一起时,由于电感存在,就会有感抗产生,而它正比于线圈匝数和磁通量,测量值就会偏大。另外应该先用万用表将引线自身电阻测量出来，以便等接地电阻测量完成后扣除这部分电阻。尽量使测试电源用电池，这样可以保证引线间不会产生感应电动势。

（2）排除仪器自身的问题，针对接地电阻测试仪选定的工作频率因仪器老化等原因引起振荡频率改变，不与地电容抗耦合，使测量值偏差于真值的情况，根据计量技术法规要求，将测试仪送国家法定的计量测试机构检定可及时避免这种情况发生，一旦发现仪器问题应当及时检修或淘汰。

（3）当测试点附近有电磁场时（如电力线，大功率无线信号发射天线、微波信号等），根据电磁感应原理就会在测试线与接地极组成的回路中产生干扰电流，由于电磁场的大小是时刻变化的，干扰电流的大小也会随之时刻变化，因此反映在表里就会使指针发生扰动。可调整引线的放线方向，尽量避开干扰大的方向，使仪表读数减少跳动。也可以在引线和接地极之间并联一只滤波电容降低干扰。

（4）了解测量的地质状况，尽可能在接地极与测桩间找到电阻率较好、均匀、可靠的土壤。询问业主单位地下管道的布置和走向，查看防雷接地布置图，使测量仪的电压、电流探棒避开地下金属管线，以避免土壤电阻率坡度变异太大引起的粗大误差。同时，电压、电流探针与接地极间的距离应满足仪器说明书要求的距离。由于注入接地极的电流保持不变，电压探棒距接地极越近，接地极与探棒之间的电压就越小，测量值也随之变小。多次实验表明：当使用国产摇表类接地电阻测试仪时，向接地极注入电流后，在距接地极 20 m 附近，电位已近于零，因此电压极与被测接地极相距约20 m 为宜，此时测得的接地电阻值接近真值；当使用日产"4102 型"接地电阻测试仪时，因注入的电流相对较小，电压极与被测接地极相距约 10 m 为宜。

（5）多点次测量法：出现尚未被认识的因素导致随机误差时，采用多点次测量法，可限制或减少随机误差。在测量结果值的计算过程中，根据莱特准则，残余误差大于标准差 3 倍的测得值均应剔除或舍去。已选用的准则可重复运用，直至所保留的测得值不再含有粗大误差为止。

（6）深埋测量电流探针和测量电压探针，因为地电阻率随地层深度增加而减小，根据这个规律，往往在达到一定深度后，地电阻率会突然减小很多，这样就能保证周围地电位尽可能接近于零，有利于测量的准确性。

（7）地电位的检测和排除：当测量中发现仪表指针摆动不定，说明受地电位的影响。日产"4102"型有测定地电压的功能，当电压、电流探棒如接地电测试的方式连接好，按"AC 1 V"键，地电位被测量；当地电位大于 10 V 时，不允许测量接地装置的接地电阻。如发现附近有电力供电工作接地，可在停止供电时复测地电压，当地电压小于 10 V 时再作接地电阻测量。总之，大摆动不允许，应尽量使读数指针趋于平稳，当读数指针小摆动时，为确保安全可靠，以指针摆到最大时的读数为准。

第三章　质量检验机构管理体系

　　1947 年澳大利亚建立了世界上第一个国家实验室认可体系,并成立了认可机构——澳大利亚国家检测协会(NATA)。20 世纪 60 年代英国也建立了实验室认可机构,从而带动欧洲各国认可机构的建立。20 世纪 70 年代美国、新西兰、法国也开展了实验室认可活动,80 年代实验室认可发展到东南亚、新加坡、马来西亚等国家,他们相继建立了实验室认可机构。目前国际上大多数国家都实行了实验室认证、认可制度。

　　20 世纪 90 年代初,我国颁布了《产品质量检验机构计量认证技术考核规范》(JJG1021—90),建立了最早的实验室认证/认可体系模型。由于国家计量法律中使用"认证"字样,"计量认证"其实质是对实验室的一种法定认可活动。

　　计量认证是法制计量管理的重要工作内容之一。对检测机构来说,就是检测机构进入检测服务市场的强制性核准制度,即:具备计量认证资质、取得计量认证法定地位的机构,才能为社会从事检测服务。国家实验室认可是与国外实验室认可制度一致的,是自愿申请的能力认可活动。通过国家实验室认可的检测技术机构,证明其符合国际上通行的校准与检测实验室能力的通用要求。

　　2001 年国家颁布了《计量认证/审查认可评审准则(试行)》,在同年 12 月 1 日起开始实施,同时废止原评审准则 JJG1021—90。

　　2006 年,为贯彻实施《实验室和检查机构资质认定管理办法》,根据《中华人民共和国计量法》、《中华人民共和国标准化法》、《中华人民共和国产品质量法》、《中华人民共和国认证认可条例》等有关法律、法规的规定,结合我国实验室的实际状况、国内外实验室管理经验和我国实验室评审工作的经验,国家认监委组织制订了《实验室资质认定评审准则》(以下简称《评审准则》)。

　　该评审准则自 2007 年 1 月 1 日起开始实施,各计量认证/审查认可实验室于 2007 年 12 月 31 日前完成转版工作,同时,原国家质量技术监督局发布的《产品质量检验机构计量认证/审查认可(验收)评审准则(试行)》废止。

　　在中华人民共和国境内,对从事向社会出具具有证明作用的数据和结果的实验室资质认定的评审应当遵守该准则。

　　新发布的《实验室资质认定评审准则》,是原《产品质量检验机构计量认证 /审查认可(验收)评审准则》的继承和发展,它全面吸收了 ISO/IEC17025:2005 的精华,继续保留了法律法规和政府对检测机构的强制性考核要求。将计量认证和审查认可的评审要求统一为《实验室资质认定评审准则》,使计量认证和审查认可的技术评审活动在与国际接轨方面又向前推进了一步。

§3.1　实验室资质认定评审准则

　　1998 年,国家质量技术监督检验局开始对各级防雷产品质量检验机构陆续进行计量认证工作。各级防雷产品质量检验机构的管理人员应该认真学习《实验室资质认定评审准则》(以下简称《评审准则》)各项条款,努力使实验室达到评审准则的要求,从而保证防雷产品检验质量。只有如此,才能使实验室的检验数据具备科学性、公正性和权威性,才能为社会从事检测服务。

　　《实验室资质认定评审准则》管理要求和技术要求,共有 19 条,65 款,我们按《实验室资质认定评审准则》的原章节顺序(楷体部分)予以介绍,并针对防雷产品质量检验机构的具体情况作必要的分析理解。

一、《实验室资质认定评审准则》主要内容

4. 管理要求

4.1　组织

　　实验室应依法设立或注册,能够承担相应的法律责任,保证客观、公正和独立地从事检测或校准活动。

　　4.1.1　实验室一般为独立法人;非独立法人的实验室需经法人授权,能独立承担第三方公正检验,独立对外行文和开展业务活动,有独立账目和独立核算。

　　4.1.2　实验室应具备固定的工作场所,应具备正确进行检测和/或校准所需要的并且能够独立调配使用的固定、临时和可移动检测和/或校准设备设施。

　　4.1.3　实验室管理体系应覆盖其所有场所进行的工作。

　　4.1.4　实验室应有与其从事检测和/或校准活动相适应的专业技术人员和管理人员。

　　4.1.5　实验室及其人员不得与其从事的检测和/或校准活动以及出具的数据和结果存在利益关系;不得参与任何有损于检测和/或校准判断的独立性和诚信度的活动;不得参与和检测和/或校准项目或者类似的竞争性项目有关系的产品设计、研制、生产、供应、安装、使用或者维护活动。

实验室应有措施确保其人员不受任何来自内外部的不正当的商业、财务和其他方面的压力和影响，并防止商业贿赂。

4.1.6 实验室及其人员对其在检测和/或校准活动中所知悉的国家秘密、商业秘密和技术秘密负有保密义务，并有相应措施。

4.1.7 实验室应明确其组织和管理结构、在母体组织中的地位，以及质量管理、技术运作和支持服务之间的关系。

4.1.8 实验室最高管理者、技术管理者、质量主管及各部门主管应有任命文件，独立法人实验室最高管理者应由其上级单位任命；最高管理者和技术管理者的变更需报发证机关或其授权的部门确认。

4.1.9 实验室应规定对检测和/或校准质量有影响的所有管理、操作和核查人员的职责、权力和相互关系。必要时，指定关键管理人员的代理人。

4.1.10 实验室应由熟悉各项检测和/或校准方法、程序、目的和结果评价的人员对检测和/或校准的关键环节进行监督。

4.1.11 实验室应由技术管理者全面负责技术运作，并指定一名质量主管，赋予其能够保证管理体系有效运行的职责和权力。

4.1.12 对政府下达的指令性检验任务，应编制计划并保质保量按时完成（适用于授权/验收的实验室）。

4.2 管理体系

实验室应按照本准则建立和保持能够保证其公正性、独立性并与其检测和/或校准活动相适应的管理体系。管理体系应形成文件，阐明与质量有关的政策，包括质量方针、目标和承诺，使所有相关人员理解并有效实施。

4.3 文件控制

实验室应建立并保持文件编制、审核、批准、标志、发放、保管、修订和废止等的控制程序，确保文件现行有效。

4.4 检测和/或校准分包

如果实验室将检测和/或校准工作的一部分分包，接受分包的实验室一定要符合本准则的要求；分包比例必须予以控制（限仪器设备使用频次低、价格昂贵及特种项目）。实验室应确保并证实分包方有能力完成分包任务。实验室应将分包事项以书面形式征得客户同意后方可分包。

4.5 服务和供应品的采购

实验室应建立并保持对检测和/或校准质量有影响的服务和供应品的选择、购买、验收和储存等的程序，以确保服务和供应品的质量。

4.6 合同评审

实验室应建立并保持评审客户要求、标书和合同的程序，明确客户的要求。

4.7　申诉和投诉

实验室应建立完善的申诉和投诉处理机制,处理相关方对其检测和/或校准结论提出的异议。应保存所有申诉和投诉及处理结果的记录。

4.8　纠正措施、预防措施及改进

实验室在确认了不符合工作时,应采取纠正措施;在确定了潜在不符合的原因时,应采取预防措施,以减少类似不符合工作发生的可能性。实验室应通过实施纠正措施、预防措施等持续改进其管理体系。

4.9　记录

实验室应有适合自身具体情况并符合现行质量体系的记录制度。实验室质量记录的编制、填写、更改、识别、收集、索引、存档、维护和清理等应当按照适当程序规范进行。

所有工作应当时予以记录。对电子存储的记录也应采取有效措施,避免原始信息或数据的丢失或改动。

所有质量记录和原始观测记录、计算和导出数据、记录以及证书/证书副本等技术记录均应归档并按适当的期限保存。每次检测和/或校准的记录应包含足够的信息以保证其能够再现。记录应包括参与抽样、样品准备、检测和/校准人员的标志。所有记录、证书和报告都应安全储存、妥善保管并为客户保密。

4.10　内部审核

实验室应定期地对其质量活动进行内部审核,以验证其运作持续符合管理体系和本准则的要求。每年度的内部审核活动应覆盖管理体系的全部要素和所有活动。审核人员应经过培训并确认其资格,只要资源允许,审核人员应独立于被审核的工作。

4.11　管理评审

实验室最高管理者应根据预定的计划和程序,定期地对管理体系和检测和/或校准活动进行评审,以确保其持续适用和有效,并进行必要的改进。

管理评审应考虑到:政策和程序的适应性;管理和监督人员的报告;近期内部审核的结果;纠正措施和预防措施;由外部机构进行的评审;实验室间比对和能力验证的结果;工作量和工作类型的变化;申诉、投诉及客户反馈;改进的建议;质量控制活动、资源以及人员培训情况等。

5. 技术要求

5.1　人员

5.1.1　实验室应有与其从事检测和/或校准活动相适应的专业技术人员和管理人员。实验室应使用正式人员或合同制人员。使用合同制人员及其他的技术人员及关键支持人员时,实验室应确保这些人员胜任工作且受到监督,并按照实验室管理体系要求工作。

5.1.2 对所有从事抽样、检测和/或校准、签发检测/校准报告以及操作设备等工作的人员，应按要求根据相应的教育、培训、经验和/或可证明的技能进行资格确认并持证上岗。从事特殊产品的检测和/或校准活动的实验室，其专业技术人员和管理人员还应符合相关法律、行政法规的规定要求。

5.1.3 实验室应确定培训需求，建立并保持人员培训程序和计划。实验室人员应经过与其承担的任务相适应的教育、培训，并有相应的技术知识和经验。

5.1.4 使用培训中的人员时，应对其进行适当的监督。

5.1.5 实验室应保存人员的资格、培训、技能和经历等的档案。

5.1.6 实验室技术主管、授权签字人应具有工程师以上（含工程师）技术职称，熟悉业务，经考核合格。

5.1.7 依法设置和依法授权的质量监督检验机构，其授权签字人应具有工程师以上（含工程师）技术职称，熟悉业务，在本专业领域从业3年以上。

5.2 设施和环境条件

5.2.1 实验室的检测和校准设施以及环境条件应满足相关法律法规、技术规范或标准的要求。

5.2.2 设施和环境条件对结果的质量有影响时，实验室应监测、控制和记录环境条件。在非固定场所进行检测时应特别注意环境条件的影响。

5.2.3 实验室应建立并保持安全作业管理程序，确保化学危险品、毒品、有害生物、电离辐射、高温、高电压、撞击以及水、气、火、电等危及安全的因素和环境得以有效控制，并有相应的应急处理措施。

5.2.4 实验室应建立并保持环境保护程序，具备相应的设施设备，确保检测/校准产生的废气、废液、粉尘、噪声、固废物等的处理符合环境和健康的要求，并有相应的应急处理措施。

5.2.5 区域间的工作相互之间有不利影响时，应采取有效的隔离措施。

5.2.6 对影响工作质量和涉及安全的区域和设施应有效控制并正确标志。

5.3 检测和校准方法

5.3.1 实验室应按照相关技术规范或者标准，使用适合的方法和程序实施检测和/或校准活动。实验室应优先选择国家标准、行业标准、地方标准；如果缺少指导书可能影响检测和/或校准结果，实验室应制定相应的作业指导书。

5.3.2 实验室应确认能否正确使用所选用的新方法。如果方法发生了变化，应重新进行确认。实验室应确保使用标准的最新有效版本。

5.3.3 与实验室工作有关的标准、手册、指导书等都应现行有效并便于工作人员使用。

5.3.4　需要时,实验室可以采用国际标准,但仅限特定委托方的委托检测。

5.3.5　实验室自行制订的非标方法,经确认后,可以作为资质认定项目,但仅限特定委托方的检测。

5.3.6　检测和校准方法的偏离须有相关技术单位验证其可靠性或经有关主管部门核准后,由实验室负责人批准和客户接受,并将该方法偏离进行文件规定。

5.3.7　实验室应有适当的计算和数据转换及处理规定,并有效实施。当利用计算机或自动设备对检测或校准数据进行采集、处理、记录、报告、存储或检索时,实验室应建立并实施数据保护的程序。该程序应包括(但不限于):数据输入或采集、数据存储、数据转移和数据处理的完整性和保密性。

5.4　设备和标准物质

5.4.1　实验室应配备正确进行检测和/或校准(包括抽样、样品制备、数据处理与分析)所需的抽样、测量和检测设备(包括软件)及标准物质,并对所有仪器设备进行正常维护。

5.4.2　如果仪器设备有过载或错误操作或显示的结果可疑或通过其他方式表明有缺陷时,应立即停止使用,并加以明显标志,如可能应将其储存在规定的地方直至修复;修复的仪器设备必须经检定、校准等方式证明其功能指标已恢复。实验室应检查这种缺陷对过去进行的检测和/或校准所造成的影响。

5.4.3　如果要使用实验室永久控制范围以外的仪器设备(租用、借用、使用客户的设备),限于某些使用频次低、价格昂贵或特定的检测设施设备,且应保证符合本准则的相关要求。

5.4.4　设备应由经过授权的人员操作。设备使用和维护的有关技术资料应便于有关人员取用。

5.4.5　实验室应保存对检测和/或校准具有重要影响的设备及其软件的档案。该档案至少应包括:

a)设备及其软件的名称;

b)制造商名称、形式标志、系列号或其他唯一性标志;

c)对设备符合规范的核查记录(如果适用);

d)当前的位置(如果适用);

e)制造商的说明书(如果有),或指明其地点;

f)所有检定/校准报告或证书;

g)设备接收/启用日期和验收记录;

h)设备使用和维护记录(适当时);

i)设备的任何损坏、故障、改装或修理记录。

5.4.6　所有仪器设备(包括标准物质)都应有明显的标志来表明其状态。

5.4.7 若设备脱离了实验室的直接控制,实验室应确保该设备返回后,在使用前对其功能和校准状态进行检查并能显示满意结果。

5.4.8 当需要利用期间核查以保持设备校准状态的可信度时,应按照规定的程序进行。

5.4.9 当校准产生了一组修正因子时,实验室应确保其得到正确应用。

5.4.10 未经定型的专用检测仪器设备需提供相关技术单位的验证证明。

5.5 量值溯源

5.5.1 实验室应确保其相关检测和/或校准结果能够溯源至国家基准。实验室应制定和实施仪器设备的校准和/或检定(验证)、确认的总体要求。对于设备校准,应绘制能溯源到国家计量基准的量值传递方框图(适用时),以确保在用的测量仪器设备量值符合计量法制规定。

5.5.2 检测结果不能溯源到国家基准的,实验室应提供设备比对、能力验证结果的满意证据。

5.5.3 实验室应制定设备检定/校准的计划。在使用对检测、校准的准确性产生影响的测量、检测设备之前,应按照国家相关技术规范或者标准进行检定/校准,以保证结果的准确性。

5.5.4 实验室应有参考标准的检定/校准计划。参考标准在任何调整之前和之后均应校准。实验室持有的测量参考标准应仅用于校准而不用于其他目的,除非能证明作为参考标准的性能不会失效。

5.5.5 可能时,实验室应使用有证标准物质(参考物质)。没有有证标准物质(参考物质)时,实验室应确保量值的准确性。

5.5.6 实验室应根据规定的程序对参考标准和标准物质(参考物质)进行期间核查,以保持其校准状态的置信度。

5.5.7 实验室应有程序来安全处置、运输、存储和使用参考标准和标准物质(参考物质),以防止污染或损坏,确保其完整性。

5.6 抽样和样品处置

5.6.1 实验室应有用于检测和/或校准样品的抽取、运输、接收、处置、保护、存储、保留和/或清理的程序,确保检测和/或校准样品的完整性。

5.6.2 实验室应按照相关技术规范或者标准实施样品的抽取、制备、传送、贮存、处置等。没有相关的技术规范或者标准的,实验室应根据适当的统计方法制定抽样计划。抽样过程应注意需要控制的因素,以确保检测和/或校准结果的有效性。

5.6.3 实验室抽样记录应包括所用的抽样计划、抽样人、环境条件、必要时有抽样位置的图示或其他等效方法,如可能,还应包括抽样计划所依据的统计方法。

5.6.4 实验室应详细记录客户对抽样计划的偏离、添加或删节的要求,并告知相关人员。

5.6.5　实验室应记录接收检测或校准样品的状态,包括与正常(或规定)条件的偏离。

5.6.6　实验室应具有检测和/或校准样品的标志系统,避免样品或记录中的混淆。

5.6.7　实验室应有适当的设备设施贮存、处理样品,确保样品不受损坏。实验室应保持样品的流转记录。

5.7　结果质量控制

5.7.1　实验室应有质量控制程序和质量控制计划以监控检测和校准结果的有效性,可包括(但不限于)下列内容:

a)定期使用有证标准物质(参考物质)进行监控和/或使用次级标准物质(参考物质)开展内部质量控制;

b)参加实验室间的比对或能力验证;

c)使用相同或不同方法进行重复检测或校准;

d)对存留样品进行再检测或再校准;

e)分析一个样品不同特性结果的相关性。

5.7.2　实验室应分析质量控制的数据,当发现质量控制数据将要超出预先确定的判断依据时,应采取有计划的措施来纠正出现的问题,并防止报告错误的结果。

5.8　结果报告

5.8.1　实验室应按照相关技术规范或者标准要求和规定的程序,及时出具检测和/或校准数据和结果,并保证数据和结果准确、客观、真实。报告应使用法定计量单位。

5.8.2　检测和/或校准报告应至少包括下列信息:

a)标题;

b)实验室的名称和地址,以及与实验室地址不同的检测和/或校准的地点;

c)检测和/或校准报告的唯一性标志(如系列号)和每一页上的标志,以及报告结束的清晰标志;

d)客户的名称和地址(必要时);

e)所用标准或方法的识别;

f)样品的状态描述和标志;

g)样品接收日期和进行检测和/或校准的日期(必要时);

h)如与结果的有效性或应用相关时,所用抽样计划的说明;

i)检测和/或校准的结果;

j)检测和/或校准人员及其报告批准人签字或等效的标志;

k)必要时,结果仅与被检测和/或校准样品有关的声明。

5.8.3　需对检测和/或校准结果做出说明的,报告中还可包括下列内容:

a)对检测和/或校准方法的偏离、增添或删节,以及特定检测和/或校准条件信息;

b)符合(或不符合)要求和/或规范的声明;

c)当不确定度与检测和/或校准结果的有效性或应用有关,或客户有要求,或不确定度影响到对结果符合性的判定时,报告中还需要包括不确定度的信息;

d)特定方法、客户或客户群体要求的附加信息。

5.8.4　对含抽样的检测报告,还应包括下列内容:

a)抽样日期;

b)与抽样方法或程序有关的标准或规范,以及对这些规范的偏离、增添或删节;

c)抽样位置,包括任何简图、草图或照片;

d)抽样人;

e)列出所用的抽样计划;

f)抽样过程中可能影响检测结果解释的环境条件的详细信息。

5.8.5　检测报告中含分包结果的,这些结果应予清晰标明。分包方应以书面或电子方式报告结果。

5.8.6　当用电话、电传、传真或其他电子/电磁方式传送检测和/或校准结果时,应满足本准则的要求。

5.8.7　对已发出报告的实质性修改,应以追加文件或更换报告的形式实施;并应包括如下声明:"对报告的补充,系列号……(或其他标志)",或其他等效的文字形式。报告修改应满足本准则的所有要求。

若有必要发新报告时,应有唯一性标志,并注明所替代的原件。

二、《实验室资质认定评审准则》主要修订内容

《评审准则》首次提出了"实验室应当不受任何来自内外部的不正当的商业、财务和其他方面的压力和影响,并防止商业贿赂"。提出质检机构应遵守"三不得的规定"。

提出实验室及其人员对国家秘密、商业秘密和技术秘密负有保密义务,并有相应措施,包括保护电子存储和传输结果的措施。

明确提出最高管理者和技术管理者的变更需报发证机关或其授权的部门确认。

将质检机构内的人员分为管理、操作和核查三类,并要求规定其职责、权力和相互关系。

明确质量监督员应对检测/校准的关键环节进行监督。

明确质检机构可以根据专业的多少决定技术管理者，它可以是"一名技术负责人"，也可以是"一名技术负责人和多名技术主管"组成。

将"质量体系"修改为"管理体系"。

明确"分包部分的技术能力不能计算在本质检机构的技术能力之内，不能写入实验室最终通过资质认定考核的项目表中"。

"合同评审"为新增的要素。

明确"投诉"是指客户的不满意或抱怨；"申诉"是指客户的不同意、异议或争辩。

"纠正措施、预防措施及改进"为新增要素。提出"潜在不符合"的概念，并要求在确定了潜在不符合的原因时，应采取预防措施。

明确在内部审核过程中，在本单位资源允许的条件下，内审员应独立于被审核的工作。

明确了管理评审时应输入的若干相关因素。

明确了质检机构可以使用劳动合同制人员。使用劳动合同制人员及其他技术人员及关键支持人员时，质检机构应确保这些人员胜任工作且受到监督，并按照质检机构的管理体系要求工作。

要求从事特殊产品的质检机构，其专业技术人员和管理人员还应符合相关法律、行政法规的规定，取得相应的资质。

明确提出"使用培训中的人员时，应对其进行适当的监督"。

明确提出"质检机构的技术主管和授权签字人应具有工程师以上技术职称的要求"。

明确提出"在安全方面不能满足要求的质检机构，不能通过资质认定"。

明确了"国际标准不能直接作为实验室资质认定项目的依据"。

当实验室采用国际标准时，仅限于特定委托方的委托检测。

明确质检机构自行制定的非标方法，经确认后，可以作为资质认定项目，但仅限于特定委托方的检测。

明确检测和校准方法的偏离除了质检机构负责人批准和客户接受外，必须有相关技术单位验证其可靠性或经有关主管部门核准后才能实施。

要求仪器设备（重要的、关键的、操作技术复杂的）由经过授权的人员操作。

保存仪器设备档案的内容中，增加了计算机软件的要求。

明确提出当设备脱离了实验室的直接控制时，实验室应确保该设备返回后，在使用前对其功能和校准状态进行检查并能显示满意效果。注意：质检机构本身携带至现场使用的仪器设备不属于脱离控制的范畴，应采取相应的控制措施。

明确提出"期间核查"的要求。

明确提出仪器设备"修正因子"的正确应用。

本条款明确了质检机构应确保检测／校准结果的溯源，计量仪器设备（工作器具)并不要求检定／校准的连续性。

明确提出实验室应根据规定的程序对参考标准和标准物质也应进行"期间核查"（因其也存在短期和长期的变化）。

"结果质量控制的要求"在老《评审准则》中是作为内部审核和管理评审中的一个内容，而新《评审准则》单独将其作为一个要素列出，要求质检机构必须实施。

新《评审准则》对于检测/校准报告中信息的要求，分成必须（至少）有的（11 项）、对检测/校准结果要做出说明的（4 项）、含有抽样的（6 项）三种情况，分别提出了要求。

对于老《评审准则》中原有的内容，新《评审准则》删除的部分：

设施和环境条件要素中对程序文件要求的内容；

管理评审要素中对质量体系每年至少评审一次的提法；

删除"当没有国际、国家、行业地方规定的检验方法时，实验室应尽可能选择国际或国家标准中已经公布或由知名的技术组织或有关文献或杂志上公布的方法"的内容。

§3.2　防雷检测机构管理体系的建立与运行

实验室向社会提供的检验数据，能否得到社会各方面的承认和信任，已成为关系到实验室能否适应市场需要，关系到实验室生存与发展的首要问题。只有重视检验工作的质量，保证出具的检验数据准确、可靠、可信，才可能赢得社会各方面的信赖，也才可能树立权威性。尤其是像防雷检测机构这样的新兴实验室，发展的时间较短，没有更多的经验积累，而且承担的是极其重要的涉及人员生命和财产安全的检测任务，更应重视检验工作质量，满足社会对检验数据的质量要求。必须引入实验室管理体系概念，对影响检验数据的诸多因素进行全面的控制，将检验工作的全过程以及涉及的其他方面，作为一个有机的整体，系统地把影响检验质量的技术、人员、资源等因素及其质量过程中各个活动的相互联系和相互关系加以有效地控制，解决管理体系运行中的问题，使管理体系不断完善，才能保证检验数据的真实可靠和准确公正。

一、管理体系的构成

管理体系是为实施质量管理所需的组织结构、程序、职责、过程和资源。

管理体系包括硬件和软件。

（1）组织结构：人员的职责权限和相互关系的安排。防雷实验室要建立与管理体系相适应的组织结构，一般要做以下几方面的工作：

①设置检验部门，应能适应不断发展的防雷技术和防雷市场；

②确立管理部门，综合协调，严把质量关。管理人员与检测技术人员的比例应

恰当；

③确定各部门职责范围及相应关系，质量要求落实到人头，职责分明；

④配备足够的资源，保证检验质量不受其影响。尤其是防雷检测的装备水平应加紧提高。

（2）程序：为进行某项活动或过程所规定的途径。

注1：程序可以形成文件，也可以不形成文件。

注2：当程序形成文件时，通常为"书面程序"或"形成文件的程序"。含程序的文件称为"程序文件"。

目前，我国防雷检测工作开展得较好的一些防雷中心已有了一些较为完整的程序文件。但这些文件还应经过一定时期的实践考验，不断修订、完善，才能适应工作质量要求。

（3）职责：明确规定各个检验部门和相关人员的岗位职责。使实验室的每个工作人员明确自己的工作任务，各司其职。可以在实验室、办公室醒目处悬挂各岗位职责匾牌，时刻提醒每个工作人员，也可以供用户监督。

（4）过程：一组将输入转化为输出的相互关联或相互作用的活动。

①任何一个过程都有输入和输出。

②输入是实施过程的基础，输出是完成过程的结果。

③过程包含价值的转换。

④过程应处于受控状态。

（5）资源：人、财（资金）、物（设备、设施）、技术和方法，是质量体系的硬件。这是实验室管理层的主要任务。有了高素质的技术人员和管理人员及精良的专业检测装备，才有可能有高质量的检验结果。这也是我国各级防雷检测机构急需加强和提高的薄弱环节。

二、管理体系特性

管理体系特性主要有系统性、全面性、有效性和适应性四个方面体现。

（1）系统性：实验室建立的管理体系是为实施质量管理根据自身的需要确定其体系要素，对质量活动中的各个方面综合起来的一个完整的系统。管理体系各要素之间不是简单的集合，而是具有一定的相互依赖、相互配合、相互促进和相互制约的关系，形成了具有一定活动规律的有机整体。在建立管理体系时必须树立系统的观念，才能确保实验室质量方针和目标的实现。

（2）全面性：管理体系应对质量各项活动进行有效的控制。对检验报告质量形成进行全过程、全要素、全方位（硬件、软件、物资、人员、报告质量、工作质量）控制。

（3）有效性：实验室管理体系的有效性，体现在管理体系应能减少、消除、预防质量缺陷的产生,一旦出现质量缺陷能及时地分析和迅速纠正并使各项质量活动都处于受控状态。体现了管理体系要素和功能上的有效性。

(4)适应性:管理体系能随着所处内外环境的变化和发展进行修订补充,以适应变化的需要。

实验室根据《评审准则》的要求,综合自身的特点,建立管理体系时,应注意管理体系应具备的几个功能:

(1)管理体系能够对所有影响实验室质量的活动进行有效的和连续的控制;

(2)管理体系能够注重并且能够采取预防措施,减少或避免问题的发生;

(3)管理体系具有一旦发现问题能够及时做出反应并加以纠正的能力。

实验室只有充分发挥管理体系的功能,才能不断完善和健全管理体系,并使之有效运行,只有这样才能更好地实施质量管理,达到质量目标的要求,所以说管理体系是实施质量管理的核心。

三、质量管理的八项原则

1. 以顾客为关注焦点:组织依存于其顾客。组织应理解顾客当前的和未来的需求,满足顾客要求并争取超过顾客的期望。

2. 领导作用:领导者建立统一的宗旨及方向,他们应当创造并保持使员工能充分参与实现组织目标的内部环境。

3. 全员参与:各级人员是组织之本,只有他们的充分参与,才能使他们的才干为组织带来收益。

4. 过程方法:将活动和相关资源作为过程进行管理,可以更高效地得到期望的结果。

5. 管理的系统方法:将相关联的过程作为系统加以识别、理解和管理,有助于组织提高实现目标的有效性和效率。系统的特点之一就是通过各分系统的协调作用,相互促进,使总体的作用往往大于各分系统的作用之和。

6. 持续改进:持续改进整体业绩应是组织的一个永恒目标。

7. 基于事实的决策方法:有效决策建立在数据和信息分析的基础上。

8. 与供方互利的关系:组织与供方是相互依存的,互利的关系可增强双方创造价值的能力。

四、建立管理体系

1. 组织准备阶段

(1)领导统一认识阶段;

　(2)编制工作计划;

　(3)宣传培训、全员参与;

　(4)组成工作小组。

2. 体系分析阶段

(1)收集资料;

(2)确定实验室的质量方针和质量目标;

(3)分析现状、确定过程和要素。

3. 体系文件化阶段

(1)制订编制质量体系文件计划;

(2)编制指导性文件;

(3)确定机构,分配质量职责;

(4)编制管理体系文件;

(5)发布管理体系文件。

通过以上步骤,管理体系就可以进入试运行阶段。

五、编制管理体系文件

1. 管理体系文件

(1)文件:信息及承载媒体;

(2)文件的价值;

(3)管理体系文件类型:

　　①质量手册;

　　②质量计划;

　　③规范;

　　④指南;

　　⑤程序;

　　⑥作业指导书和图样;

　　⑦记录。

(4)管理体系文件的特点:

　　①法规性;

　　②唯一性;

　　③适应性。

(5)管理体系文件的层次:

管理体系文件一般包括 A、B、C、D 四个层次,分别为质量手册、程序文件、作业指导书、各类工作文件,见图 3-1。

（6）管理体系文件的基本要求：

　　①系统性；

　　②协调性；

　　③唯一性；

　　④适用性。

2. 管理体系文件的编写方法

（1）自上而下依次展开；

（2）自下而上；

（3）从程序文件开始，向两边扩展。

3. 管理体系文件的编写过程：

图 3-1　管理体系文件的层次

管理体系文件的编写过程包括调查策划阶段、管理体系文件的编写阶段、管理体系文件的宣传贯彻、管理体系试运行阶段。

管理体系文件的编写是一项非常烦琐的艰巨任务，它需要由具有专业素质的一批人来认真编写。防雷产品质量检验机构由于成立时间较短，经验不足，所以编写难度更大。

六、质量手册的编写

1. 质量手册：

这里手册是阐明一个组织的质量方针并描述其质量体系的文件。它的内容范围涉及一个实验室的全部检验活动。

2. 质量手册的基本结构及内容：

封面；

批准页；

前言；

主题内容及适用范围；

定义及缩略语（必要时）；

质量手册的管理；

质量方针和质量目标；

组织结构；

与检验质量有关的部门和人员的职责、权利和相互关系；

组织结构框图；

监督网框图和监督人员的任职条件、职责、权利及人数比例；

防止不恰当干扰，保证公正性、独立性的措施；

参加比对和验证实验的组织措施；

质量体系要素描写；

目的范围；

负责和参与部门；

达到要素要求所规定的程序；

开展活动的时机、地点及资源保证；

支持文件；

支持性资料目录。

七、程序文件的编写

1. 程序文件

质量体系文件中的程序文件是规定实验室质量活动方法和要求的文件,是质量手册的支持性文件。质量体系所选定的每个要素或一组相关的要素一般应该形成书面程序。

2. 程序文件的内容和格式

封面。

刊头。

正文。

目的、适用范围:简要说明开展这项活动的作用和重要性及其涉及的范围。

职责:明确实施这项程序有关部门人员的职责、相互关系。

工作程序:按顺序列出该项活动的细节。明确输入、输出和整个流程中各个环节的交换内容,对人员、设备、材料和信息等方面的具体要求。阐明规定应做的工作和执行者,在何时、何地进行,所使用的仪器设备、依据的文件、控制方式、记录要求及特殊情况处理等。

相关文件:包括相关的体系文件和对应的记录。

刊尾。

在必要时对有关情况加以说明(如文件编制或修订的有关说明)。

3. 程序文件编写要点

(1)程序文件至少应包括:责任、完成活动和验证的方法、有关的记录。

(2)"最好、最实际"原则。

(3)5W1H 原则。

(4)职责落实。

(5)接口处理清楚。

(6)文字精练、准确、通顺。

(7)使用便于文件管理的格式。

4. 应编写的程序文件

文件控制程序；

量值溯源程序；

开展新工作的评审程序；

校准(检定)/检测程序；

样品处理程序；

设备维护程序；

实验室间比对/能力验证程序；

标准物质的使用程序；

内部质量控制程序；

发现结果差异或偏离程序时的纠正程序；

例外情况下允许偏离的程序；

申诉处理程序；

保密和保护所有权的程序；

内审程序；

管理评审程序；

现场检测/校准的质量控制程序；

人员培训管理程序；

运行检查程序；

自动化监测控制程序；

不确定度评定与表述程序；

检测/校准业务受理(合同评审)程序；

抽样程序；

记录和数据控制程序；

报告/证书管理、控制程序；

检测/校准分包工作程序；

外购控制程序。

八、质量计划的编写

1. 质量计划

质量计划是针对特定的产品、项目或合同,规定专门的质量措施、资源和活动顺序的文件。

2. 质量计划的主要内容

项目内容、质量目标、该项目各阶段有关部门的职责、特殊程序和方法、所使用仪器设备及其配置要求、检验指导书(实施细则)、检验人员的培训、检验记录的要求、主要阶段验证和审核大纲、计划修订等内容。

3. 质量计划的编制要求

要与实验室的质量方针、已有的管理体系文件协调一致；

要针对其特殊性和单一性制订明确的质量目标；

要围绕目标制订实用、有效的措施，具有可操作性；

对质量计划的内容及格式做出统一规定。

九、质量记录的编写

1. 质量记录应能客观反映质量活动和体系运行的实际情况，是质量活动追踪和预防的依据。大量的质量记录以表格的形式表述。

记录分管理记录和技术记录两大类。

管理记录是实验室管理体系活动中产生的记录：包括内审、管理评审、质量监督、纠正和预防措施、客户满意度调查、客户申诉和投诉、文件回收、人员培训及考核等管理体系活动中产生的记录。

技术记录是实验室开展设备、装置检测活动中产生的记录，包括检测原始记录、委托检测协议书、检测任务委派书、比对能力验证记录、检测仪器设备的相关记录等。

2. 质量记录的要求

（1）便于管理，易于操作，具有很强的追溯性；

（2）信息完整，技术性记录、管理性记录。

（3）检验记录表的编制要求：检验表格栏目要适当；检验表格要规范化；具有唯一性标志，便于归档、检索。

十、管理体系的运行

1. 实验室的领导要重视管理体系的运行，做好管理评审。

2. 全员参与，不断增强建立良好实验室的信心和机制。

3. 建立监督机制，保证工作质量。

4. 认真开展审核活动，促进管理体系的不断完善。

5. 加强纠正措施的落实，改善管理体系运行水平。

6. 适应市场经济，不断壮大自己，提高检验能力。

以上关于检测机构管理体系的建立与运行只是提纲挈领地做了介绍，若需要深入了解，可以参阅相关专业书籍。对年轻的防雷工程质量检验机构而言，质量管理手册的编写，管理体系工作文件的编写，工作量相当浩繁。各种表格、报告、作业指导书等质量管理文件的编写更是没有先例，需要不断总结、调整、修订。

图 3-2 是供参考的防雷工程检测工作中确保客户利益，允许客户抱怨的申诉投诉处理保证框图例，图 3-3 是追究相关人员责任的防雷检测质量事故处理框图例。

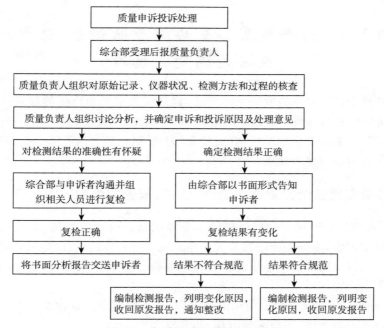

图 3-2　申诉投诉处理保证框图例

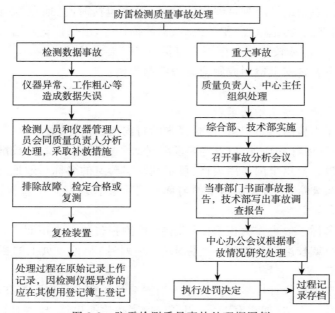

图 3-3　防雷检测质量事故处理框图例

§3.3 防雷装置安全检测原始记录、证书和报告的编制与填写

证书和报告是实验室检验的最终产品,也是实验室工作质量的最终体现。证书和报告的准确性和可靠性,直接关系顾客的切身利益,也关系到实验室自身的形象和信誉。现以防雷装置安全检测机构(实验室)为例,讨论防雷装置安全检测原始记录、证书和报告的编制与填写要求。

一、防雷装置安全检测原始记录、证书、报告的编制

1. 按"评审"要求,证书和报告应科学合理地精心设计与编排,有关数据的表达应使读者易于理解,不同类型的检验报告格式可以逐一专门设计,也可将它们综合设计在一起。应尽可能向国际通用的报告格式靠拢。时机成熟时,应在全国范围内统一防雷装置安全检测原始记录、证书和报告等的格式。

2. 记录编制的格式一般由使用部门提出,经质量负责人或技术负责人批准后方可使用。格式一经批准,不得随意改动,并及时存档。

3. 各类记录的编制应考虑其充分性及各项内容的必要性,以确保全面、有效地记录各类信息。原始记录应有足够的信息,一般应包括时间、地点、项目、仪器设备、环境设施、采用方法、实施过程、相关人员、样品描述等,以保证记录活动可再现。

4. 每份检测和/或校准报告至少应包括"评审"要求的信息:

下面以防雷装置安全检测原始记录表编制为例:

(1)标题

防雷装置安全检测原始记录表。

标题常常作为检测原始记录、检测报告的封皮正面内容。

(2)实验室的名称和地址,以及与实验室地址不同的检测和/或校准的地点

原始记录表若使用全国通用表格,可不填写实验室的名称与地址,证书和报告一般加盖检测机构公章(包含了实验室的名称);防雷装置现场进行检验的地点与委托方的地址相同。

实验室的名称一般也作为检测原始记录、检测报告的封皮正面内容。

(3)检测和/或校准报告的唯一性标志(如系列号)和每一页上的标志,以及报告结束的清晰标志

一般可在左上角设计序号(编号)作为档案编号。在编号中可按在质量管理手册中规定的编号编制方法(如果有的话)用多位数字将检测单位、检测日期、检测小组等信息表达出来,便于内部管理。

一般可在右上角注明"第　页,共　页"标志,以防缺页引起数据丢失。

(4)客户的名称和地址(必要时)

应设受检单位的信息如单位名称、地址、对口管理部门、安全负责人、电话联系方式等的栏目。

(5)所用标准或方法的识别

对所采用检验方法的标志,或者对所采用的任何非标准方法的明确说明。应设依据标准或规程等栏。对于通用的防雷标准(如 GB 50057—2010 建筑物防雷设计规范)可直接印制在表格上。一次检验可能使用多个标准或规范,都必须标明。

(6)样品的状态描述和标志

应设有包括防雷装置的编号、位置、防雷装置及被保护物的名称等栏。一般还须另附防雷装置平面布置图。

应有例如建筑物的防雷分类,建(构)筑物的长、宽、高,防雷装置的材料、规格、焊接工艺、锈蚀情况、布置等栏。应按防雷装置安全检测技术规范的要求编制足够的栏目。

(7)样品接收日期和进行检测和/或校准的日期(必要时):

应设有现场检验的日期位置。

(8)如与结果的有效性或应用相关时,所用抽样计划的说明:

对于数量太大,需要分年轮流检测的防雷装置(例如大量的等电位连接点、千余个输变电杆塔等),可以在适当的位置说明抽样程序和方法。对含抽样的检测报告,应包括下列内容:

a)抽样日期;

b)与抽样方法或程序有关的标准或规范,以及对这些规范的偏离、增添或删节;

c)抽样位置,包括任何简图、草图或照片;

d)抽样人;

e)列出所用的抽样计划;

f)抽样过程中可能影响检测结果解释的环境条件的详细信息。

(9)检测和/或校准的结果

根据需要可设保护情况、接地电阻、焊接情况、防腐情况、断接卡连接电阻、窗口状态、标称放电电流(kA)、启动电压(V)、漏电流(μA)、绝缘电阻(MΩ)、电压保护水平(kV)、检测结论等多个栏目。

需对检测和/或校准结果作出说明的,报告中还可包括下列内容:

a)对检测和/或校准方法的偏离、增添或删节,以及特定检测和/或校准条件信息。

影响防雷工程检测质量的主要是电磁环境和天气状况等,故可设天气状况、地电压干扰等栏。

测量、检查和导出的结果(适当地辅以表格、图、简图和照片加以说明),以及对结果失效的证明。

b)符合（或不符合）要求和/或规范的声明。

c)当不确定度与检测和/或校准结果的有效性或应用有关，或客户有要求，或不确定度影响到对结果符合性的判定时，报告中还需要包括不确定度的信息；

应设检测仪器的型号和编号栏，以帮助估算检验结果不确定度。若有成熟合理的防雷装置检验结果不确定度分析方法，可直接标示检验结果不确定度。

d)特定方法、客户或客户群体要求的附加信息。

（10）检测和/或校准人员及其报告批准人签字或等效的标志

原始记录表应有至少两级以上签字栏：例如检测人、复测人等；证书、报告应有三级以上签字栏：例如检测人、复测人、批准人等，证书和报告不仅应有检测日期栏，还应有签发日期栏。

签发人应由检测单位负责人用黑色的钢笔或碳素笔签署，不应打印。检测单位（公章）应盖法定检测单位的公章，不应盖检测专用章，分类检测表的技术评定盖检测专用章。

（11）必要时，结果仅与被检测和/或校准样品有关的声明

例如加设"此结论仅对被检防雷装置有效"字样等。

（12）未经实验室书面批准，不得复制检验证书或报告（完整复制除外）的声明

例如设"本报告未加盖本所印章无效"字样等。

以上一些信息一般可在技术报告的封皮背面集中写明，例如，在背面为检测报告作的相关说明：

——根据国家有关法律规定，投入使用后的防雷装置实行定期检测制度。防雷装置检测每年一次，重雷区和易燃易爆危险场所的防雷装置每半年检测一次。

——本报告结论仅对被检防雷装置有效。

——检测报告必须有相关人员签字，并盖"检测单位公章"和"检测专用章"方能有效。

——检测报告严禁私自涂改、复制。

——检测报告是雷击事故责任界定的主要依据，请妥善保存。

——对检测报告有异议者，在收到检测报告之日起十五日内向检测单位提出，逾期不予受理。

——遭受雷电灾害的单位和个人，应及时向当地气象防雷减灾主管机构报告，以便做好事故调查分析和鉴定工作。

5. 防雷装置安全检测原始记录、证书、报告例（仅供参考）：

列出了建（构）筑物避雷装置检测原始记录表，SPD 安装性能检测报告表，防雷检测（电气装置）原始记录表，低压配电系统防雷装置安全检测报告表，计算机房防雷装置安全检测报告表。在附录 F 中还有 GB/T 21431—2008 提供的资料性附录——防雷装置检测业务表格式样。

建(构)筑物避雷装置检测原始记录表

编号：　　　　　　　　　　　　　　　　　　　　　　　　　共 页 第 页

受检单位		联系部门		安全负责人	
单位地址		邮政编码		联系电话	
被检建筑物名称		长(m)×宽(m)×高(m)		防雷类别	
检测仪器及编号					
依据标准	GB 50057—2010				

接闪器检测	类型及布置		材料及规格(mm)		性能状况	
	高度(m)		保护情况		防腐情况	
	排放管或其他金属构件有无及位置：					
	检测结论：					

防侧击雷措施与均压环检测	均压环间距(m)：				等电位连接情况：	
	测点编号					
	测点位置					
	工频接地电阻(Ω)					
	检测结论：					

引下线	类型		紧固情况		分布情况	
	材料		焊接情况		平均间距	
	规格(mm)		防腐情况		断接卡连接电阻	
	检测结论					

接地装置检测	接地装置形式				干扰地电压(V)	
	测点编号					
	测点位置					
	工频接地电阻(Ω)					
	检测结论：					

室内外金属构件接地情况		平行金属物距离		跨接点距离	

检测结论：

有无防雷电反击措施：

防雷电波入侵措施：

防雷电波入侵措施检测	低压线路引入方式：		SPD 型号	
	引出室外的架空金属管道接地间距：		SPD 工频接地电阻(Ω)	
	架空金属管道接地工频电阻：		漏电流(μA)	
	SPD 安装地点：		运行情况	

建筑物内危险品名称及使用情况：

检测结论		此结论仅对被检防雷装置有效

检测日期：　　年 月 日 天气：　　检测人：　　　　复测人：　　　　现场负责人：

SPD 安装性能检测报告表

编号：共　页　第　页

受检单位		地址		邮政编码	
管理部门		安全负责人		电话	

检测仪器及编号：

依据标准：《建筑物防雷设计规范 GB 50057—2010》、《接至低压配电系统的浪涌保护器 IEC61643》

SPD 型号及编号	
安装位置	
SPD 类型	
窗口状态	
$I_{imp}\ I_{peak}\ I_n$(kA)	
启动电压 U_{1mA}(V)	
漏电流 I_{le}(μA)	
绝缘电阻(MΩ)	
电压保护水平(kV)	
SPD 断路器规格(A)	
两端接线长度(m)	
接地线长度(m)	
接地线规格(mm^2)	
接地电阻(Ω)	
SPD 之间间距(m)	
退耦装置类型	
退耦装置规格	
安装工艺	
检测结论（仅对被检防雷装置有效）	

历次雷击情况	雷击时间	
	生命伤亡情况	
	财产损失情况	
	详细资料编号	

检测日期	年　月　日	签发日期	年　月　日	天气	
批准人		检测员		校对员	本报告未加盖本所印章无效

说明：用户对检测结果有异议，可在接到报告后 15 天内向我所或上级管理部门提出申诉。

防雷检测(电气装置)原始记录表

编号：　　　　　　　　　　　　　　　　　　　　　　　共　页　第　页

受检单位		管理部门		安全负责人	
单位地址		邮政编码		联系电话	
检测仪器型号及编号			被保护物名称		
依据标准	GB 50057—2010,IEC 61643—1				

土壤电阻率(Ω·m)

测量地点		$a=$___ m	$a=$___ m	$a=$___ m	$a=$___ m	$a=$___ m
$\rho=2\pi aR(\Omega\cdot m)$						

接地电阻(Ω)检测

测点编号	1	2	3	4	5	6	7	8	9	10
测点位置										
接地电阻(Ω)										

SPD检测

编号	型号	安装位置	测量位置	启动电压(V)	漏电流(μA)	绝缘电阻(MΩ)	连线长度(m)	连线方式	连线规格(mm²)
___级									
___级									
___级									

功率测量

测量位置	有功功率(W)	视在功率(VA)	无功功率(Var)	功率因数 PF

相位旋转测量

相位	U12(V)	U13(V)	U23(V)
电压			

RCD检测

编号	安装位置	跳闸电流(mA)	跳闸时间(s)　($I\Delta n=$___ mA)			接触电压 U_C(V)
			$1\,I\Delta n$	$2\,I\Delta n$	$5\,I\Delta n$	

（续表）

故障回路阻抗及预期短路电流测试			
测量位置	$R(\Omega)$	$XI(\Omega)$	$Z_{LOOP}(\Omega)$	$I_{sc}(A)$

线路阻抗及预期短路电流测试			
测量位置	$R(\Omega)$	$XI(\Omega)$	$Z(\Omega)$	$I_{sc}(A)$

N—PE 环路电阻及预期短路电流测试				
测量位置	$R_{LOOP}(\Omega)$	$I_{sc}(A)$	测量位置	$R_{LOOP}(\Omega)$	$I_{sc}(A)$

电流、峰值电流、漏电流、频率、零地电压				
测量位置	$I(A)$	$I_{max}(A)$	漏电流(mA)	$f(Hz)$	$U_{1-pe}(V)$

谐波检测													
测量位置	$I(A)$	THD	$I1$	$I3$	$I5$	$I7$	$I9$	$I11$	$I13$	$I15$	$I17$	$I19$	$I21$
	$U(V)$	THD	$U1$	$U3$	$U5$	$U7$	$U9$	$U11$	$U13$	$U15$	$U17$	$U19$	$U21$
测量位置	$I(A)$	THD	$I1$	$I3$	$I5$	$I7$	$I9$	$I11$	$I13$	$I15$	$I17$	$I19$	$I21$
	$U(V)$	THD	$U1$	$U3$	$U5$	$U7$	$U9$	$U11$	$U13$	$U15$	$U17$	$U19$	$U21$

等电位连接、导体连续性、过渡电阻测试（应不大于 0.03Ω）			
测量位置	电阻(Ω)	测量位置	电阻(Ω)

绝缘电阻测试				
测量位置				
电阻(MΩ)				

检测日期：　年　月　日　天气：　检测人：　复测人：　现场负责人：

低压配电系统防雷装置安全检测报告表

编号：　　　　　　　　　　　　　　　　　　　　　　　　共　页　第　页

受检单位：	地址：	邮政编码：
管理部门：	安全负责人：	电话：

检测仪器及编号：

依据标准：《建筑物防雷设计规范 GB 50057—2010》、《低压配电设计规范 GB50054—95》、《仪器操作指导书》

1　基本检测

序号	检测项目	检测结果		结论
1	变压器处 SPD	高压侧型号		
		低压侧型号		
		工频接地电阻 $R(\Omega)$		
2	供电形式			
3	保护级别			
4	线路入户形式			
5	重复接地情况			
6	输电线型号			
7	输电线耐压水平			
8	配电室布线方式			
9	配电室电压（V）			
10	电源频率（Hz）			
11	绝缘电阻（MΩ）			
12	配电室温、湿度			
13	保护模式			
14	零、地电位差（V）			
15	地电压（V）			

2　SPD 检测

安装位置	SPD型号	启动电压	漏电流	接地电阻	绝缘电阻	电压保护水平	SPD断路器	漏电电流保护器	接地线长度	接地线规格	安装工艺

检测日期：　　年　月　日　天气：

检测人：　　　　　复测人：　　　　　批准人：　　　　　　　批准日期：

注：此检测结论仅对被检防雷装置有效，本报告未加盖本所印章无效。

计算机房防雷装置安全检测报告表

编号：　　　　　　　　　　　　　　　　　　　　　　　　　　共　页　第　页

受检单位：	地址：	邮政编码：
管理部门：	安全负责人：	电话：
检测仪器及编号：		
依据标准：《建筑物防雷设计规范 GB 50057—2010》、《电子计算机机房设计规范 GB50174—93》		

一、机房环境与设备位置

检测项目	检测结果	检测项目	检测结果
建筑物高度(m)			
建筑物结构		设备离墙、柱、窗的距离(m)	
机房所在楼层		室内温度(℃)	
机房四周环境		室内相对湿度	
机房面积(m²)		机房类别(A/B/C)	
检测结论			

二、检测项目

1. 接闪器检测

序号	检测项目		检测结果					
1	类型	避雷针	针高：					
		避雷网	网格尺寸：					
2	材料及规格							
3	转弯、跨接情况							
4	焊接及防腐情况							
5	屋面金属构件等电位连接情况							
6	室外天线基座等电位连接							
测点编号								
电阻								

检测结论：

2. 引下线检测

序号	检测项目	检测结果	序号		检测结果
1	材料及规格		6	断接卡保护情况(明装)	
2	分布情况		7	焊接情况(明装)	
3	平均间距		8	锈蚀情况(明装)	
4	断接卡位置及连接电阻		9	紧固情况(明装)	

结论：

（续表）

3. 接地体检测

测点位置	共用接地电阻(Ω)	接地电阻(Ω)				
		防雷接地	保护接地	交流接地	直流接地	其他接地

检测结论：

4. SPD 检测

电源 SPD			天馈 SPD		
SPD 型号					
性能情况					
信号 SPD			其他		
SPD 型号					
性能情况					

检测结论：

5. 其他

序号	检测项目	检测结果	
1	防静电接地电阻		
2	静电电位		
3	防静电地板接地情况		
4	机房电磁屏蔽情况	电场：	磁场：
5	机房等电位连接情况		
6	机房等电位连接带材料及规格		
7	机房接地线规格		
8	设备等电位连接带材料及规格		
9	供配电系统制式		
10	电源入室形式		
11	机房零地电位差		

检测结论：

防雷设施检测总评（此检测结论仅对被检防雷装置有效，本报告未加盖本所印章无效）

（续表）

检测总评	防直击雷措施：		防雷电波入侵措施：			
	防侧击雷措施：		总评结论：			
	防雷电感应措施：					
检测日期	年 月 日		批准日期	年 月 日		天气
批准人		检测员		校对员		审核

计算机机房防雷检测报告

编号：   共 页 第 页

检测单位		联系负责人		电话	
被检单位		被检建筑名称			
检测依据		检测仪器型号及编号			
天气		检测日期	年 月 日		

机房环境与设备位置

序号	检测项目	检测结果	序号	检测项目	检测结果
1	大楼高度		5	大楼四周环境	
2	大楼结构		6	机房面积	
3	大楼四周建筑高度		7	设备离墙,柱,窗的距离	
4	机房楼层				

防雷设施与环境设置

序号	检测项目	检测结果	SPD 型号及编号	测量参数及位置	测量结果
1	环境温度				
2	相对湿度				
3	大楼防直击雷保护				
4	室外天线基座等电位连接				
5	室外天线基座等电位连接带规格				
6	防雷接地电阻值				
7	保护地电阻值				
8	交流工作地电阻值				
9	直流工作地电阻值				
10	静电电位				
11	静电接地电阻值				
12	机房电磁屏蔽				
13	机房等电位连接				
14	机房等电位连接带形式				
15	机房等电位连接结构				
16	机房等电位连接带材料及规格				
17	机房接地线规格				
18	设备等电位连接带规格				
19	供配电及入室形式				

检测结论：		检测人员：	
检测实施单位(章)	校核人：	技术负责人：	

说明:1.用户对检测结果有异议,可在接到报告后 15 天内向我所提出申诉。2.本报告未加盖本所印章无效。

二、记录的更改、识别、收集、索引与存档

1. 记录的更改

（1）因与实际工作不适应而需更改格式的各类记录，记录使用部门可提出文件更改申请。

（2）技术负责人和质量负责人应分别对技术记录和管理记录的更改申请及时组织会议评审，并批示处理意见。

（3）经会议评审同意更改的记录由相应人员按照原版本的生效程序实施更改。

2. 记录的识别

（1）记录的标志应能简洁、清楚地反映其类型、性质。

（2）实验室各类记录文件的编号由其名称各大写首字母和序列号组成，按《文件控制和管理程序》中"文件编号"部分的要求。

（3）同类记录的标志应具有连续性，并保证每个记录的唯一性。

3. 记录的收集、索引与存档

（1）档案管理人员负责各类记录的分类整理存放，并对各类归档记录进行登记、编制目录、建立台账，以便于查阅。

（2）各类记录应在相应活动结束后由记录人员负责收集、整理并及时移交至档案管理员进行归档。

（3）各类记录应在次年1月底整理归档完毕，电子存储记录一般应输出一份纸质记录予以保存，对需保存的光盘、U 盘等移动电子存储介质应标明所载内容目录，并由专人负责保管，并设置密码保护，未经批准不得随意查阅。

（4）纸质记录，如管理记录一般保存三年，检测报告及原始记录保存期限为两个周期以上，仪器设备档案长期保存，报废设备的档案应封存。

（5）记录保密规定：因工作需要查阅归档记录时，应按照实验室《档案管理办法》的要求办理借阅登记手续，查阅活动一般在归档处进行，如需外借或外来人员查阅记录档案均需经中心主任批准。借阅记录只能阅览，不得拆卸、调换、涂改。

三、防雷装置安全检测原始记录、证书、报告的填写要求及注意事项

各类记录应按统一格式填写。填写人员应以严肃认真、实事求是的态度做到填写内容完整、规范、正确、清晰，以满足记录真实可靠的要求。

（一）基本要求

有了符合国际上实验室通行要求的各种记录表、技术报告、证书等原始样表后，检测数据的填写、整理和打印也应符合国际通行做法，一般有以下几点要求：

1. 要遵守职业道德规范,如实填写,不许伪造。

由于防雷装置检测工作一般在现场检验,所以检测原始记录应现场填写、现场签名。各原始记录应由相应人员使用碳素笔或黑色钢笔填写,并在活动现场填写完整,严禁事后补记和誊抄。

现场记录中各项记录是现场检测情况的真实反映及编制检测报告的重要依据,应填写准确、字迹清楚。

2. 填写用词应准确,不能模棱两可。例如,不能出现"基本合格"等字样。

3. 原始记录误记部分的更改应规范,不得涂擦或粘贴,应使用"＝＝"标记,保证原记录内容的可见性,然后在其附近填写正确的记录,并有更改人的签名或盖章。原始记录可更改,证书、报告绝对不允许涂抹或更改。

4. 一份记录表只能填写同一时期,一个单位的现场检测内容。不能重复使用。

由于防雷装置检测工作有许多是周期性检验,故应防止图省事将以前用过的记录表重复记录的事情发生。

5. 对同一防雷装置进行的检测,其记录表编号应与报告、合格证、整改通知书等编号一致,并保证唯一性。

6. 所有记录必须使用法定计量单位和符号,数据有效位数、运算及数字的修约应满足各项检测有效数据的要求。

例:建筑物的长、宽、高,接闪器网格尺寸等用"米"为单位,并保留一位小数;材料规格一般用"毫米"为单位,取整数(虽然卡尺精度很高);接地电阻值用"欧姆"为单位,保留一位小数;连接电阻值用"欧姆"为单位,保留两位小数或三位小数(根据仪器精度),等等。

7. 全部记录中同一项目的名称和编号必须一致,各相关人员应签名齐全。

8. 根据实际情况,填写使用仪器型号、编号和依据标准,依据标准可有多个。

9. 填写仪器编号时应检查仪表是否在检验有效期内。

10. 各栏目不能有空白,无法填写处用"\"符号填空,剩余记录空白行可用"以下空白"字样注明或使用"\"符号填空。

11. 检测报告、证书一般要求用计算机打印,盖公章有效。

(二)防雷检测原始记录表及技术报告填写的注意事项(主要采用 GB/T 21431—2008)

1. 受检单位基本情况

(1)受检单位基本情况和防雷类别确定

受检单位基本情况包括:单位名称性质(办公、厂矿、住宅、商贸、医疗等),建(构)筑物长、宽、高,储存爆炸物质、易燃物质情况等。然后按 GB 50057 中的规定确定其防雷类别。

当受检单位建筑物可同时划为第二类和第三类防雷建筑物时,应划为第二类防雷建筑物。

当受检单位在同一地址有多处建筑物时,表格可以只填写一份;当受检单位在不同地址有多处建筑物时,表格应按不同地址填写,并归纳到同一档案编号之中。

当一座建筑物中兼有第一、二、三类防雷建筑物时,应按 GB 50057—2010 中的规定确定防雷类别。

(2)高压供电和低压配电基本情况内容

高压供电应查明架空、埋地形式,架空时是否有防雷措施(避雷线、避雷器、塔杆接地状况等),输电电压值等。

低压配电应查明变压器的防雷措施,低压配电接地形式,低压供电线路的敷设方法,总配电柜(盘)、分配电盘的位置等。

(3)保护对象基本情况内容

应查明受检单位防雷装置的主要保护对象(如:人、建筑物、重要管道、电气和信息技术设备),特别应查明被保护设备的耐用冲击电压额定值。

(4)防雷装置设置基本情况

指外部防雷装置和内部防雷装置中 SPD 的设置情况,屏蔽如有专用屏蔽室时可作说明,一般情况下屏蔽与等电位连接情况均在具体检测表格中填写。

(5)其他情况

其他需调查说明的情况,如防雷区的划分等可填入"其他情况"栏中。

2. 外部防雷装置的检测

(1)接闪器检查

①接闪器不止一种时,应分别填入"接闪器(一)"、"接闪器(二)"栏中,栏目不够时可另加纸。

②接闪器形式可按实际填入,如避雷针、网、带、线(网应标明网格尺寸)、金属屋面、金属旗杆(栏杆、装饰物、广告牌铁架)、钢罐等,应说明是否暗敷。

③检查安装情况见检测标准 5.2.2 的规定。

④首次检测时应绘制接闪器布置平面图和保护范围计算过程及各剖面图示。

⑤第一类防雷建筑物架空避雷线与风帽、放散管之间距离填入"安全距离"栏内。

(2)引下线检查和测量

①引下线检测应符合检测标准 5.3 的要求,并填入相应栏内。

②备注栏

凡表格中未包含的项目,如第一类防雷建筑物与树木的距离,避雷带跨越伸缩缝的补偿措施、接闪器上有无附着的其他电气线路、接闪器和引下线的防腐措施等。

（3）接地装置的检测

①土壤电阻率估算值可根据相关标准或参考书籍选取填入相应的栏内。

②为防止地电位反击，第一类防雷建筑物的独立地检测数值可分别填入对应的栏内，如独立地超过 6 处，栏目不够时可另加纸。

③两相邻接地装置的电气连接检测应按防雷检测标准 5.4.2.2 的规定执行，并将阻值填入相应的栏内，同时确认是否为电气导通。

④共用接地系统由两个以上地网组成时，应分别填入第一、第二地网栏内，只有一个地网时，只填第一地网，并填明地网材料、网格尺寸和所包围的面积及测得的接地电阻值。

（4）防侧击装置

当被检建筑物需防侧击时，应进行防侧击装置检测并填入表内相应栏内。

（5）外部防雷装置检测综合评价

在完成了外部防雷装置检测后，检测员（负责人）应就外部防雷装置是否符合本标准的有关规定进行综合评价，同时可提出整改意见。

3. 磁场强度和屏蔽效率的检测

（1）建筑物格栅形大空间屏蔽

①本栏适用于建筑物为钢筋混凝土（或砖混）结构，同时按闪电直接击在位于 LPZ0$_A$ 区格栅形大空间屏蔽上的最严重的情况下计算建筑物内 LPZ1 区内 V$_s$ 空间某点的磁场强度 H_1。由于首次雷击产生的磁场强度大于后续雷击产生的磁场强度，本栏只对首次雷击产生的磁场强度进行计算。

②H_1 值计算可按实际需要计算的 A、B、C 各点所在位置，分别将 d_w（该点距 LPZ1 区屏蔽壁的最短距离（m）），d_r（该点距 LPZ1 区屏蔽顶的最短距离（m）填入表格中），i_0 取 200 000 A／一类、150 000 A／二类、100 000 A／三类、ω 取屏蔽层（建筑物主钢筋）网格尺寸（m），代入公式 $H_1 = 0.01 \times i_0 \times \omega/(d_w \times \sqrt{d_r})$ 计算。

③对处于 LPZ2 区内各点（如 D 点、E 点）的磁场强度 H_2 计算应按 $H_2 = H_1/10^{SF/20}$ 公式计算，其中屏蔽系数应按 GB 50057—2010 中表 A.6.3.2 中 25 kHz 栏选取，其中要代入不同金属材料的半径值（m）。

（2）磁场强度的实测

磁场强度采用仪器实测时，可将相关数据填入对应表格中。

（3）综合评估

在对被保护设备所在位置进行磁场强度计算或实测后，应查明该位置上设备电磁兼容的磁场强度耐受值。并进行防护安全性的评估。

4. 等电位连接测试

（1）大尺寸金属物的等电位连接

大尺寸金属物是指：设备、管道、构架、电缆金属外皮、钢屋架、钢门窗、金属广告牌、玻璃幕墙的支架、擦窗机、吊车、栏杆、放散管和风管等物。其等电位连接检测应符合检测规范 5.7.2.1 的要求。

（2）平行敷设长金属物的等电位连接

平行敷设的管道、构架和电缆金属外皮等长金属物，其净距小于规定值时，应按检测规范 5.7.2.2 的规定进行检测。

（3）长金属物的弯头等连接检查

第一类防雷建筑物中长金属物连接处，如弯头、阀门、法兰盘的连接螺栓少于 5 根时，或虽多于 5 根但处于腐蚀环境中时，应用金属线跨接。应按检测规范 5.7.2.3 的规定进行检测。

（4）信息技术设备等电位连接检测

①信息技术所在空间（如计算机房）的概况含：房间在建筑物中的位置（含是否在顶层、是否处于其他房间中央等），房间的长、宽、高度，是否有防静电地板，设备数量和布置等。

②如信息技术设备的系统相对较小，采用了星型连接结构（S 型），应按检测规范 5.7.1.4 和 5.7.2.10 的要求对 ERP 处及信息设备的所有金属组件进行连接过渡电阻和绝缘电阻的测试。

③如信息系统较大，采用了网型连接结构（M 型），应按检测规范 5.7.1.4 和 5.7.2.10 的要求进行检测和测试。

5. 电涌保护器（SPD）检测

（1）连接至低压配电系统的 SPD 第一级可安装在建筑物入口处的配电柜上或与屋面电气设备相连的配电盘上，第二级可安装在各楼层的配电箱上。

（2）SPD 的检测应符合 GB/T 21431—2008 标准 5.8 的规定。

（3）表中 U_c 值应根据生产厂提供的数据抄入，同时应按检测规范中表 4 的要求进行检查。表中 I_{imp} 值或 I_n 值应根据生产厂提供的数据抄入，同时应按检测规范 5.8.2 的要求进行检查。

（4）除 U_c 和 I_{imp} 或 I_n 值外，表中其他各栏需进行实测，并按 GB/T 21431—2008 检测规范 5.8 的规定检查是否合格。

（5）连接至电信和信号网络的 SPD 的检测，与连接至低压配电系统的 SPD 基本相同，其中标称频率范围和插入损耗值应按生产厂提供的数据抄入。

四、检测报告校核审批流程

一份完整的防雷装置安全性能检测报告可以参考图 3-4 流程校核审批。

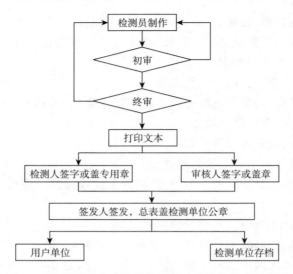

图 3-4　防雷装置安全性能检测报告校核审批流程框图

五、防雷装置安全检测原始记录、证书、报告的填写示例（参见建（构）筑物避雷设施检测原始记录表）

1. 防雷类别

可根据规范判断，填写第一、第二、第三类防雷建筑物，需要时可用文字注明其特别之处（例如特殊的使用性质等），以引起重视。

2. 防雷装置编号

使用防雷平面图编号，一般一栋建筑物只填一个装置主编号，若此建筑物有多处防雷装置时，可以加副编号，如："1-1"、"1-2"等，其余依此类推。

3. 被保护物

（1）名称填写应能说明其使用性质、危害性和结构特点 。如钢筋混凝土超高烟囱、钢质氢气罐等。

（2）高度填写建（构）物本身高，接闪器高度不计其内。

4. 接闪器

（1）类型：可填针、带、网、线、金属构件本体等。

（2）高度：$\begin{cases} 从地面计其高度的直接填高度（m）； \\ 从建（构）筑物顶计起的，数据前加 "＋" 号。 \end{cases}$

（3）材料：$\begin{cases} 填镀锌圆钢、扁钢、钢管、钢绞线等； \\ 金属构件本身为接闪器的填本件。 \end{cases}$

（4）规格：

a：圆钢、钢管等填写直径，如"Φ10 mm"。

b：扁带用"长宽"表示。如："40 mm×4 mm"等。

c：钢罐等金属构件，填写钢板厚度。

d：焊接栏填写合格、不合格。

合格：指焊接长度圆钢搭接为圆钢直径的6（双面焊）至12倍（单面焊）；扁钢搭接长度为扁钢宽度的2倍，且连续焊接、规范、饱满。

不合格：包括点焊、虚焊、搭接长度不够等。

e：腐蚀情况：填写无或锈蚀。

无：指新材料或旧材料虽锈蚀但规格无大的变化不影响散流功能，只需维护者。

锈蚀：指材料规格有较大变化，影响散流截面积甚至断开，如：某接闪器局部锈蚀，圆钢直径仅有6 mm。

f：性能状况：填写正常或不正常。

按材料、规格、焊接、锈蚀、倒伏等情况综合判断。

g：保护情况：

避雷针、线按滚球法计算；避雷网带按格栅尺寸判断。

5．引下线

类型：填写明装、暗装、结构；利用金属构件的则填写构件名称，如"金属爬梯"等。其余项目的填写同接闪器。

6．接地装置

接地装置形式可参考 IEC62305 要求填写 A 型或 B 型。也可用文字简述接地结构类型。

接地电阻一般测的是工频接地电阻，所以填 R_∞ 值。因为 $R_\infty=AR_i$，且一般情况下 $A\geqslant1$，故有 $R_\infty\geqslant R_i$，也即若所测工频接地电阻值小于标准中要求的冲击接地电阻值，则该接地装置电阻值必然合格；若所测工频接地电阻值略大于标准要求冲击接地电阻值，则应进行有关计算，将 R_∞ 换算成 R_i，以判断合格与否。

7．安装工艺：填合格或不合格。

主要检测有否歪斜、倒伏，支撑点是否牢固，引下线近地面段有无保护措施等。

8．检测结论：填写合格、不合格，或"××××合格"、"符合××××标准要求"等。

习 题 与 思 考 题

一、计量基础知识(填空)

1. 为社会提供公众数据的产品质量检验机构,必须经＿＿＿＿＿人民政府＿＿＿＿＿部门＿＿＿＿＿。

2. 对产品质量检验机构的计量认证,是考核产品质量检验机构的＿＿＿＿＿、＿＿＿＿＿和＿＿＿＿＿。证明其具有为社会提供＿＿＿＿＿的资格,并为国际产品质量检验机构的相互承认创造条件。

3. 经计量认证合格的产品质量检验机构所提供的数据,用于贸易出证,成果鉴定作为＿＿＿＿＿,具有＿＿＿＿＿。

4. 使用计量检定、测试设备的人员,应具备必要的＿＿＿＿＿和实践经验,其操作技能必须＿＿＿＿＿。

5. 测量不确定度是表征合理地赋予被测量之值的＿＿＿＿＿与＿＿＿＿＿相联系的参数,一般用＿＿＿＿＿表示。

6. 测量示值为 100.5 mm 的金属棒时,得实际值为 100.0 mm,其示值误差为＿＿＿＿＿、相对误差为＿＿＿＿＿。

7. 检测设备经计量检定合格者应在明显位置贴上＿＿＿＿＿标志。

8. 检测报告由＿＿＿＿＿填写、＿＿＿＿＿校核并签字,经＿＿＿＿＿签发,并＿＿＿＿＿。

9. 计量必须具有＿＿＿＿＿性、＿＿＿＿＿性、＿＿＿＿＿性和＿＿＿＿＿性四个特点。

10. 为保证证书、技术报告等的唯一性及防止数据丢失,一般证书、技术报告格式必须包括＿＿＿＿＿和＿＿＿＿＿信息。

11. 各级防雷工程质量检验机构在对某行业进行防雷检测时,选择使用标准的顺序是＿＿＿＿＿、＿＿＿＿＿、＿＿＿＿＿。

二、法定计量单位

1. 写出下列计量单位的符号

　(1)米　　　　(2)纳米　　　　(3)千克　　　　(4)微秒　　　　(5)毫摩尔

2. 写出下列词头名称符号及表示因数

词头名称	词头符号	表示因数
百		
微		
纳		

3. 写出下列符号的名称、定义及导出量

(1)rad/s

(2)V/m

三、误差理论

(1)什么是随机误差、系统误差和过失误差？

(2)复现性与重复性有什么差别？

(3)什么是引用误差？它对多档位测试仪表的选择和使用有何指导意义？

四、数据处理

1. 下列数据的有效位是几位？小数位是几位？

(1)20.21　　　　(2)0.120　　　　(3) 1.1

2. 修约下列数据，保留一位有效位

(1)8.4　　　　(2)8.6　　　　(3) 8.5

(4)7.5　　　　(5)6.51　　　　(6)5.49

3. 按近似规则计算

(1)508.4－21.58＋1.672

(2)211×0.11÷254

4. 某样品中某项目的五次测量值(%)为 12.76，13.12，12.84，12.80 和 12.81，试求：

(1)用格鲁布斯(Grubbs)准则检验有无离群数据剔除

　　($\alpha=0.05$，$T_5 0.05=1.672$，$T_4 0.05=1.463$，$T_3 0.05=1.153$)

(2)求出测量平均值

(3)求出标准偏差

(4)求出标准值的不确定度

　　($T0.05, 4=2.776$，$T0.05, 3=1.182$)

(5)正确报出测定结果

五、计量认证(问答题)

1. 如何保证检验结果的准确性和有效性？

2. 评审和内审有何区别？

3. 评审准则对样品管理有哪些要求？

4. 计量认证对仪器设备有哪些要求？

5. 测量为什么要具有溯源性？

6. 参加比对试验活动目的和作用是什么？

7. 发生偏离时如何处理？

8. 发现仪器有故障怎么办？

9. 实验室有哪些措施保证公正性?

10. 质量体系文件应包括的内容有哪些(按 A,B,C 三个层次写)?

11. 原始检测记录表和技术报告的填写应注意哪些事项?

12. 请设计一个符合基本要求的防雷装置检测原始记录表。

13. 指出以下检测报告编制与填写方面的缺陷或错误(共 10 个缺陷或错误)。

低压配电系统防雷装置安全检测报告表

编号:

受检单位:	地址:	邮政编码:
管理部门:	安全负责人:	电话:
检测仪器及编号:		

1　基本检测

序号	检测项目	检测结果		结论
1	变压器处 SPD	高压侧型号		
		低压侧型号		
		工频接地电阻 $R(\Omega)$	4.25	
2	供电形式	TI 制式		
3	电源频率(Hz)	52		合格
4	绝缘电阻(MΩ)			
5	电压(V)			

2　SPD 检测

安装位置	SPD型号	启动电压	漏电流	接地电阻	绝缘电阻	电压保护水平	SPD断路器	接地线长度	接地线截面积	检测结论	
			2.5 mA						16 mm	基本合格	

检测日期:　　年　月　日　天气:　　　检测人:　　　批准人:　　　批准日期:

注:此检测结论仅对被检防雷装置有效,本报告未加盖本所印章无效。

第四章 电气装置测试理论与测试设备

对于内部防雷装置而言,要想使其正常发挥作用,存在着防雷产品与天馈设备、通信线路设备尤其是低压电气设备(主要是低压配电系统中的控制和保护设备)的相互配合问题,或者说,完善的内部防雷装置应包括主要的电气设施的合理选择与安装,它们是密不可分的。因此,各级防雷产品质量检验机构除了要对防雷装置的各项参数进行检测外,还应对低压电气装置进行测试。这也是用户极为关心和需要的服务项目。实际上,电源系统的 SPD 也是电气装置组成部分。

低压电气装置方面的测试标准主要包括在 IEC 60364—X 法规所提供的国际标准中,各国也有自己的国家标准,以下我们按测试仪表方面的欧洲标准 EN61557(相关国际标准主要参考此欧洲标准)来介绍电气装置测试理论。

§4.1 电气装置概述

一、电气装置(electrical installation)

电气装置是为某一用途将若干特性互相配合的电气设备组合在一起的一个组合整体。

图 4-1 所示即为将详细讨论的电气装置。该图表示了电网与建筑中电气装置之间的分界线。

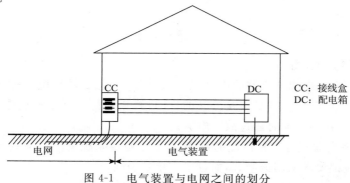

图 4-1 电气装置与电网之间的划分

在该电气装置处进行的某些测试也包括一部分电网和电源(例如,线路和故障环路阻抗测试,TN 系统中的接地电阻测试,等等)。

一般来说,电气系统可以根据用途、电压波形、接地系统类型等分为许多种。

根据电气装置的用途,电气装置可以分为:

1. 建筑中的低压电气装置:适用于对地的电压 220/380 V 的交流电压(住宅楼、商用公寓、宾馆、学校、公共场所等等)。

2. 工业中的低压电气装置:适用于对地的不大于 380/660 V 的交流电压或不大于 900 V 的直流电压(电动机、机电加工机器、供热系统,等等)。

3. 安全电压电气装置:适用于不大于 50 V 的交流电压或不大于 120 V 的直流电压(电话、公共地址系统、天线网络、智能设备、安全系统、语音装置、局域网络,等等)。

根据电压波形,安装可以分为:直流电压电气装置、交流电压电气装置。

二、接地系统分类

根据相关的接地系统(电源变压器的中性点,负载与电器中可触及的金属部件),GB9089.2 规定,配电系统接地形式共有 TN、TT 及 IT 三种。

a)TN—C 系统

以前我国广泛采用这一系统(图 4-2)。但该系统当 PEN 线中断时,设备金属外壳对地将带 220 伏以上的故障电压,电击死亡的危险很大,而且 PEN 线因通过中性线电流产生电压降,从而使所接设备的金属外壳对地带电位。此电位会对电子设备产生干扰,也可能在爆炸危险环境内打火引爆。故现在该系统已很少采用。

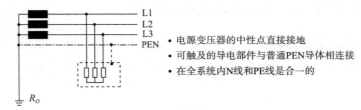

- 电源变压器的中性点直接接地
- 可触及的导电部件与普通PEN导体相连接
- 在全系统内N线和PE线是合一的

图 4-2　TN—C 系统

b)TN—S 系统(图 4-3)

该系统特点是电源变压器的中性点直接接地,可触及的导电部件与 PE 导体相连接,在全系统内 N 线和 PE 线是分开的。PE 线正常情况下不通过电流,也不带电位,它只在发生接地故障时通过故障电流。

TN—S 系统是很好的低压配电系统,有利于电源系统的干扰抑制。各种计算机信息系统一般都要求采用该制式,而且要求单独引线。

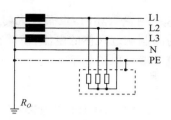

图 4-3 TN−S 系统

c)TN−C−S 系统(图 4-4)

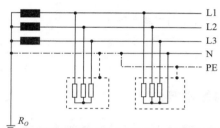

图 4-4 TN−C−S 系统

TN−C−S 系统目前在我国采用最为广泛。这里要注意在电源进线点处(例如总配电箱处)PEN 线必须先接 PE 母排,然后通过一连接板(线)接中性线母排。

当安装 TN−C−S 系统时,要注意,一旦 PEN 导体与 N 和 PE 分开后,N 与 PE 导体不应重新连接在一起。

d)TT 系统(图 4-5)

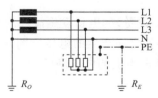

图 4-5 TT 系统

TT 系统的电气装置各有其自己的接地极,正常时装置内的可触及的导电部件为地电位,电源侧和各装置出现的故障电压不互窜。但发生接地故障时因故障回路内包含两个接地电阻,故障回路阻抗较大,通过故障电流较小,不易引起电气保护装置动作,安全性不够,故现在也较少采用。如需采用,一般需加装 RCD(剩余电流动作保护器)。

e) IT 系统(图 4-6)

IT 系统即在中性点不接地系统中将电气设备正常情况下不带电的金属部分与

接地体之间作良好的金属连接(见图 4-6)。当绝缘破坏时,设备外壳带电,接地电流将同时沿接地装置和人体两条道路流过,为限制流过人体的电流,使其在安全电流以下,必须使 $R_E \ll Z_B$(参见图 4-7)。安全电流一般可取值如下:

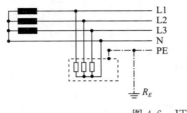

电源变压器的中性点不接地或电源的一点经高阻抗接地(例如1000 Ω)。可触及的导电部件接地

图 4-6　IT 系统

对交流电流　　33 mA;

对直流电流　　50 mA。

三、电气测试中经常用到的基本概念

1. 可触及的主动导电部件(外露金属可导电部分):能被人体碰到的电气装置或电器的导电部件,例如金属壳体,壳体的一部分等等。除非在故障条件下,否则,这种可触及的金属部件不带电源电压。

2. 可触及的被动导电部件:一种非电气装置或电器部件的可触及的金属导电部件(如供热系统金属管道,金属水管,空调系统的金属部件,建筑框架的金属部件,等等)。

3. 电击:电流经过人体或动物身体所产生的肉体疼痛反应。

4. 额定电压(U_n):电气装置或电气设备部件(例如,电器,负载等)在额定情况下的电压。某些电气装置特性也要参考额定电压(例如功率)。

5. 故障电压(U_f):当连接到电网(被连接的设备)的电器发生故障的情况下在可触及的金属外壳等主动导电部件与被动导电部件之间产生的电压。图 4-7 表示的是故障电压(U_f),以及接触电压(U_c)和地板/脚部电阻上的电压降(U_s)。其中:

Z_B　　　人体的阻抗

R_s　　　地板/脚部电阻

R_E　　　可触及的主动导电部件的接地电阻

I_f　　　故障电流

U_c　　　接触电压

U_s　　　地板/脚部电阻上的电压降

U_f　　　故障电压

$$U_f = U_c + U_s = I_f \times R_E \text{（地板材料放置在适当的地板上）}$$

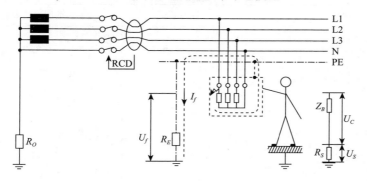

图 4-7 当电气负载发生故障的情况下电压 U_f、U_c 和 U_s 的说明

6. 接触电压（U_c）：当人体碰到可触及的主动导电金属部件时所受到的电压。此时人体站在地板上或与可触及的被动导电部件接触。

7. 极限接触电压（U_L）：最大的接触电压，可能在特定外部条件下（例如，有水存在时）持续存在。

8. 额定负载电流（I_n）：在正常工作条件下并在额定电源电压的情况下流经负载的电流。

9. 故障电流（I_f）：当电网电器发生故障时流向可触及的主动导电部件然后又流向地线的电流。

10. 泄漏电流（I_L）：在正常条件下通常流经绝缘材料或导电元件然后又流向地线的电流。

11. 短路电流（I_{sc}）：在具有不同电位的两点之间短路的情况下流动的电流。

四、对建筑中电气装置的测试

在使用仪器进行测试之前，非常重要的是首先应确保进行各种目视检查。例如：使用的绝缘材料颜色是否正确（现行国标中电力电缆电线的绝缘材料颜色是三条相线为红、黄、绿色；中性线为蓝色；保护地线为黄绿双色线）、导体尺寸如截面积是否合适、等电位措施是否适当、所用材料的质量如何，等等。

无论使用何种测试仪表，也无论测试参数是什么（绝缘电阻、接地电阻、故障环路阻抗，跳闸电流等等），所有的测试结果在与允许值比较之前都必须经过修正。

在出现测试误差时需要进行修正。欧洲标准 EN 61557 规定了每个参数的最大容许偏差。这些容许偏差以及由此所需的测试结果的修正如表 4-1 所示：

表 4-1　测试结果的修正

参数	容许偏差	所需的测试结果的校正
绝缘电阻	$+/-30\%$	$R\times0.7$
故障环路阻抗	$+/-30\%$	$Z\times1.3$
保护导体、主平衡和附加平衡导体与接地导体的电阻	$+/-30\%$	$R\times1.3$
接地电阻	$+/-30\%$	$R\times1.3$
接触电压	U_L 的 $+20/-0\%$	$R+5$ V（$U_L=25$ V） $R+10$ V（$U_L=50$ V）
RCD 跳闸时间	t_L 的 $+/-10\%$	$R+0.1\,t_L$（标准 RCD） $R+0.1\,t_L$ 最大值（所选 RCD） $R-0.1\,t_L$ 最小值（所选 RCD）
RCD 跳闸电流（额定动作电流）	$I_{\Delta N}$ 的 $+/-10\%$	$R+0.1I_{\Delta N}$（最高极限） $R-0.1I_{\Delta N}$（最低极限）

其中：

R　　　由测试仪表所获得的测试结果

U_L　　极限接触电压（25 V 或 50 V）

t_L　　　RCD 跳闸时间的极限值

$t_{L\max}$　RCD 跳闸时间的最高极限值

$t_{L\min}$　RCD 跳闸时间的最低极限值

$I_{\Delta N}$　　RCD 的额定差动电流

应注意本表中所提到的极限和数值都是最大极限，一般应根据自己的测试设备及设备准确度等级进行更接近理想结果的测试和修正，可能需要对测试设备进行检定。

§4.2　绝缘电阻与绝缘电阻测试仪

绝缘材料在电工技术中主要利用它的绝缘性能来隔离带电的或不同电位的导体使电流按一定方向流动。

带电导体与可触及的主动导电部件之间适当的绝缘电阻是保护人体避免与电源电压直接或间接接触的基本安全参数。能防止短路或泄漏电流的带电部件之间的绝缘电阻也很重要，有必要进行定期的测试以确保安全。

在不同情况下（比如，电缆、连接元件、配电箱中的绝缘元件、开关、SPD、电源插座、壳体，等等）使用不同的绝缘材料。无论使用何种材料，绝缘电阻至少应与规范所要求的一样，这也是必须测试该绝缘电阻的原因。

在防雷装置检测工作中,绝缘电阻测试主要用于采用 S 型连接网络时,除在接地基准点(ERP)外,是否达到规定的绝缘要求和 SPD 的绝缘电阻测试要求。

除兆欧表外,也可以使用 $1.2/50~\mu s$ 波形的冲击电流发生器进行冲击,以测试 S 型网络除 ERP 外的绝缘。

一、对绝缘电阻测试仪的要求

1. 最大误差不应超过 $\pm 30\%$。

2. 应采用直流测试电压。

3. 在与被测电阻($R_i = U_n \cdot 1~000~\Omega/V$)串联的 $5~\mu F$ 电容器的情况下,测试结果应与没有连接电容器的情况不同,并大于 10%。

4. 测试电压不应超过 $1.5 \cdot U_n$ 的数值。

5. 流过被测电阻的测试电流 $U_n \cdot 1~000~\Omega/V$ 应至少为 $1~mA$。

6. 测试电流不应超过 $15~mA_p$ 的数值,而交流分量不应超过 $1.5~mA$。

高达 $1.2 \cdot U_n$、与测试设备相连并持续 10 秒的外部交流或直流电压,不应损坏该设备。

图 4-8 表示的是在相线与金属壳体之间具有不良绝缘材料的接线盒。鉴于这种情况,会产生流向保护导体、流经接地电阻并流向地线的故障电流 I_f。在接地电阻 R_E 上的电压降称作"故障电压"。

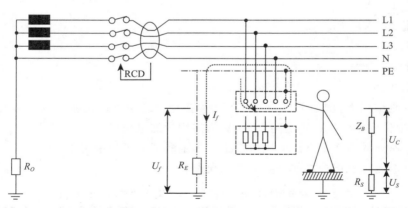

图 4-8 用于负载永久连接的接线盒中绝缘不良并导致故障电压 U_f 的示例

$$U_f = U_c + U_s = I_f \cdot R_E$$

二、测试原理

测试原理如图 4-9 所示:

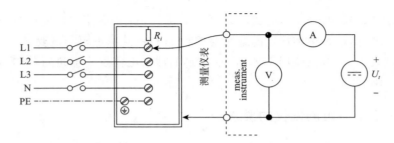

图 4-9 绝缘电阻测试原理

根据 $U-I$(电压—电流)方法。测试结果为:

$$R_i = U_t / I$$

其中:

U_t 由电压表测试的直流测试电压

I 由直流发电机通过绝缘电阻 R_i 所激励的测试电流(发电机在 额定测试电压下应激励至少 1 mA 的测试电流)。该电流通过电流表测得。

R_i 绝缘电阻

测试电压的数值取决于被测设备的额定电源电压。在使用绝缘电阻测试仪的情况下,测试电压一般如下:

直流 50 V

直流 100 V

直流 250 V

直流 500 V

直流 1 000 V

直流 2 500 V

有的测试仪表,例如 Eurotest 61557 和接地—绝缘测试仪除了以上所列的电压之外,能提供 50~1 000 V 之间以 10 V 为递增量的电压。

前面所述的由额定电源电压所定义的额定测试电压列于表 4-2 中。

所有的测试在记录之前都必须考虑误差。

表 4-2 在电网导体之间所测的绝缘电阻的最小容许数值

额定电源电压	额定直流测试电压(V)	最小容许绝缘电阻(M Ω)
安全低电压	250	0.25
除安全低电压之外不大于 500 V 的电压	500	0.5
大于 500 V 的电压	1 000	1.0

三、绝缘电阻测试的注意事项

1. 应在首次将电源电压连接到设备上之前进行绝缘电阻的测试。所有开关应闭合,所有负载都断开,对整个设备进行测试,并确保测试结果不受任何负载的影响。

2. 可能需要加压一分钟使充电电流和吸收电流降为零,只剩下漏导电流。尤其是对于含有较大电容的设备(例如长电缆)进行测量前、后都要充分放电,防止因储能电容放电而造成触电或使仪表损坏。

3. 由于测试电压较高,应戴好绝缘手套并在确定连接好试品后再行测试,防止人身遭电击。

四、绝缘电阻的最小允许值举例

1. 低压电缆线路绝缘电阻用 500 V 或 1 000 V 档测 500 m 长新线路不应低于 10 MΩ,注意放电 60—120 s。

2. 新电机用 1 000 V 档测相间及相对地绝缘电阻不应低于 1 MΩ。
旧电机用 1 000 V 档测相间及相对地绝缘电阻不应低于 0.5 MΩ。

3. 低压并联电容器用 1 000 V 档测相对地绝缘电阻不应低于 1 000 MΩ。注意不要测极间,否则是充电。

4. SPD 绝缘电阻测试(IEC61643:2002 连接至低压配电系统的电涌保护器第 1 部分性能要求及试验方法 7.9.7)

在潮湿箱中放置 48 小时,施加 500 V 直流电压,5 秒后测量绝缘电阻;

带电部件与可触及的 SPD 金属部件(外露导电部分)之间应不小于 5 MΩ;

SPD 主电路与辅助电路(如有的话)之间应不小于 2 MΩ。

5. RCD 相间及相对外壳间绝缘电阻应不小于 2 MΩ。

6. 断路器用 500 V 档测相间及相对地绝缘电阻不应低于 10 MΩ。

五、绝缘电阻的测试举例

1. 导体间绝缘电阻的测试
该测试需要在如下所有导体间进行:

• 分别在三相线 L1、L2 和 L3 中每一条与中性线 N 之间。

• 分别在三相线 L1、L2 和 L3 中每一条与保护导体 PE 之间。

- 在相线 L1 分别与相线 L2 和 L3 之间。
- 相线 L2 与 L3 之间。
- 中线与保护导体 PE 之间。

测试时应注意:

(1) 在开始测试之前切断电源电压!

(2) 在测试过程中所有开关都必须关闭!

(3) 在测试过程中所有负载都必须断开!

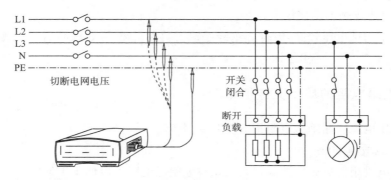

图 4-10　使用绝缘电阻测试仪在 PE 与其他导体之间测量绝缘电阻的示例

2. 绝缘墙板与地板的电阻测试

有一些特定场合,要求有适合作为与保护接地导体完全绝缘的房间(例如,在实验室进行特定测试的情况下),这些房间视为电安全区域,并且其墙板和地板均采用不导电材料制造。在这些房间内,任何电气设备的安排都应按下列方式:

(1)基本绝缘故障情况下,两个带有不同电位的带电导体不可能同时接触。

(2)触及的主动和被动导电部件组合不可能同时接触。

能将危险的故障电压驱向接地电位的保护导体 PE 不允许出现在不导电房间内。不导电墙板和地板在发生基本绝缘故障的情况下保护操作人员。

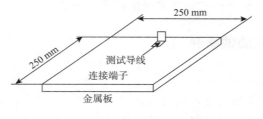

图 4-11　测试电极

应按照下面所述程序使用绝缘电阻测试仪测试不导电墙板和地板的电阻。还要使用如下所述的测试电极。

该测试需在测试电极与保护导体 PE 之间进行，而 PE 只能在被测的不导电房间外获得。

为了建立更好的电气连接，应在测试电极与被测表面放置一块湿布（270 mm×270 mm）。在测试过程中应对电极施加 750 N（地板测试）或 250 N（墙板测试）的作用力。

测试电压数值应为：

500 V……其中对地的额定电源电压低于 500 V。

1 000 V……其中对地的额定电源电压高于 500 V。

所测试和修正的测试结果的数值必须大于：

50 kΩ……其中对地的额定电源电压低于 500 V。

100 kΩ……其中对地的额定电源电压高于 500 V。

注意！

（1）建议采用通过测试电压两极（反接测试端子）进行的测试并取两个结果的平均值。

（2）要等到测试结果稳定下来才能记录读数。

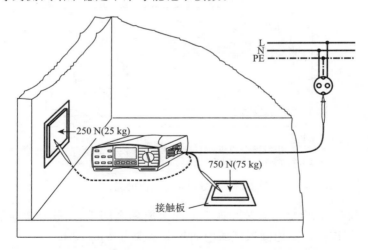

图 4-12　使用绝缘测试仪进行的墙板和地板电阻测试

3. 防静电地板的电阻测试

在某些情况下，例如计算机机房、防爆区域、易燃材料仓库、漆器房间、敏感电子设备生产车间、火灾易发区域等，需要具有一定导电性的地板表面。在这些情况下，地板可以顺利地防止静电的聚集，并将任何低电能电位驱向地中。

为了获得适当的地板电阻，应使用半导电材料。还应使用测试电压范围为

100～500 V的绝缘电阻测试仪来测试电阻。

需使用规范所规定的专用测试电极，参见图 4-13。

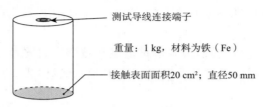

测试导线连接端子

重量：1 kg，材料为铁（Fe）

接触表面面积20 cm²；直径50 mm

图 4-13　测试电极

测试程序如图 4-14 所示。需在不同位置重复该测试多次，并应取所有测试结果的平均值。

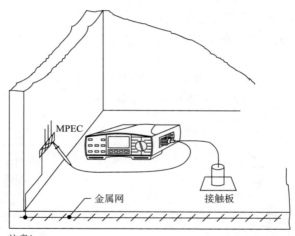

MPEC

金属网　　　接触板

注意！
● 建议采用通过测试电压两极进行的测量并取两个结果的平均值。
● 要等到测试结果稳定下来！

图 4-14　半导电地板电阻的测试

该测试需在测试电极与安装在地板上的金属网之间进行，并且该金属网通常与保护导体 PE 相连接。实施测试区域的面积应至少为 2 m×2 m。

4．对接地电缆（30 GΩ）绝缘电阻的测试

除了由于电缆应承受的极限条件，测试电压应为 1 000 V 之外，该测试与在设备上两导体间进行测试一样。应在断开的电源电压处所有导体之间进行绝缘电阻测试。

对于表面不干净或潮湿的测量对象，为了准确测量绝缘材料内部的绝缘电阻，防止被测物表面漏泄电阻的影响，必须使用具有三个接线柱（L（线路）、E（地）、G（保护

环))的专用绝缘电阻测试仪,使用时将被测物中间层接于"G"端子。如图 4-15b 所示。

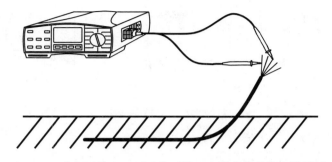

图 4-15a　使用绝缘电阻测试仪对接地电缆进行绝缘电阻测试

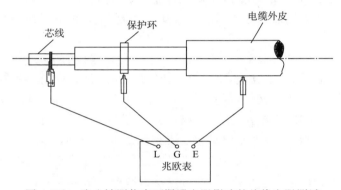

图 4-15b　防止被测物表面漏泄电阻影响的绝缘电阻测试

§4.3　保护导体、总等电位和局部等电位连接导体与接地导体的导通性,低电阻测试仪

在电气装置中有各种导体的连接。如 PE 线、PEN 线、接地线和等电位联结系统的连接等。这些导体是能防止危险电压(危险程度从持续时间及绝对值两方面判断)积累的保护系统的重要组成部分。这些导体只能在尺寸截面正确、连接适当的情况下才能正常发挥作用。测试导体连接的导通性及连接电阻的重要性的就在于此。

一、测试原理

根据规定,只允许在使用交流或直流电压并且电压值为 4—24 V 的情况下进行该测试。并采用 U—I 方法。测试原理如图 4-16 所示。

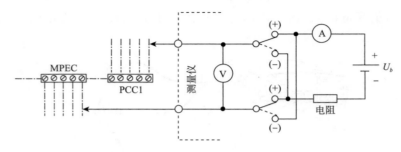

图 4-16　测试原理

其中:MPEC 为总等电位联结端子排;

　　PCC 为局部等电位联结端子排。

　　其测试过程是:蓄电池电压激励测试电流经由电流表和内部电阻 R_{int} 进入被测环路。然后由电压表测试俩被测体的电压降。电阻 R_x 是根据下列等式计算出的:

$$R_x = U/I$$

　　被测环路中可能具有通常生锈的由不同金属材料连接的接头。由于这类接头上具有电位差(例如将铜和铁连接,则在 25℃时接头两金属之间就会产生 0.777 V 的电位差),可能出现的故障就是,他们可以充当原电池,这将会影响连接电阻测量的准确程度,因为其中电阻取决于测试电压极性(二极管)。要知道测试电压值也仅为4~24 V。这就是测试规范要求测试仪表支持测试电压反向的原因。有些最新的测试仪表,例如 Eurotest 61557 或接地—绝缘测试仪等会自动通过两种极性进行测试。

　　由于具有两种测试电压极性,因此可以获得两种子结果如下:

　　测试结果(+)R_x(+)$=U/I$……开关在接通线路位置(如图 4-16)

　　测试结果(—) R_x(—)$=U/I$……开关在中断线路位置(如图 4-16)

其中:

　　U……由电压表在未知电阻 R_x 上测得的电压降;

　　I……由蓄电池激励并由电流表测得的测试电流。

　　显示最终结果(最大值)。

　　如果测试结果大于设置极限值(该数值可以预先设置),智能仪表会发出音频报警信号。该信号的目的是使测试人员能注意所使用的导线,而不是显示屏。

　　实际上,保护导体(电机绕组、电磁阀、变压器等)上可能存在不同程度的电感,这些电感可能会影响被测环路。测试仪表在这些情况下能测试电阻,这一点很重要。

　　导体太长、横截面太小、接触不良、连接有误等可能会导致无法接受的导体电阻过高值。

　　接触不良是电阻过高最普遍的原因,特别是在旧设备上,而所列的其他原因可能会在新设备上引起故障。

因保护导体的测试可能比较复杂,故一般经常进行三组主要的测试:

(1)总等电位联结端子(MPEC)相连接的保护导体的测试。

(2)每个局部等电位联结端子(PCC)相连接的保护导体的测试。

(3)用于附加接地和局部接地的保护导体的测试。

二、测试举例

1. MPEC 与 PCC 之间的导通性测试

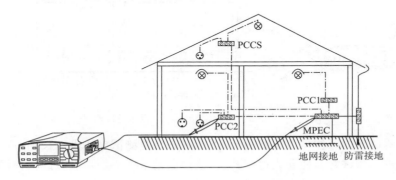

图 4-17　MPEC 与 PCC 之间的导通性测试

2. 每个保险丝盒内的导通性测试(应测试每个电流环路)

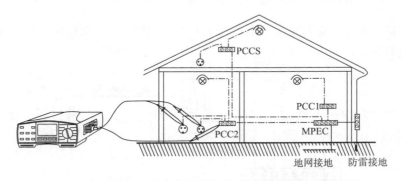

图 4-18　每个保险丝盒内的导通性测试(应测试每个电流环路)

3. MPEC 与避雷导体之间的导通性测试(图 4-19)

图中为总等电位连接带与避雷引下线断接卡间的导通性测试

测试结果应符合下列条件:

$$R_{PE} \leqslant U_L / I_a$$

其中:

R_{PE}　保护导体电阻

U_L 接触电压(通常是 50 V)

I_a 所安装的保护装置正常运作的电流

当电路为差动电流保护时(RCD 保护),$I_a = I_{\Delta n}$

当电路为过电流保护时,$I_a = I_a(5\text{ s})$

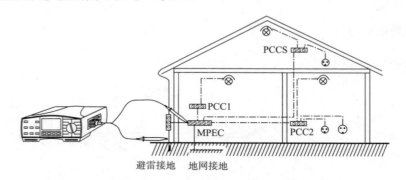

图 4-19 MPEC 与避雷导体之间的导通性测试

因为测试下的导体可能长度很长,可能有必要使测试导线也加长到一定程度,因此确保在进行测试之前使导线得到补偿,这一点很重要。如果没有进行补偿,应在最终结果中将该电阻考虑进去(扣除掉)。

三、附加接地联结

当主接地不足以防止危险故障电压的产生时,需采用附加接地联结。主接地与附加接地联结举例如下:

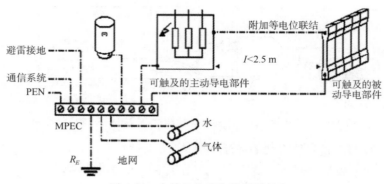

图 4-20 主接地和附加接地联结

主接地包括与下列装置相连接的保护导体:

(1)等电位连接板

(2)局部等电位联结端子板

附加等电位的保护导体连接着具有下列特征的可触及的被动导电部件：

（1）接与可触及的主动导电部件相连接；或

（2）装有附加接地插头

当负载（例如，三相电动机）发生故障（短路）的情况下，短路电流 I_{sc} 能流向主接地的保护导体。由于保护导体 R_{PE} 的电阻值太高，该电流可能会导致危险的电压降（对接地电位）。因附近的可触及的被动导电部件（例如，散热器）仍然与低电位相连，故将在可触及的被动与主动导电部件之间产生电压 U_c。如果这两种部件之间的距离小于 2.5 m，则会出现危险情况（当同时接触这两种可触及的部件时）。

为了避免这种情况，需要附加接地，也就是说，需要在可触及的主动与被动导电部件之间进行附加连接。

四、确定需要附加接地的方法

为了确定是否需要附加接地，应测试可触及的主动导电部件与 MPEC（PCC）之间的保护导体的电阻，参见图 4-21。

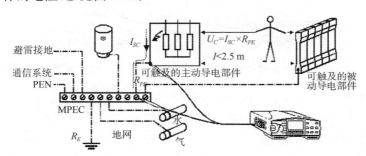

图 4-21　为确定是否需要附加等电位而进行保护导体测试

如果测试结果不符合 $R_{PE} \leqslant U_L / I_{sc}$ 的要求，则应施行附加接地。

一旦施行了附加接地，需要测试该接地的效率。该测试应通过重新测试可触及的主动与被动导电部件之间的电阻来实现，参见图 4-22。测试结果必须符合基本测试中相同的情况，即

$$R \leqslant U_L / I_a。$$

实际上，主接地电阻很容易被超过，特别是在过电流保护的情况下。在该情况下，由于可能产生较高的故障（短路）电流，只允许采用较低的电阻。

测试仪表能在对可触及的被动导电部件的短路电流产生时直接测试接触电压。测试仪表的连接与测试原理详述如下。

在对可触及的被动导电部件的短路电流产生时所进行的接触电压测试（图 4-23）。

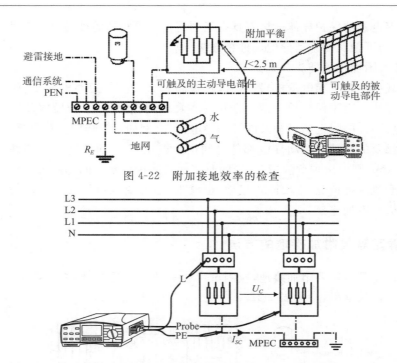

图 4-22　附加接地效率的检查

图 4-23　在对可触及的被动导电部件的短路电流产生时进行接触电压测试

　　仪表将承受 L 相与保护 PE 测试端子之间很高的电源电压,并持续一小段时间(可能流过高达 23 A 的测试电流!)。该测试电流会在连接于被测负载于 MPEC (PCC)之间的保护导体上产生一定的电压降。而在 PE 与探头测试端子之间可以直接测得对另一个可触及的主动或被动导电部件的电压降。测试结果与测试仪表所计算的短路故障电流成比例。

　　根据该结果,可以确定是否需要附加接地。

　　该测试的一个很好的特征就是,由于测试电流较高,产生测试结果准确度较高。但是操作人员必须意识到,只有当被测环路中没有 RCD,并且该环路在测试过程中肯定会断开时,才能进行该测试。在这种情况下,RCD 必须短路。

五、低电阻测试

　　在包括防雷装置在内的电气安装工程中,经常需要测量各种联结端子的连接电阻(搭接电阻,过渡电阻)。在维修电气设备和电器、检查保险丝状况、查找不同的连接等情况下,该功能非常有用。

　　目前市场上销售的等电位联结测试仪其实就是低电阻测试仪。

测试原理如下图 4-24 中所示。

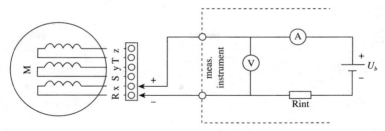

图 4-24 测试原理

蓄电池通过内部电阻 R_i 和电流表对被测环路施加测试电流。并由电压表来测试被测电阻上所产生的电压降。仪表根据下列等式计算被测电阻:

$$R_x = U/I$$

其中:

U……电压表所测的电压

I……电流表所测的测试电流

测试程序与测试导线的连接与上面导体连接的导通性测试完全相同。

所测的连接电阻一般应低于搭接金属导体本身电阻的 1.2 倍,在防雷工程中一般要求各种等电位措施的连接电阻不大于 0.03 Ω。

§4.4 接地电阻与接地电阻测试仪

接地是雷电防护技术中最基础的技术环节。也是在保护人体、动物和电气装置所连接的负载以防止触电或损坏电气装置(用电安全)最重要的措施之一。对电气负载金属外壳和水暖管等被动金属导电部件接地的目的是将在电气负载发生任何故障情况下的工频短路电流或发生雷电时可能出现的电涌电压或电流传导入地。

接地体可以有多种形式。通常,可以通过金属棒、金属带、金属板、金属网格或建筑物基础中的钢筋等自然接地体来接地。

一、接地电阻的概念

接地电阻是电流在流经接地部件到大地过程所感测到的接地电极的电阻。该电阻主要受土壤与接地电极表面(金属表面的氧化物)的接触电阻和靠近接地电极的大部分土壤的电阻(散流电阻)的影响(见图 4-25)。

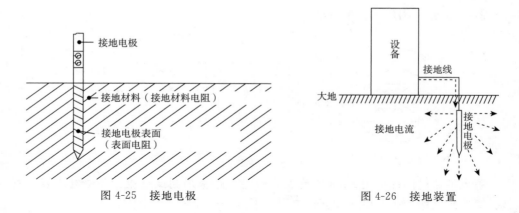

图 4-25　接地电极　　　　　　　　图 4-26　接地装置

图 4-26 表示接地的原理图。被接地的设备有电力设备、通信设备、计算机、避雷设备、电气防腐蚀设备等各种各样的设备。进行接地的目的有的是为了安全,也有是为通信稳定可靠,还有的是利用接地把大地作为回路的一部分。为了接地的目的,必须埋设接地体(接地电极)。被接地设备和接地体连接用的线称为接地线。

从被接地设备经接地线、接地电极流向大地的电流叫作接地电流。

当接地时,与大地连接是否良好的指标是接地电阻,接地电阻较低,就实现了与大地的良好连接。

接地电阻在理论上可按如下来定义:

当有一个接地极,现在有接地电流 $I(A)$ 流入这个电极(图 4-27(a))。当接地电极有一流入接地电流时,接地电极的电位就比接地电流流入前升高 $E(V)$(图 4-27(b))。这时,把 $E/I(\Omega)$ 作为这个接地电极的接地电阻。

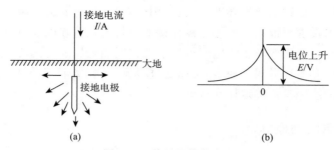

(a)　　　　　　　　　　　(b)

图 4-27　接地阻抗的定义

这个定义有两个附带条件。

(1)为了在接地电极流出接地电流,当然必须把一根接地电极打入大地。而在有二根接地电极并在电极之间接入电源时就会流过接地电流(图 4-28)。把这第二个电极叫作归路电极(或叫电流探棒)。定义接地电阻时,归路电极要打在十分远的地方,使它对主接地电极的影响可忽视。另外,如果电源取直流时,由直流电流产生的电化学现象可能影响测试结果。因此,一般测试电流必须采用交流信号。

(2)接地电极的电位降,是以无限远方作基准测量的,电流流至无限远处时,电流密度为零,电位梯度也为零,即电位为零。定义无限远方应该说是不现实的,其实只要测量出不因接地电流引起电位变动的点,即与通电前的状态不变的地方即可。如图 4-29 所示,把电位测量的基准点太靠近接地电极,基准点的电位就由接地电流引起一定程度的(ΔE)变化,这就引入了电位降测量的误差。

在工程上,只要离接地体适当的远,电流密度已足够小,电位梯度也已接近零,就可以认为这里的电位为零了。显然,这个电位零基准点的位置与接地体的尺寸、形状及测试信号的电压高低或电流大小有关。为了测试方便,一般要求仪表采用较低的测试电压或较小的测试电流。

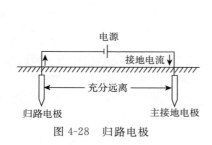

图 4-28　归路电极

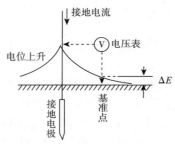

图 4-29　把电位测定的基准点靠近接地电极时,引入误差 ΔE

二、接地电阻的性质

接地电阻具体的由以下三个构成要素组成:

①接地线的电阻及接地电极自身的电阻;

②接地电极的表面及与其接触的土地之间的接触电阻;

③电极周围大地的电阻。

以上三个构成要素之中电极周围大地的电阻是最重要的。接地电阻的主要部分是把电极包围的大地的电阻。

通过大地的电导因为断面积非常大,它的电阻小到可以考虑能被忽视的程度。确切地说,离接地电极相当远时,因电流通路的断面积变得非常大,只要土壤的导电性不是相当恶劣,它的电阻就小到能被忽视的程度。

但是,在接地电阻附近,因为电流从大小有限的接地电极流出,电流通路的断面积被束缚,对接地电流就有一定量的电阻(图 4-30)。

影响接地装置接地电阻的因素有接地电极的形状、尺寸以及接地电极周围大地的电阻率。但最重要的还是接地电极周围的土壤电阻率。土壤电阻率是大地导电的关键。

而影响土壤电阻率的因素有：

（1）土壤电阻率随外加电场的频率增加而减小。

$$\rho_0 \leqslant \rho_f \leqslant \rho_0 \rho / (\rho_0 + \rho)$$

（2）土壤电阻率随外加电场强度的增加而减小且当外加电场强度达到一定值（击穿场强）时击穿。

（3）土壤电阻率与大地成分和结构有关

（4）含水量大的土壤和岩石电阻率较低，土壤电阻率还与地中水分的电解溶液性质及浓度有关。

（5）正温区土壤电阻率随温度的升高缓慢下降，负温区土壤电阻率随温度的下降明显增大。

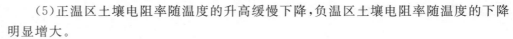

图 4-30　电流通路的断面积和电阻的关系

三、并联接地极的集合效应

实际的接地工程一般由多个水平接地体和垂直接地体组成。如某个接地电极的形状和尺寸如图 4-31 所示，将多个接地电极施工，把它们并联连接起来，称之为并联接地。

例如，在有 2 个电阻值为 $R(\Omega)$ 的集总参数电阻并联连接的场合，由集总参数电路电阻并联的公式可得，合成电阻为 $R/2(\Omega)$。

图 4-31 表示了由 2 个半球状接地电极来说明集合效应，各接地电极的半径为 r，接地电极的间隔为 d，设接地电极周围的大地的电阻率为 ρ，又设流入该接地电极系统的全接地电流为 I，流入各接地电极的电流是 $I/2$。假定在地中任意点 p，它离各接地电极的距离为 x、x'。如 p 点的电位为 V_p，由叠加原理知：

$$V_P = \frac{\rho\left(\dfrac{I}{2}\right)}{2\pi x} + \frac{\rho\left(\dfrac{I}{2}\right)}{2\pi x'}$$

如把 P 点设在某一半球电极的表面，接地系统的电位 V 确定为：

$$V = \frac{\rho I}{4\pi}\left(\frac{1}{r} + \frac{1}{d}\right)$$

则该接地系统的接地电阻 R 可由下式求出：

$$R = \frac{U}{I} = \frac{\rho}{4\pi r}\left(1 + \frac{r}{d}\right)$$

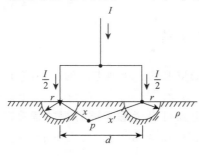

图 4-31　并联接地

式中设 $d \geqslant r$。上式括号内第二项表示集合效应。集合效应由 d/r 引起变化。

在表 4-3 中表示了 d/r 与集合效应的关系。

表 4-3　由 d/r 引起集合效应的变化

d/r	$1+r/d$
2	1.500
5	1.200
10	1.100
20	1.050
40	1.025
50	1.020
100	1.010

　　实际上,对用作防雷的接地来说,由于流入接地极的电流可能很大,波头很陡,会产生火花焦土效应,也就是相当于接地极的尺寸增大,r 增大,由 d/r 引起的集合效应更加严重。故一般防雷接地工程要求垂直接地体布置间距为其长度的两倍以上就是这个道理。

四、接地电阻的测量

1. 测量接地电阻(直线法)的基本原理(见图 4-32)

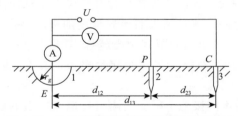

图 4-32　电位降法测量接地电阻的测试接地

设接地体为半球形,在距球心 x 处的球面上的电流密度为:$J = \dfrac{I}{2\pi x^2}$

又设无穷远处的电位为零,所以距接地体球心为 x 处所具有的电位为:

$$U = \int_\infty^x -Edx = \int_\infty^x \frac{-\rho I}{2\pi x^2}dx = \left[\frac{\rho I}{2\pi x}\right]_\infty^x$$

1、2 接地极之间的总电位差等于 U' 与 U'' 之和,即:

$$U = U' + U'' = \frac{I\rho}{2\pi}\left(\frac{1}{r_g} - \frac{1}{d_{12}} + \frac{1}{d_{23}} - \frac{1}{d_{13}}\right)$$

因此,1、2 接地极之间呈现的 R_g 为:

$$R_g = U/I = \frac{\rho}{2\pi}\left(\frac{1}{r_g} - \frac{1}{d_{12}} + \frac{1}{d_{23}} - \frac{1}{d_{13}}\right)$$

接地体 1 的接地电阻实际值为:

$$R = \frac{\rho}{2\pi r_g}$$

式中：R 为接地体的实际电阻；

r_g 为接地体的半径。

要使测量的接地电阻 R_g，等于接地体的实际接地电阻 R，就必须使上两式相等，即：

$$\frac{1}{d_{23}} - \frac{1}{d_{12}} - \frac{1}{d_{13}} = 0$$

令 $d_{12} = ad_{13}$，$d_{23} = (1-a)d_{13}$，代入上式得：

$$\frac{1}{1-a} - \frac{1}{a} - 1 = 0$$

$$即 \quad a^2 + a - 1 = 0,$$

$$解得 \ a = 0.618$$

这表明，如果电流极不置于无穷远处，则电压极必须放在电流极与被测接地体两者中间，距接地体 $0.618d_{13}$ 处，即可测得接地体的真实接地电阻值，此方法称为 0.618 法或补偿法。在后面的测量电极直线布置法中，将会采用 0.618 法。上述结论的应用是有范围的，与假设的前提有关，即仅在接地体为半球形，球心中心位置已知，土壤的电阻率一致，镜像的影响忽略不计下适用。

实际情况与此有较大出入。比如接地体几乎没有半球形的，大多数为管状、带状以及由管带形成的接地网。测量结果的差异程度随极间距离 d_{13} 的减小而增大。但不论接地体的形状如何，其等位面距其中心越远，其形状就越接近半球形。此外，在讨论一个接地电极作用时，忽略了另一个接地电极的存在，也只有在接地电极间距 d_{13} 足够大的情况下才真实。

表 4-4 介绍了采用不同接地电极距离测量接地体电阻的误差，其中 D 为圆盘直径或地网最大尺寸。由表可见，d_{13} 一般应取 D 的 4—5 倍。

表 4-4 采用不同电极距离测量圆盘接地体接地电阻的误差

电极距离 d_{13}	5D	4D	3D	2D	D
误差 $\delta(\%)$	−0.057	−0.089	−0.216	−0.826	−8.2

如果在测量工频接地电阻时，d_{13} 取 $(4-5)D$ 值有困难，那么当接地装置周围的土壤电阻率较均匀时，d_{13} 可以取 $2D$ 值，d_{12} 取 D 值；当接地装置周围的土壤电阻率不均匀时，d_{13} 可以取 $3D$ 值。d_{12} 取 $1.7D$ 值。

2. 电位降法介绍

目前，作为接地电阻的测量方法，最广泛采用的是电位降法（The fall of potential method）。上图 4-32 表示电位降法的构成。在图中，E 是作为测量对象的接地电极。C、P 是测量用的辅助电极在离 E 适当的距离处打入，C 是电流电极，P 是电位电极。在 EC 间接上电源就有电流流入大地。

（1）对测试电流的要求

①前面曾提到过,这个测试电流必须采用交流信号,因为加用直流电流会产生电化学(土壤的极化)作用,使得测量结果与通过交流电时不一样。而作为电力系统的接地或作为防雷的接地,流过的是交流故障电流和频率成分极为丰富的浪涌电流。

②对交流测试信号的频率,为了容易与电力系统的感应信号、杂散信号分离,应采用工频以外的频率来加强抗干扰努能力。有的接地电阻测试仪能自动调整测试信号频率,躲开电力系统的感应信号和其他杂散信号的干扰。另外,如使用过高的交流频率,测试导线的电感和电容会对测试产生不利的影响。一般采用 1 kHz 以下较好。

(2)辅助电极的接地电阻

电位降法重要的特征是两个辅助电极的接地电阻不会影响测量值。这个特点极大地方便了测试工作。因为辅助测量电极也是接地的,当然有接地电阻。测量用的辅助电极长度及直径都较小,而且因接地测试是临时的,辅助电极的接地电阻一般都较高。并且它的值因测量地点和时间而变动。电流辅助电极 C 的接地电阻加入主回路中,会影响流入大地中电流的大小。但是,电流值变化时,因与它成比例的 EP 间的电位差也变化,使测量结果 V/I 不变。电位辅助测量电极 P 的接地电阻加入到电位差测量回路之中,因此作为电压测量装置,如能尽量不在此回路提取电流,就能除去 P 电极的接地电阻的影响。所以,电压表的内阻应尽可能大(串联电阻分压原理)。

但是辅助测量电极的接地电阻也不能太大,否则,测试电流太小,极易受地中杂散干扰电流的影响。一般接地电阻测试仪会给出起码需要满足的辅助测量电极的接地电阻值。这个值很容易实现。在实际的接地电阻测量中,城市中若遇到混凝土场地时,正是利用此特点,用湿布裹住测量电极,在混凝土上浇水几分钟后,一些仪表就可进行测量工作了。

3. 电阻区域、电位分布曲线与测量辅助电极的布置

由以上的电位降法的说明可理解,电位降法的测量是与辅助测量电极 C、P 打入的位置有关的。在接地电阻的定义中,关于辅助电极进行了抽象的、理想的假定。作此定义容易,但是接地电阻的测量是具体的问题。辅助测量电极必须放在离被测主电极(接地装置)有限的距离之内。如辅助测量电极打在有限的距离内,就容易产生误差。研究这个误差的一个手段是做成电位分布曲线。

电位分布曲线的例子如图 4-33。这些曲线是如下做出的:

首先,在离主电极 E 一定距离的地点把电流电极 C 打入大地中。其次把接在 E、C 连接线上的电位电极 P 移动,测量 EP 间的电位差。然后,把横轴取作 EP 间的距离,纵轴为电位差的测量值绘制出电位分布曲线。

图 4-33 是两极间的距离取作 E 至 C_1、C_2 两种场合描绘出的电位分布曲线 P_1、P_2。

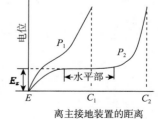

图 4-33　电位分布曲线

分布曲线 P_1 的中央无水平部分,电位分布曲线 P_2 有水平部分。

如把这倒过来说,当电位分布曲线的中央产生水平部分,可判定电流辅助电极离主接地电极已充分远,双方电极已几乎无关。因此,如把电位分布曲线水平部测定的电位差 E_x,除以那时的电流值,就可求出 E 的接地电阻。

为什么如果主接地电极和电流电极远离,电位分布曲线发生水平部分,就能判断双方电极无关系呢? 为说明这个问题,引入电阻区域的概念。

如前所述就接地电阻的构成来讲,接地电阻是包含在接地电极周围的大地之中的。所含接地电阻的量值在接地电极的附近最多,离接地电极远的地方较少。这是因为在地中电流经过路径的断面积急速扩大的缘故。

从理论上严密地讲,接地电阻包含在至无限远方的大地中。但是。作为实际问题,可考虑接地电阻的大部分是在以接地电极为中心的有限的范围内。这样,以接地电极为中心,把包含大部分接地电阻的范围称为电阻区域。

对电位降法,在主接地电极有它的电阻区域,在电流电极也有它的电阻区域。为正确测量接地电阻,两者的电阻区域必须互不重叠。

把电阻区域和电位分布的关系示于图 4-34。这个是孤立的电极的场合。由孤立的电极流出电流的场合,地表面的电位降只是在电阻区域范围内,不涉及它以外的区域。

图 4-35 是在电位降法中 E 电极和 C 电极过近,双方的电阻区域有交叠的场合。这个场合,如同图 4-35(b)所示,E 电极和 C 电极的电位降合成的结果成为最终的电位分布曲线(粗线),在中央不产生水平部分。

相反,图 4-36 是 E 电极和 C 电极充分远离的场合。这个场合,两电极的电阻区域不交叠,结果在电位分布曲线的中央产生水平部分。也就是说,如在电位分布曲线的中央产生水平部分,主接地电极和电流电极可看作是相互无关的。如在这个水平部分打入电位电极可得到精度好的测量值。后面要介绍的 62% 法就是基于这个原理。

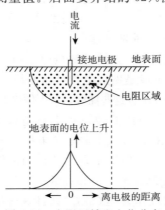

图 4-34　电阻区域和电位分布

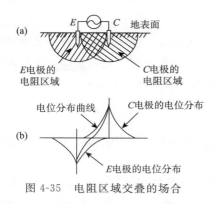

图 4-35　电阻区域交叠的场合

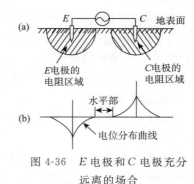

图 4-36　E 电极和 C 电极充分
远离的场合

五、接地电阻测试仪的选择和测量应注意事项

1. 接地电阻测试仪的选择

通常有满足用户要求的各种接地系统,这些系统需要具有不同的测试原理的测试仪器。例如:

(1)采用内部供电(正弦波)和两个测试探头的原理

采用正弦波测试信号。这种方法专门用于测试同时具有电阻分量和电感分量的接地系统。在采用缠绕在物体上的金属带作为地线接头的情况下,这种方法比较普遍。如果物理条件允许的话,这是一个优选原理。

(2)用不带辅助测试探头的外部测试电压的原理

该原理通常用于测试 TT 系统内的接地电阻的情况,其中,当在相端子与保护端子之间测试时,该接地电阻值比故障环路内其他部分的电阻高得多。该原理的优势是,不需要使用辅助测试探头,这对于没有测试探头接地区域的城市环境中比较适用。

(3)用外部测试电压和辅助测试探头的原理

该原理的优势是,可以对 TN 系统给出精确的测试结果,其中,相线与保护导体之间的故障环路电阻非常低。

(4)用内部供电、两个测试探头和一个测试夹钳的原理

采用这种原理,就不需要机械断开可能与测试电极并联连接的任何接地电极了。

(5)用两个测试夹钳的无接地桩测试原理

在需要测试复杂的接地系统或存在接地电阻较低的次级接地系统的情况下,该原理可以使你实现无接地桩测试。该原理的优势是,不需要触发测试探头,也不需要分开被测电极。

一些国内外先进的电气装置综合测试仪能同时采用以上几种原理。

2. 测量应注意事项

①在被测试的接地系统中经常存在高电平干扰信号。这一点尤其涉及工业中的接地系统和电源变压器等,其中,强大的放电电流会流向大地。在特别靠近高压配电线、铁路等处的接地电极周围区域常常存在较高的漏电电流。应此,要注意测量干扰地电压,看是否超过了仪器规定值。

②电压辅助电极和电流辅助电极与接地极的距离。

③电压辅助电极测试线和电流辅助电极测试线间分开一定距离,不要缠绕在一起,避免相互干扰。

④在建筑物高处测试时若需要加接测试线,应扣除这段加接线的阻抗值,此段加接线的阻抗值必须是用本仪器测试出来的值。有时,此段加接线的阻抗值比接地体的电阻值还要大。(这种事情一般发生在测试信号频率较高以及加接测试线打圈未能全部放开的场合)

⑤在开始测试之前要识别接地系统的类型。应根据类型选择适当的测试方法。

⑥无论选择了何种方法,测试结果应在与容许值对比之前进行修正。

接地电阻 R_E 的最大容许值根据情况各不相同。基本上来说,结合了其他安全防护装置(例如,RCD 保护装置,过电流保护装置,等等)的接地系统必须防止产生危险的接触电压。

六、接地电阻测试举例

1. 使用标准 4 端子、2 探头法的原理

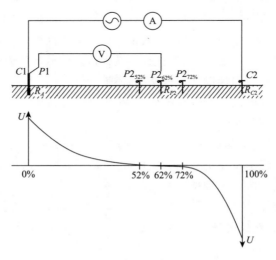

图 4-37　测试原理和测试电压的分配

接地电阻的基本测试采用了内部供电和两个测试探头(电压和电流)的原理。该测试基于所谓的 62%法。

对于这种测试,将被测接地电极与其他串联地线(例如金属结构等)分开,这一点很重要。必须考虑到,当将该导体与接地电极分开时,如果故障电流或泄漏电流流向大地,会导致危险情况发生。

被测接地系统(接地桩或接地带电极)之间所需距离的计算:

计算的依据是接地棒电极的深度或接地带、接地网系统的对角线尺寸。

从被测接地电极到电流测试探头的距离:

$$C2＝深度(接地桩电极)或对角线(带式电极)\times 5$$

与电压测试探头的距离 $P2(62\%)＝距离 C2\times 0.62$

与电压测试探头的距离 $P2(52\%)＝距离 C2\times 0.52$

与电压测试探头的距离 $P2(72\%)＝距离 C2\times 0.72$

举例:接地带系统,对角线＝4 m

$$C2＝4\ m\times 5＝20\ m$$

$$P2(62\%)＝20\ m\times 0.62＝12.4\ m$$

$$P2(52\%)＝20\ m\times 0.52＝10.4\ m$$

$$P2(72\%)＝20\ m\times 0.72＝14.4\ m$$

这种计算自然仅仅是理论上的。为了确定与实际接地状况相符的计算距离,应进行下列测试程序。

第一次测试需要在 $0.62\times C2$ 距离处、被驱向接地的电位探头上进行。该测试还应在 $0.52\times C2$ 和 $0.72\times C2$ 距离处重复进行。如果重复测试的结果与第一次测试结果不同,但没有超出第一次测试($0.62\times C2$)的 10%,则认为第一次测试结果正确。如果差别超出 10%,则应按比例增大两个距离($C2$ 与 $P2$),并重复所有测试。

应该在接地棒不同的放置方式下重复测试,即接地棒应在被测电极相反的方向上(80°或至少 90°)被驱动。最终结果是两个或更多部分结果的平均值。

由于接地系统可能很复杂,许多系统可能一起连接在地平面以上或以下,系统物理尺寸可能极大,系统的完整性通常不能目视检查等等这些事实,接地电阻的测试可能是要求最苛刻的测试之一。因此,选择适当的测试仪表非常重要。

2. 单根垂直接地体的接地电阻测量(图 4-38)

$$测试结果＝U/I＝R_E$$

其中:

U……由内部电压表在 $P1$ 与 $P2$ 测试端子之间所测的电压;

I……加在 $C1$ 与 $C2$ 测试端子之间被测环路的测试电流。

该测量非常简单,因为接地电极可以视为尖端极,并且没有与其他电极相连接。

被测电极与被测探头（电流和电压）之间的距离取决于被测电极的深度。

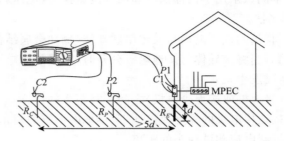

图 4-38　垂直接地体的接地电阻测量

要注意，使用 4 导线连接，比 3 导线要好得多，因为这样不会对测试夹钳与被测电极通常积尘的表面之间的接触电阻造成故障。

测量探头通常被引向大地，并与被测电极成一条直线，或（有的仪表支持）成等腰三角形。

3. 水平接地带接地电阻的测量

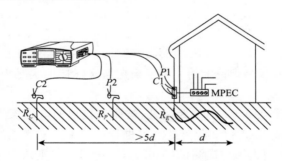

图 4-39　水平接地带接地电阻的测量

测量结果＝U/I＝R_E

其中：

U……由内部电压表在 $P1$ 与 $P2$ 测试端子之间所测的电压；

I……$C1$ 与 $C2$ 测试端子之间的测试电流。

除了电极不能视为单个尖端极之外，该测量与上一个测量非常相似，但是必须考虑所用接地带的长度。在该长度基础上，必须计算并使用被测电极到两个测试探头之间的适当距离，参见图 4-39。

4. 具有多个并联接地电极的复杂接地系统的测量

在该系统中应注意以下两个重要方面：

（1）当于每个接地电极并联的接地系统的总电阻 R_{Etot}

足够低的总接地电阻符合在负载故障情况下有效防止电击的要求，但却不能对通过避雷导体进行的雷电(大气放电)进行有效保护。

(2)接地电极的电阻 $R_{E1}\cdots R_{EN}$

当接地系统是用来防雷电时,每个接地电阻必须具有足够的低数值。雷电波头非常陡,因此,放电电流中包含高频分量。因为这些分量,接地系统中的任何电感都会成为高阻抗,因而不能顺利实现放电。这样会导致危险后果。

具有多个分离的接地部件(其中某些部件具有过高的接地电阻)的避雷导体可能会引起与期望相反的效应。避雷系统通过其几何形状和适当的位置(锐边/尖端,通常在最高处)引导雷电。在避雷系统附近会出现非常高强度的电场和随之的空气电离。

总接地电阻的测量

(a)标准四导线、两探头法(图 4-40)

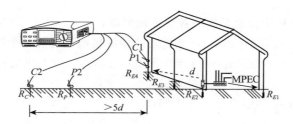

图 4-40　使用标准四导线、两探头法测量复杂接地系统的总接地电阻

电压和电流测量探头必须在远离被测系统的地方引向大地,这样可以视作一个点系统。距离电流探头的所需距离必须至少为各个接地电极之间最长距离的 5 倍。距离电压探头的距离应符合本章要求。被测接地系统(接地桩或接地带电极)之间所需距离的计算参见前面例子。

该方法的优点是它能确保测量结果准确并稳定,而缺点是它需要相对较长的距离来设置测量探头,这样可能会导致不方便(特别是在城市环境中)。

$$测量结果 = U/I = R_{E1}//R_{E2}//R_{E3}//R_{E4} = R_{Etot}$$

其中:

U……由仪器在测试探头 $P1$ 与 $P2$ 之间所测的电压;

I……由仪器在测试探头 $C1$ 与 $C2$ 之间的测试环路中所激励的电流;

$R_{E1}-R_{E4}$……各个接地电极的接地电阻;

R_{Etot}……被测接地系统的总接地电阻。

(b)使用两个测试夹钳的无接地桩法

接地电阻测量可以简化,当附加接地电极或接地电极系统具有很低的总接地电阻时,可以不必采用接地峰值而进行该测量。有些测量仪器可以使用两个测试夹钳来进行该测量。

这种情况通常在同时存在其他具有较低接地电阻的接地系统的建成区域（例如，金属带与接地电网电缆一起安装）。

下面图 4-41 是这类接地系统的举例和测试仪器的连接。

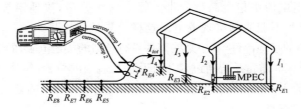

图 4-41　使用两个测试夹钳进行总接地电阻测量

R_{E1} —R_{E4}……被测接地系统的各个接地电阻；

R_{E5} —R_{EN}……具有较低的总接地电阻的辅助接地系统的各个接地电阻。

r 为测量夹钳之间的距离，必须至少为 30 cm，否则，发电机夹钳会对测量夹钳产生影响。

图 4-42 对以上举例给出了等效电路图。

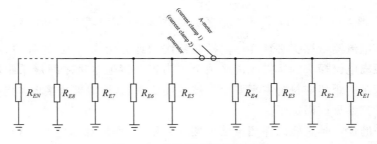

图 4-42　以上举例的等效电路

测量结果＝（接地电极 R_{E1} —R_{E4} 的总电阻）＋（辅助接地系统 R_{E5} —R_{EN} 的总电阻）

如果可以假设辅助电极 R_{E5} —R_{EN} 的总电阻低于被测电极 R_{E1} —R_{E4} 的总电阻，那么可以得出下列结果：

测量结果≈（被测接地电极 R_{E1} —R_{E4} 的总电阻）

如果该结果小于允许值，则实际值在安全范围内，即，甚至比显示结果更小。

5. 特殊接地电极的测量（图 4-43）

有多种方法可以测量特殊接地电极的接地电阻。即将使用的方法最适于实际的接地系统。

a）通过使用标准四导线、两探头测试方法机械断开被测接地电极而进行的测量

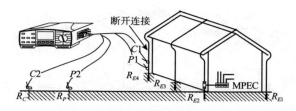

图 4-43　特殊接地电极的接地电阻测量

$$测量结果 = U/I = R_{E4}$$

其中：

　　U……由内部电压表在 $P1$ 与 $P2$ 测试端子之间所测的电压；

　　I……通过 $C1$ 与 $C2$ 测试端子之间的被测环路所激励的测试电流。

　　被测电极与两个测试探头之间的所需距离相当于接地桩电极或接地带电极测量中的所需距离，取决于所用电极的类型。

　　该方法的缺点是，必须在测量开始之前进行机械断开。由于接头可能积尘，断开与否存在疑问。该方法的优点是测试结果高度准确并稳定。

　　b）通过使用标准四导线、两点测试方法机械断开被测接地电极而进行的测量

　　如果所有接地电极的数量足够多，则可以使用简化的无探头法，参见图 4-44。

　　被测电极需机械断开，而其他所有电极将用作辅助电极。辅助电极的总接地电阻比被测电极的电阻小得多。

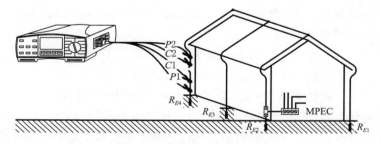

图 4-44　简化的无探头法测量

$$测量结果 = R_{E4} + (R_{E1} // R_{E2} // R_{E3})$$

如果 $(R_{E1} // R_{E2} // R_{E3})$ 远远低于被测的 R_{E4}，则可以标注为：

$$测量结果 \approx R_{E4}$$

c）使用标准四端子、两探头测试方法配合使用测试夹钳而进行的测量（图 4-45）

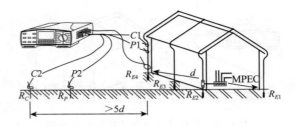

图 4-45　使用一个测试夹钳进行的接地电阻测量

以上举例的等效电路图如下图 4-46 所示。

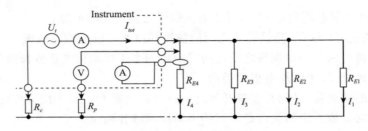

图 4-46　以上实例的等效电路图

U_t……测试电压；

R_c……电流测试探头的电阻；

R_p……电位测试探头的电阻；

I_{tot}……由测试电压 U_t 产生、并由与发电机串联连接的电流表所测的总电流；

$I-I_4$……每个测试电流。

$$I_1 + I_2 + I_3 + I_4 = I_{tot}$$

测量结果 $1 = R_{E4}$（应考虑测试夹钳所测的电流）

测量结果 $2 = R_{tot}$（应考虑电流表所测的总电流）

该方法的优点是，不需要机械断开被测电极。

从一个电极移向另一个电极的测试夹钳只能测量被测接地电极的电流。在该电流基础上，使用内部电流表所测的总电流和内部电压表所测的电压，可以计算出特定的接地电阻。

为了确保电压测量准确，从被测电极到电流探头的距离至少比被测系统中特殊电极之间的最大距离大 5 倍。

此种测量方法的注意事项有：

（1）由于特殊电极之间的距离较大，通常不允许将测试夹钳从一个电极移向另一个电极！必须移走带有其测试导线的仪器。

（2）如果被测接地系统中的电极数量太多，可能由测试夹钳在电极上所测电流太小。在这种情况下,测试仪器会显示不正常的状态。

d)使用两个测试夹钳进行的无探头测量(非接触测量法)

具有许多并联电极的复杂接地系统(参见图 4-47)或与其他接地系统互联的系统(参见图 4-49)在测试时通常符合这种情况。另外,在城市环境中测量建筑物接地装置时,将测试探头引向大地很困难或无法实现。在这些情况下,可以使用无探头法(如果测试仪器支持该功能的话)。

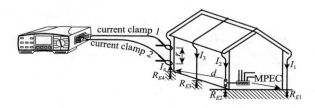

图 4-47　使用无探头、双夹钳法(非接触测量法)测量接地电阻

此种测量方法应注意:确保两测试夹钳之间的最小距离至少为 30 cm,这一点很重要。否则,这两个夹钳会相互作用,并使读数失真。

使用无探头、双夹钳法(非接触测量法)测量接地电阻的测量的原理如图 4-48 所示。

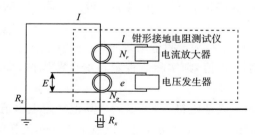

图 4-48　用钳形接地电阻测试仪测量接地电阻

图中,N_g 为绕在仪器钳口内的发生器线圈,N_r 为绕在钳口内的接收线圈。两线圈之间具有良好的电磁屏蔽。测量时钳口闭合,测量仪的发生器线圈在被测接地回路内产生一个已知的恒定的交流电压 E,且有

$$E = e/N_g$$

式中 e 为发生器发生的内部电压。为提高抗干扰能力,交流电压的频率为不同于工频的某一高频。

E 在回路中产生电流 I,$I = E/R$

它被置于表内的接收线圈(CT 的二次线圈)转换为

$$I = I/N_r$$

测量部分测得电流 i 并计算下式即可求得回路电阻。

$$R = E/I = K(e/i)$$

这种测量方法适用于多点接地系统。这种测量仪使用起来十分方便,只需将钳口夹住被测接地电阻的引线就可立即测得被测电阻值,而且由于不必断开接地线即可测量,所以所测值准确反映了设备运行情况下的接地状况。

图 4-47 例中的等效电路图如图 4-49。

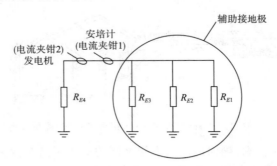

图 4-49　以上实例的等效电路图

$$测量结果 = R_{E4} + (R_{E3} // R_{E2} // R_{E1})$$

如果并联电极 R_{E3}、R_{E2} 和 R_{E1} 的总电阻小于被测电阻 R_{E4} 的电阻,则可以得出下列等式:

$$测量结果 \approx R_{E4}$$

如果测量结果小于允许值,则实际值肯定在安全范围内,即,实际值甚至比显示值还要小。

通过移动测试夹钳至其他电极上,可以测出其他特定电阻值。

如果有一个实例如图 4-50(a)所示,则可以按下图所示连接测试夹钳。容许的测试结果的所需条件是,接地电极 R_{E5} 至 R_{EN} 的接地电阻相对于被测物体 R_{E1} 至 R_{E4} 的总电阻来说,可以忽略不计。

连接与图 4-47 中的相似。不同的是,电流测量的测试夹钳与特定的接地电极相连接,以测量该电极的接地电阻。

图 4-50(a)示例的等效电路图如图 4-50(b)所示。

若接地电极 R_{E5} 至 R_{EN} 的总电阻小于电极 R_{E1} 至 R_{E4} 的总电阻,则可以得出下列等式:

$$测量结果 \approx R_{E3}$$

通过移动测试夹钳 1(电流测量夹钳)至其他电极上,可以测量其他接地电极。

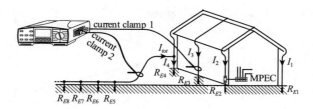

图 4-50(a)　使用两测试夹钳进行的无探头法接地电阻测量

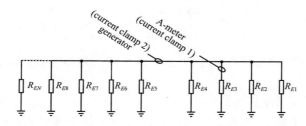

图 4-50(b)　使用两测试夹钳进行的无探头法接地电阻测量的等效电路图

此种测量方法应注意：

（1）如果各个接地电极相互之间靠得很近，可以使测试夹钳接触到，则可以使用该方法。无论测量哪个电极，发电机夹钳都应保持在同一位置。

（2）如果被测接地系统中电极数量很多，那么，由测试夹钳在被测电极所测的电流会很小。在这种情况下，测试仪器会显示不正常的情况。

（3）非接触测量法是一种先进的测量技术，具有许多优点。不过，测试仪测得的电阻值是包括被测接地电阻在内的整个回路的电阻。使用中必须牢记这一点，以利对测量结果的分析。

（4）另一方面，对没有构成接地回路的接地体，钳形接地电阻测试仪无法直接测量它的接地电阻。例如，对单点接地系统，避雷针就无法使用钳形接地电阻测试仪，测量人员应注意测量场合。

（5）接地体内通常总有泄漏电流存在，钳形接地电阻测试仪还具有测量接地体内泄漏电流的功能，其测量范围从 1 mA 到 30 A 。如果泄漏电流太大，所测接地电阻值不准确，此时须先将造成的故障排除后重新测量。使用外部电压进行的接地电阻测量方法，在"RCD 保护装置"部分中介绍。

6．大地网测试的测试电极三角形布置法

电极三角形布置示意图如图 4-51 所示。根据与测试电极直线布置法相似的电位分布理论，此时，测量电极的布置一般取 $d_{12} = d_{13} \approx (4\text{—}5)D$，夹角 $\theta \approx 29°$

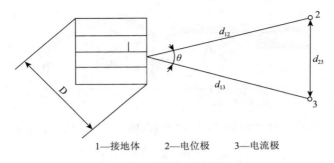

1—接地体　2—电位极　3—电流极

图 4-51　测试电极三角形布置法

测量大型接地体的连接电阻时,测量电极宜用三角形布置。因为它与直线法比较有下列优点:

(1)可减少引线间互感的影响;

(2)在不均匀土壤中,当取 $d_{13}=2D$ 时,用三角形的测量结果,相当于 $3D$ 直线法的测量结果,因而,测试相对容易;

(3)三角形法,电压极附近的电位变化较缓、从 29°到 60°的电位变化相当于直线法从 $0.618d_{13}$ 到 $0.5d_{13}$ 的电位变化。

7. 大型接地装置如 110 kV 及其以上变电所接地网,或地网对角线 $D>60$ m 的地网测量方法

对于发电厂、变电站等大型地网,由于地中有较大的工频杂散电流(毫安级到安培级,甚至远大于普通便携式接地电阻测试仪的测试信号),此时,不能采用普通接地电阻测试仪来测量,而应采用大电流信号测试法,且施加的电流要达到一定值。测量导则要求不宜小于 30 A。以达到一定的信噪比。

大电流法测试中消除干扰的措施有:

(1)消除接地体上零序电流的干扰

发电厂、变电所的高压出线由于负载不平衡,经接地体总有一些零序电流流过,这些电流流过接地装置时会在接地装置上产生电压降,给测量结果带来误差,常用如下措施进行消除。

①增加测量电流的数值,消除杂散电流对测量结果的影响(为了减小工频接地电阻实测值的误差,通过接地装置的测试电流不应小于 30 A)。

②测出干扰电压 U',估算干扰电流 I'

当零序电流估算出后,试验时所用的测试电流取为 $I=(15-20)I'$ 可使测量误差不大于 5%—7%。

(2)消除引线互感对测量的干扰

当采用电流电压法测量接地电阻时,因电压测试线和电流测试线要一起放很长的距

离,互感就会对测量结果造成影响,为了消除引线互感的影响,通常采用以下措施。

①采用三角形法布置电极,因三角形布置时,电压线和电流线相距的较远。

②当采用停电的架空线路,直线布置电极时,可用一根架空线作电流线,而电压线则要沿着地面布置,两者应相距 5—10 m。

③采用四极法可消除引线互感的影响,另外还可采用电压、电流表和功率表法测量。

§4.5　土壤电阻率及测试

在接地技术中土壤电阻率是一主要技术参数。任何接地装置的设计都需用到土壤电阻率这个参数。接地工程竣工后的检验、投运后安全性的评估也都需要这一原始数据。因此在设计初始阶段,当接地装置的所在位置确定后,即需进行土壤电阻率的测量工作,施工过程或投运后作为设计的校核也需测量土壤电阻率。

一、电阻率的定义

电阻率是形状如 $1 \times 1 \times 1$ m 立方体的接地材料的电阻,其中,测量电极可以放在该立方体的对面,参见图 4-52。

单位体积的电阻　$R = U/I(\Omega)$ 就是电阻率。

一些典型的大地材料的电阻率经验值可参考表 4-5,否则,应计算或测量大地电阻率。

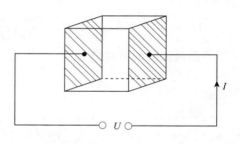

图 4-52　电阻率的定义

表 4-5　典型的大地材料的电阻率经验值

接地材料的类型	电阻率(Ω·m)
海水	0.5
湖水或河水	10—100
犁过的地	90—150
混凝土	150—500
湿砂砾	200—400
干细沙	500
石灰	500—1 000
干砂砾	1 000—2 000
多石地面	100—3 000

二、文纳四电极法测量大地电阻率的原理及方法

1. 文纳四电极法原理及测量接线布置

接线如图 4-53 所示。由外侧电极 C_1、C_2、通入电流 I,若电极的埋深为 L,电极间的距离为 $a(a)L$。则 C_1、C_2 电极使 P_1、P_2 上出现的电压分别为:

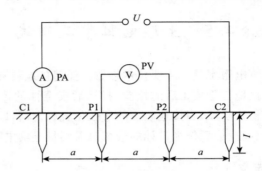

图 4-53　四极法测土壤电阻率的试验接线

$$U_2 = \frac{\rho I}{2\pi}\left(\frac{1}{a} - \frac{1}{2a}\right) \quad U_2' = \frac{\rho I}{2\pi}\left(\frac{1}{2a} - \frac{1}{a}\right)$$

而两极间的电位差为:

$$U_2 - U_2' = \frac{\rho I}{2\pi a}$$

因此,

$$\rho = \frac{2\pi a(U_2 - U_2')}{I} = 2\pi a\frac{U}{I} = 2\pi a R_g$$

式中 ρ 为土壤电阻率,单位 $\Omega \cdot m$;a 为电极间的距离,单位 m;U 为 P_1 和 P_2 点的实测电压,单位 V;R_g 为实测的土壤电阻,单位 Ω。

用四极法测量土壤电阻率时,电极可用四根直径 2 cm 左右、长 0.5—1.0 m 的圆钢或钢管作电极,考虑到接地装置的实际散流效果,埋深应小于极间距离的 1/20。应取 3—4 次以上不同方向的测量平均值作为测量值。

用以上方法测量的土壤电阻率,不一定是一年中的最大值,所以应按下式进行校正。

$$\rho_{max} = \varphi\rho$$

式中 φ 为考虑到土壤干燥的季节系数,其值如表 4-6 所示;比较干燥时,则取表中的较小位,比较潮湿时,则取较大值;ρ 为实测土壤电阻率,单位 $\Omega \cdot m$。

表 4-6　根据土壤性质决定的季节修正系数表

土壤性质	深度(m)	φ_1	φ_2	φ_3
黏土	0.5～0.8	3	2	1.5
黏土	0.8～3	2	1.5	1.4
陶土	0～2	2.4	1.36	1.2
砂砾盖以陶土	0～2	1.8	1.2	1.1
园地	0～3		1.32	1.2
黄沙	0～2	2.4	1.56	1.2
杂以黄沙的沙砾	0～2	1.5	1.3	1.2
泥炭	0～2	1.4	1.1	1.0
石灰石	0～2	2.5	1.51	1.2

注：φ_1——在测量前数天下过较长时间的雨时选用。

　　φ_2——在测量时土壤具有中等含水量时选用。

　　φ_3——在测量时,可能为全年最高电阻,即土壤干燥或测量前降雨不大时选用。

2. 用文纳四极法测量时的注意事项：

(1)对于已运行的变电所,测土壤电阻率时,因电流要受地中水平接地体的影响,因而测量时要找土质相同的远离接地网的地方进行。

(2)为了全面了解大地电阻率的水平方向的分布情况,要在被测试的区域内找不同方向的 4—6 点进行测量。

(3)为了了解土壤的垂直分层情况应改变几种不同的 a 值进行测量,比如 a＝4、6、8、10、20、30、50 m 等。

(4)测量土壤电阻率时应尽量避开地下的管道等,以免影响测试结果。

(5)不要在雨后土壤较湿时测土壤电阻率。

3. 电流渗透深度

在大地电阻率的测量中,测量用的电流在地中渗的大致深度是多少? 这是个重要的问题。一般来说,大地成层状结构,各层的电阻率是不同的。由文纳四电极法测量大地电阻率的情况下,得出的是从地表到测量电流渗透到达深度的电阻率的平均值。电流未到达的层的电阻率是不知道的。在图 4-54 中,设从电极系统的中央的点。向深度方向为 Z 轴。从电极 l 流入电流 I,到达电极 4。考虑 Z 轴上的电流密度的变化,当然 O 点的电流密度是最大的,随深度变大电流密度变小。如取 O 的电流密度为 i_0,z 轴的电流密度为 i,i 和 i_0 之比服从下式的关系：

$$\frac{i}{i_0} = \frac{1}{\left[1+\left(\dfrac{z}{D}\right)^2\right]^{3/2}}$$

D 是电极 l 和 O 点的距离。基于上式,绘出 z/D 和 i/i_0 的关系成图 4-55,当 $z/D＝2$ 即当 $z＝2D$ 的深度时,可看出电流密度已相当低。测试仪测得的土壤电阻率是对应于电极间隔为 a 至一定深度(约 3a)的电阻率的平均值。

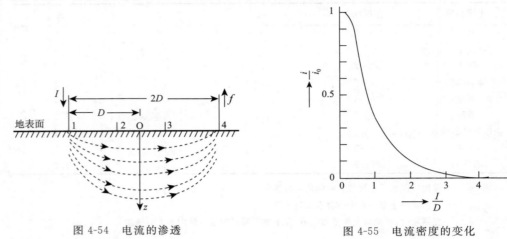

图 4-54　电流的渗透

图 4-55　电流密度的变化

4. $\rho-a$ 曲线

把电阻率沿深度方向的变化由地上推定的方法,那就是由 $\rho-a$ 曲线推定法(见图 4-56)。

$\rho-a$ 曲线的纵轴 ρ 不是地中各深度的电阻率。它是对应于电极间隔为 a 至一定深度(约 3a)的电阻率的平均值。因而,要从 $\rho-a$ 曲线知道地中各深度的电阻率,必须变换 $\rho-a$ 曲线。

$\rho-a$ 曲线变换,最广泛采用的方法是把实测求出的 $\rho-a$ 曲线与理论求出的基准曲线作比较,来推定地中 ρ 的分布。

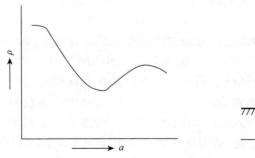

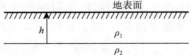

图 4-56　$\rho-a$ 曲线

图 4-57　双层土壤结构

一种最简单的垂直分层模式是双层结构(图 4-57)场合。

定义反射率 k:

$$k = \frac{\rho_2 - \rho_1}{\rho_2 + \rho_1}$$

取 k 为 $+1$ 和 -1 间的值。在第 2 层的电阻率非常高的极限的场合，即 $\rho_2 \to \infty$ 的场合，$A = +1$，第 2 层的电阻率在最低的 0 的场合，$k = -1$。

对双层结构，可以把对应于各种 k 值的 $\rho - a$ 曲线在理论上描出，把它示于图 4-58 和图 4-59。在图 4-58 中 $\rho - a$ 是按文纳四电极法从地表面测量得出的综合的电阻率，ρ_1 是上层的电阻率。

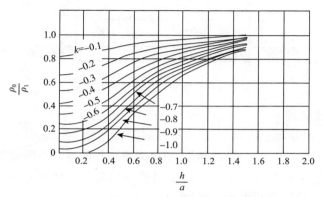

图 4-58　双层结构的基准曲线（k 是负的场合）

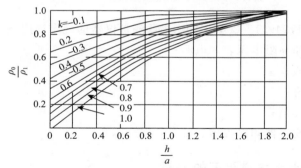

图 4-59　双层结构的基准曲线（k 是正的场合）

三、非等距法或施伦贝格—巴莫(Schlumberger-Palmer)法

非等距法主要用于当电极间距增大到 40 m 以上情况，其布置方式见图 4-60。此时电位极布置在相应的电流极附近，如此可升高所测的电位差值。

1. 非等距法测量电极布置

非等距法测量这种布置，当电极的埋地深度 b 与其距离 d 和 c 相比较甚小时，则所测得电阻率可按下式计算：

$$\rho = \pi c (c + d) R / d$$

式中：

ρ——土壤电阻率；

R——所测电阻；

c——电流极与电位极间距；

d——电位极间距。

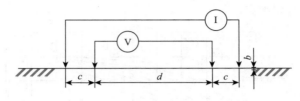

图 4-60　测量电极非均匀布置

2. 测量数据处理

根据需要采用非等距法测量，测量电极间距可选择 40、50、60（m）。按公式计算相应的土壤电阻率。根据实测值绘制土壤电阻率 ρ 与电极间距的二维曲线图。采用兰开斯特—琼斯（The Laneaste-Jones）法判断在出现曲率转折点时，即是下一层土壤，其深度为所对应电极间距的 2/3 处。

3. 测量仪器

可按 GB/T 17949.1—2000 中第 12 章测量仪器的规定选用下列任一种仪器：

a）带电流表和高阻电压表的电源；

b）比率欧姆表；

c）双平衡电桥；

d）单平衡变压器；

e）感应极化发送器和接收器。

四、现场表土土壤电阻率的测量

对于既定的接地装置现场，可选择一设计高度相同的较为平整、土壤色泽和（颗）粒度都较均匀的场地上，取表土若干，在实验室内进行测试。测试方法如下：

将取回的土壤倒入一已知尺寸和具有标准电极的绝缘容器内，电极的位置应在容器的中央，即距容器各器壁距离都是相等的，一般以圆柱形较宜，以量规调整好电极间的距离，土壤应掩没电极，并将多余的土壤自容器顶面刮去（图 4-61）。

再将该容器的电极接入如图 4-61 的回路中，接通电源就可测试。按电流表和电压表的读数 U 和 I 就可计算电极间的土壤电阻：

$$R = U/I\ (\Omega)$$

因为 $R = \rho(L/S)$，由此可求得：

$$\rho = (R \cdot S)/L(\Omega \cdot m)$$

式中 S 为标准电极的表面积,单位 m^2;L 为电极之间的距离,单位 m。

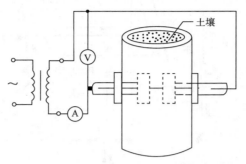

图 4-61　现场表土土壤电阻率的测量

这一方法较为简单,也可用来检测降阻剂电阻率。

此外,在地质勘探工作中,常用钻孔取岩土样本的方法,在实验室中较为准确地得到各深度岩土的土壤电阻率。

五、三极法测量土壤电阻率

当现场土壤电阻较均匀时,可在土地平整开挖之前采用单极法测量土壤电阻率。事先加工一垂直接地极,一般可用直径不小于 15 mm、长度不小于 1 m 的焊接钢管或自来水管,将其一端加工成尖锥形或斜口形,便于在现场击入地面。然后用接地电阻测量仪进行测量。按图 4-62 接线,电流极 C 离开接地极的测量距离 $S \geqslant 20$ m;电压极 P 的位置应置于$(0.5 \sim 0.7)S$ 处。测量时在电流极 C 的位置不变,移动电压极 P 的位置,在上述区间取 3~5 点,其读数平均值作为测量值。

按静电场原理已知该接地极的接地电阻:

$$R = \frac{\rho}{2\pi l}\ln\frac{4l}{d}$$

式中 l 为接地极击入土中的深度,m;d 为接地极的管径,m。

由上式即可求得:

$$\rho = \frac{R \cdot 2\pi l}{\ln\dfrac{4l}{d}}$$

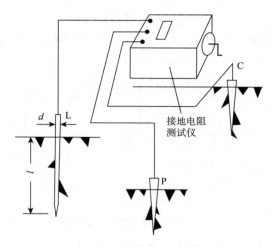

图 4-62　单极法测量土壤电阻率

§4.6　SPD 参数与测量

过电压保护装置通常用来保护电源系统、天馈系统、通信系统,尤其是保护由微电子芯片组成的高灵敏度的电气设备,以防止闪电对其产生不利影响。这种保护在网络化迅猛发展的当今社会显得尤为重要。过电压保护装置可以永久地安装在电气设备上,也可以分级插入邻近被保护装置的电源设备、天馈设备、通信设备等的上面。

为了获得最有效的保护,通常把 SPD 安装在防雷分区的交界面,实际上一般为以下几个场合。

对电源系统:

在电源的输入总配电柜(保护装置防止浪涌电压的扩散);

在设备单元的配电柜中;

电子负载(设备)前端。

如第一章所述,各级 SPD 所选参数指标是不一样的。

对天馈和通信系统:

安装在收、发设备或网络交换设备的接口端。过长的电缆两端都需要安装 SPD。

图 4-63 是电源系统过电压保护装置的安装示例,本书第一章已经介绍过 SPD 的基本知识。

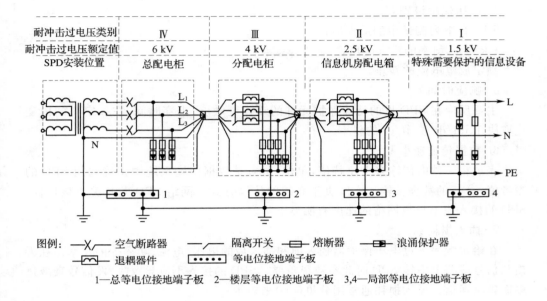

图例：——X——空气断路器　　——／——隔离开关　　▭ 熔断器　　▭▸ 浪涌保护器
　　　　——▭——退耦器件　　▭▭▭▭ 等电位接地端子板

1—总等电位接地端子板　　2—楼层等电位接地端子板　　3,4—局部等电位接地端子板

图 4-63　多级 SPD 保护的连接例

过电压保护装置的结构是多种多样的。它们可以由火花间隙、氧化锌压敏电阻（非线性变阻器）,气体放电管、快速二极管（瞬态抑制二极管）、电感,电容器等组成,或者是上面元件的组合体以及其他各种保护元件等。

防雷产品质量检验机构的技术人员应该了解 SPD 性能要求及测试方法,掌握 SPD 安装要求及检查方法,能进行 SPD 部分参数的现场测量。

一、SPD 的主要技术参数

1. 标称电压 U_n

与被保护系统的额定电压相符,在信息系统中此参数表明了应该选用的 SPD 的类型,它标出交流或直流电压的有效值。

2. 最大持续运行电压 U_c（一种保护模式一个值）

能长久施加在保护器的指定端,而不引起 SPD 特性变化和启动（激活）保护元件的最大电压有效值。

3. 每一保护模式的试验类别及放电参数

Ⅰ 类试验的 I_{imp} 和 I_n

Ⅱ 类试验的 I_{max} 和 I_n

Ⅲ 类试验的 U_{oc}

4. 电压保护级别 U_p

SPD 在下列测试中的最大值：

1 kV/μs 斜率的跳火电压；

额定放电电流的残压。

5. 响应时间 t

主要反应在 SPD 里的特殊保护元件的动作灵敏度、击穿时间，在一定时间内变化取决于 du/dt 或 di/dt 的斜率。

6. 数据传输速率 V_s

表示在一秒内传输多少比特值，单位：bps；是数据传输系统中正确选用 SPD 的参考值，SPD 的数据传输速率取决于系统的传输方式。网络 SPD 尤其关心该指标。SPD 的接入应不导致网络的速度有明显下降。

7. 插入损耗 A_e

在给定频率下过电压保护器插入前和插入后的电压、电流、功率等的比率。在天馈和信号线路上串接 SPD 时此参数很重要。SPD 的接入不应导致收、发信号衰减过多而影响通信。插入损耗通常用分贝（dB）来表示。

8. 回波损耗 A_r

表示前沿波在保护设备（反射点）被反射的比例，是直接衡量保护设备同被保护系统阻抗是否兼容的参数。

9. 残压 U_{res}

当冲击电流通过 SPD 时，在其端子处呈现的电压峰值，其值与冲击电流的波形及幅值有关。

二、SPD 的常规测试（现场测试）

以上列举的许多参数一般只能在实验室进行形式检验，而在 SPD 运行期间，会因长时间工作或因处在恶劣环境中而老化，也可能因受雷击电涌而引起性能下降、失效等故障。其击穿电压可能降低。由于这个原因他们可能会被电源电压自身破坏，它们可能完全停止工作，因此完全丧失保护功能。

因此需定期进行动态试验和静态试验。如试验结果表明 SPD 劣化，或状态指示器指出 SPD 失效，应及时更换。确保防雷装置的有效性。下面介绍几个可在 SPD 安装现场测试的几个参数的测量方法。

1. 压敏电压（U_{1mA}）的测试

本测试主要适用于金属氧化物压敏电阻（MOV）元件的 SPD，无其他并联元件。主要测量在 MOV 通过 1 mA 直流电流时，其两端的电压值。压敏电压的测试属于静态测试，能说明在连续的工作电压下 SPD 是否工作正常。

　　测试仪可以如防雷元件测试仪、Eurotest 61557 等，可以使用 50 到 1800 V 左右的测试电压对压敏电阻过电压保护装置进行非破坏性的测试。

　　测量原理如图 4-64。

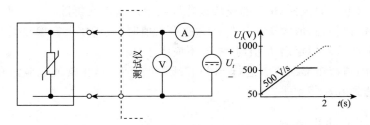

图 4-64　压敏电阻过电压保护装置测量原理

　　直流发电机以一定的斜率（例如 500 V/s）增加测试电压，此时安培表测量正向电流。一旦电流值到达 1 mA（阈值电流）时，发电机停止产生测试电压，并显示最后的电压（击穿电压）。

　　使用者应该将显示的测试电压与 SPD 器件外壳上标注的额定电压比较，如果需要，必须更换过电压保护设备。

　　如果出现下列情况，可以断定保护装置存在故障：

　　(1)如果已经开路。说明保护功能已经全部丧失。

　　(2)如果显示的击穿电压过高（例如显示值是标称压敏电压的两倍）。说明保护装置已经被部分破坏，它可能允许更高的过载电压。

　　(3)如果显示的击穿电压太低（显示值接近额定的电源电压）。说明在不久的将来，电源电压将会导致保护装置全部损坏。

　　具体的合格判定原则：当 $U_{1\,mA}$ 值不低于交流电路中 U_o 值 1.86 倍时，在直流电路中为直流电压 1.33 至 1.6 倍时，在脉冲电路中为脉冲初始峰值电压 1.4 至 2.0 倍时，可判定为合格。也可与生产厂提供的允许公差范围表对比判定。

　　应该注意的是，因为实际上只能对元器件进行测试，所以测试时应将 SPD 的可插拔模块取下测试，或将不可插拔式 SPD 两端连线拆除。对内部带有滤波或限流元件的 SPD，应不带滤波器或限流元件进行测试。按测试仪器说明书连接进行测试。由于 SPD 的测试会加上高电压，必须将试品连接在测试夹钳上确保连接无误后方可测试，否则可能会由于空载造成测试仪表内部由于电压不断升高而打火，损坏设备。同时应注意安全，防止人身遭到电击。

　　2. 泄漏电流 I_{le} 的测试

　　除放电间隙外，SPD 在并联接入电网后都会有微安级的电流通过，如果此值偏大，说明 SPD 性能劣化，应及时更换。否则，有可能发热使 SPD 温度上升，促使漏电流进一步增大形成恶性循环，最终导致热击穿。这也是要在 SPD 内部或外部前端加装熔断器或断路器的原因之一。

可使用防雷元件测试仪对限压型 SPD 的 I_{le} 值进行静态试验。规定在 0.75 $U_{1\,mA}$ 下测试。专门的防雷元件测试仪可在测量压敏电压的同时测量泄漏电流。

首先应取下可插拔式 SPD 的模块或将线路上两端连线拆除。

合格判定:当实测值大于生产厂标称的最大值时,或者年上升率较大时可判定为不合格,如生产厂未标定出 I_{le} 值时,一般不应大于 20 μA。

还可使用精密钳形漏流表进行 SPD 在线漏电流测试,正常值也应该是微安级漏电流,不应达到 mA 级水平。

三、SPD 的冲击试验

新型防雷产品在不断涌现,能否起到良好的保护效果,则需要对其性能验证。在我国已有北京、上海等多家防雷产品测试中心,使用世界上先进的设备对产品性能进行测试。例如,现今国际上先进的产品测试设备有:

(1)SSGA200—180 冲击发生器,它能产生三种波形:300 kV 的 crowbar 触发电压;10/350 μs 最大 116 kA 首次雷击电流波形;8/20 μs 最大 208 kA 后续雷击电流波形。在 10/350 波形条件下能达到 117 kA 的大电流,50 A·s 的电荷量,3 MJ/ohm 的比能量,1 kA/μs 的 di/dt 的电流陡度。世界上这类冲击设备的数量不多,尤其 crowbar 触发电压达到 300 kV,主球隙触发回路达 200 kV 的设备更少。

(2)Psurge30.2 是一套带去耦网络的 1.2/50 μs 和 8/20 μs 的混合波发生器,最大冲击电流为 30 kA,适合 IEC61643—1 中限制电压和动作负载在线测试。这套设备还可以通过变换不同模块输出 1.2/50 μs、8/20 μs、10/1 000 μs、10/350 μs 等波形,满足 IEC61643—1、61643—21 中各种输出波形。

(3)Psuge6.1 设备主要应用于信号 SPD 测试,它能做 0.5 μs、100 kHz 振铃波测试,还能输出 1.2/50 μs、10/700 μs 的波形。

先进的测试设备加上合理的测试方法,才能最大限度地掌握防雷产品的性能情况。关于电涌保护器的选用,安装,配合,测试等,IEC 制定了一系列相关的标准如:IEC61312—3 电涌保护器(SPD)的要求(草案),61644—1(37A/48/CD)通信系统用SPD,IEC 61643—1、2、3 等。20 世纪 90 年代起我国也相应制定了一系列防雷标准,有关低压电涌保护器性能测试应用最广泛的有 GB 18802.1、GB—T 18802.21 等。这些标准可以作为 SPD 测试方法的一种指导。

配电系统电涌保护器的形式试验包括冲击试验和安全性能实验。

1. 雷电冲击试验设备介绍

近年人们防雷意识的逐步增强,有很多生产 SPD 的厂家,所设计的电涌保护器是否能够对被保护设备进行有效保护,需要对其进行性能的测试。由此,各类高校或公司研发和生产了多种雷电冲击测试设备。这些设备用来产生模拟雷电冲击电压波的高压试验设备,所产生的各类模拟雷电波形由专门设计的智能控制系统所控制,它采用了可编程控制器技术,几乎所有的控制功能均可由软件实现,极大地简化了系统组成,提高了系统的可靠性。下面就其原理作一简要介绍。

(1)雷电冲击试验平台基本原理

雷电冲击试验平台的电路原理图如图 4-65 中所示,电容器组由高压直流装置恒流充电,然后通过间隙放电使试品上流过冲击大电流。图中 C 为并联电容器组的电容总值,分压器用来测量试品上电压,分流器用来测量流经试品的电流。工作时先由整流装置向电容器组充电到所需要的电压,再由触发装置送高压触发脉冲到球间隙 G1 使 G1 击穿,电容器组 C 经 R1、L1 及试品放电。图中 a—b 支路为 $10/350~\mu s$ 冲击电流波形专门设计,Crowbar 由 DHQ2 控制点火,在 G1 击穿延迟一定时间(时间可以在触摸屏的触发控制里设定)后 G2 击穿,产生巨大的能量经过 R1、L1 对试品放电。脉冲根据充电电压的高低和回路参数的大小,可产生不同大小的脉冲电流。

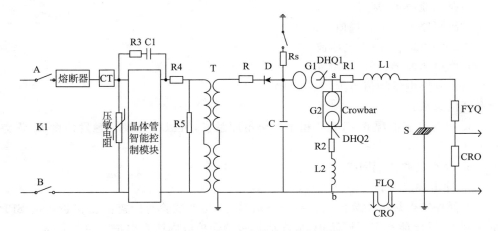

图 4-65 雷电冲击试验平台原理图

图中,K1—主接触器开关,R3、C1—过热保护装置,

R4、R5—变压器限流电阻,T—60kV 变压器,

R—充电电阻,D—硅堆,C—充电主电容,

G1—主球隙,G2—真空开关管(Crowbar),

R1—调波电阻,L1—调波电感,

R2、L2—导线电阻与电感,Rs—水电阻,

S—试品,FYQ—电阻分压器,FLQ—分流器(Rogowski 线圈),

DHQ1—主脉冲点火器,DHQ2—Crowbar 脉冲点火器,

CRO—高压数字示波器。

(2)主要技术指标

充电电源:380 V AC,控制电源:220 V AC。

输出波形:

①复合波

开路电压波形:1.2/50 μs,

短路电流波形:8/20 μs,

发生器特性阻抗(V_{OC}/I_{SC}):2.02Ω,

输出短路电流峰值范围:2~20 kA,

输出开路电压峰值范围:5~40 kV。

②8/20 μs 冲击电流波

短路电流波形:8/20 μs,

输出短路电流最大峰值:160 kA。

③10/350 μs 冲击电流波

短路电流波形:10/350 μs,

输出短路电流最大峰值:50 kA。

④10/1 000 μs 冲击电压波

开路电压波形:10/1 000 μs,

输出开路电压峰值范围:5~40 kV。

其他参数:

a. 可在交流电源0~3 600 相角任何角度触发,可以任意设定触发角度值,误差 ≤±50。

b. 设有电源去耦网络。

2. 冲击性能试验

电涌保护器标准中规定了三级分类试验,这几个试验与所需防雷保护区的 SPD 布置有关,以便能实现层层防护,最终达到防护保护区内所有保护对象的安全。

表 4-7　I 级分类试验参数

I_{peak}/kA	$Q/A \cdot s$ 在 10 ms 内电荷量
20	10
10	5
5	2.5
2	1
1	0.5

(1)I 级冲击电流试验

I 级冲击电流试验,其电流 I_{imp} 由其峰值 I_{peak} 和电荷量 Q 两参数来确定。 冲击试验电流应在 10 ms 内获得 I_{peak} 和 Q 值。达到表 4-7 所规定的 I 级试验参数的波形是单向冲击电流。雷电冲击平台所模拟的 10/350 μs 雷电波波形如图 4-66 所示。

如果参数值与上表给定值不同，I_{peak} 和电荷量 Q 的关系为：

$$\frac{Q}{A \cdot s} = 0.5 \frac{I_{peak}}{kA}$$

电流峰值 I_{peak} 和电荷量 Q 的允许误差是：

－I_{peak}：　　　$\pm 10\%$；

－Q：　　　　$\pm 10\%$；

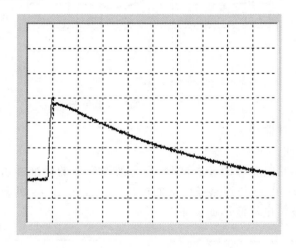

图 4-66　10/350 μs 雷电波波形图

（2）标称放电电流试验

I、II 级分类试验是用标称放电电流 In 对浪涌保护器进行的冲击测试，用于测试的标准电流波形为 8/20 μs，电流波形的允许误差在峰值、波前时间和半峰值时间各不大于 10%，且负向反极性电流不大于峰值的 20%。雷电冲击平台所模拟的 8/20 μs 雷电波波形如图 4-67 所示。

II 级分类试验是模拟供电线路上有雷电感应发生或雷电直击发生后经 I 级产品泄放后的剩余电流，在线路上传播的电涌电流短波。该长波被标准化后定义为 8/20 μs。

10/350 μs 波形不能与 8/20 μs 寻找转化关系，一个是规定波形的能量，一个是规定波形的峰值和上升速率。

用 8/20 冲击电流测量残压方法：

①依次施加峰值为：0.1；0.2；0.5；1.0 倍的 I_n 值的 8/20 冲击电流。

②对 SPD 施加一个正极性和一个负极性序列。

③至少对 SPD 施加一次 I_{max} 的 8/20 冲击电流，电流极性为前面试验中残压较大

的极性。

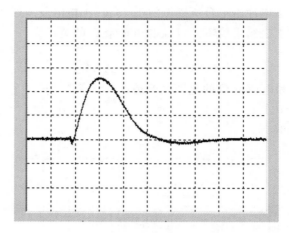

图 4-67　8/20 μs 雷电波波形图

④绘制伏安特性曲线。

(3)复合波的冲击试验

Ⅲ级分类试验是复合波的冲击试验,复合波发生器的标准冲击波为开路条件下的输出电压波 1.2/50 μs 与短路条件下的输出电流波 8/20 μs 的复合。雷电冲击平台所模拟的复合波雷电波波形如图 4-68 所示。

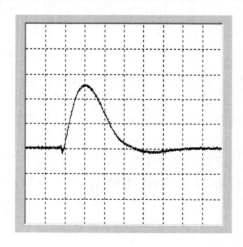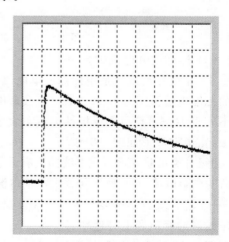

图 4-68　复合波波形图

提供给 SPD 的电压、电流峰值及其波形由冲击发生器合受冲击作用的阻抗而定。一般为高阻开路,所以复合波以开路电压的形式输出,流过试品时,试品变为短路状态,内阻 r 消失,此时回路中的总阻抗仅为发生器的虚拟阻抗 $Z_f = 2\Omega$,所以8/20电流几乎完全通过试品。开路电压峰值和短路电流峰值之比为 2 Ω。短路电流用符号 I_{sc} 表示。开路电压用符号 U_{OC} 表示。

复合波应施加在通电的 SPD 上,其电源电压为 U_c。

在正弦电压的 90°±10° 施加正极性冲击,270°±10° 施加负极性冲击。

8/20 电流单独电流冲击时,整个回路的总阻抗为发生器虚拟阻抗 $z+r$,所以通过试品时有损耗,形式为热损耗。

3. SPD 的测试原则

利用以上三种标准波形对不同类型的 SPD 进行限压、通流试验。

压敏电阻:限压、通流——8/20 电流波

一级放电间隙:限压——1.2/50 电压波

　　　　　　　　通流——10/350 电流长波

放电管及半导体材料:

限压——1.2/50 电压波

通流——8/20 电流短波

四、SPD 安全性能试验

1. 工频续流 I_f

工频续流主要出现在电压开关型 SPD 中,当冲击放电电流后,由电源系统流入 SPD 的工频电流称为续流。续流值应在几千安培,持续时间应小于或等于工频周波的半周。

(1)续流实验的方法与要求

a)试品连接到一个具有正弦交流电压的工频电源。在接线端子间测量工频电压的最大值,应等于持续最大工作电压 U_C—5%。交流电源的频率应符合 SPD 的额定频率。

b)试验变压器预期短路电流 I_P 应大于等于 1.5 kA,功率因数 $\cos\Phi = 0.95 - 0.05$。

c)应用 8/20 μs 冲击电流触发续流。峰值应相当于 I_{max} 或 I_{peak}。

d)冲击电流的起始位置是在工频电压峰值前 600。它的极性应与冲击电流产生时工频电压半波的极性相同。

e)如果在此同步点没有产生续流,为了确定续流是否产生,则必须每滞后 100 施加 8/20 μs 冲击电流,以确定是否产生续流。

续流出现的波形如图 4-69 所示。

(2)续流实验的合格判定

a)在规定时间内断开续流。

b)在一个工频电压周期内没有续流产生。

(3)续流不合格的现象及危害

a)电源跳闸:由于工频电流被短路入地,线路是的负载多了一个 SPD,由于其内阻在导通状态下极小,电阻的并联,总电阻小于最小的,所以短路电流极大,使前级空开动作,后续设备的供电被切断。

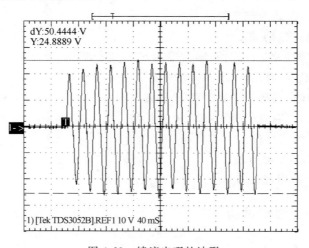

图 4-69　续流出现的波形

b)SPD 起火燃烧:由于电的热效应,使 SPD 本体金属机外壳猛烈燃烧,参见图 4-70。这个起燃时间只在 40 ms 之内,飞溅的熔化金属对周围设施起到相当大的危害。这种电压开关型 SPD 在易燃、易爆的工作环境禁止使用。

图 4-70　工频续流导致 SPD 本体金属机外壳燃烧

工频续流是电压开关型 SPD 的一个致命弱点,SPD 在所设计的最大持续工作电压 U_c 下如果没有能力切断工频续流,该器件只能用于不带电的 N—PE 之间。

五、限制电压测试

该试验是对电涌保护器保护能力的基本测试。用 1.2/50 μs 测量限制电压。由于一般制造厂商会给出 SPD 内部结构,所以预备试验一般可以不做,如果 SPD 属于 Ⅰ 级和 Ⅱ 级分类试验且存在开关元件,则用 1.2/50 μs 波形测试点火电压后,再做限制电压的测试。如果 SPD 属于 Ⅲ 级分类试验,则直接用复合波进行限制电压的测试。

1. 试验仪器:雷电电涌测试仪,两通道数字储存示波器,测试电路如图 4-71 所示。

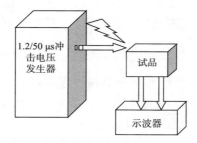

图 4-71　1.2/50 μs 测量限制电压的框图

2. 测试方法:

(1)冲击耐压的波形为 1.2/50 μs。

(2)发生器输出电压以大约 10% 的幅度分级增加,直至观察到放电。从发生器最后一次没发生放电的设定值开始试验,发生器输出电压以 5% 的幅度分级增加,直至所有 10 次施加的冲击(正、负极性各 5 次)都发生放电。用数字储存示波器记录试品接线端子的电压。

(3)试验次数为正、负极性各 5 次,每次间隔时间能使试品冷却到环境温度。温度的判定可使用温枪配合数字温度计实现。

(4)最后得到的限制电压是 10 次测量峰值(绝对值)的平均值。

六、用 8/20 μs 冲击电流测量残压

1. 试验设备:ICGS 雷电冲击试验平台,两通道数字储存示波器。测试电路图如 4-72 所示。

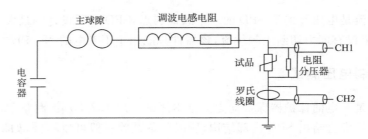

图 4-72   用 8/20 μs 波形测量残压的电路

试品箱内高压端与地之间接 SPD 等试品,电阻分压器并联在试品两端用来测量试品上的残压,用 CH1 屏蔽电缆连接到示波器通道 1 进行测量,罗氏线圈测量流过试品上的电流,用 CH2 屏蔽电缆连接到示波器通道 2 进行测量。

如果 SPD 属于 I 级或 II 级分类试验,这时分两种情况,一种情况是不存在开关元件时 SPD 直接做标称电流的冲击;另一种情况是存在开关元件,则做完开路电压波冲击后进行标称电流的冲击。

2. 测试方法:

(1)对 SPD 施加一个正极性和一个负极性序列,每个序列依次施加的峰值约为 0.1;0.2;0.5;1.0 和 $2I_n$ 的 8/20 冲击电流。如果 $2I_n$ 试验电流超过测试用 SPD 的 I_{max},那么最终的试验值可放宽到 $1.2I_n$。

(2)如果 I_{max} 或 I_{peak} 大于 I_n,则至少对 SPD 施加 一次 I_{max} 或 I_{peak} 冲击电流,极性为前面试验中残压较大的极性。

(3)每次间隔时间应能使试品冷却到实验室环境温度,判定时可使用温枪配合数字温度计实现。

(4)每次冲击应记录电流和电压示波图。把冲击电流和电压的峰值(绝对值)绘成放电电流与残压的关系曲线图。如果 SPD 属于 I 级分类试验,则冲击电流直到 I_{peak} 或 I_n;如果 SPD 属于 II 级分类试验时,则冲击电流直到 I_n。我们在取限制电压的残压时,取较大值电流范围内相应曲线的最高电压值,这个值就是残压值。最后电压保护水平 U_P 则是从得到的残压基础从优先值中选择。

七、用复合波测量限制电压

1. 试验设备:雷电冲击试验平台,两通道数字储存示波器。测试电路如图 4-73 所示。

同样在调整好发生器电路后,在试品箱内高压端与地之间接 SPD 等试品。

2. 测试方法:

(1)对规定仅用于交流电源系统的 SPD 施加上大小为 U_c 电源电压;对规定用于

直流系统的 SPD 施加 U_c 的直流电压。

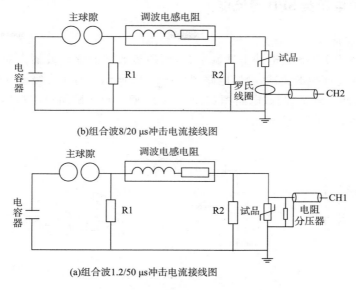

(b)组合波8/20 μs冲击电流接线图

(a)组合波1.2/50 μs冲击电流接线图

图 4-73　用复合波测量限制电压的电路连接

（2）把复合波施加在通电的 SPD 上，复合波发生器的冲击电压为制造厂对 SPD 规定 U_{oc} 的 0.1、0.2、0.5 和 1.0 倍。

（3）用上述整定值，每种幅值对 SPD 施加 4 次冲击，正负极性各两次。

（4）每次间隔时间应能使试品冷却到环境温度。判定时可使用温枪配合数字温度计实现。

（5）每次冲击时用示波器记录从发生器流入 SPD 的电流和在 SPD 输出端口的电压。

限制电压是整个试验程序中记录的最大峰值电压。最后电压保护水平 U_P 则是从得到的限制电压基础上从优先值中选择。

通常是在做好 MOV 压敏电压及漏电流实验后做限制电压试验，在测试时首先要确定所测试的 SPD 属于哪级试验，由制造厂家确定，一般来说适合做一级试验的 SPD 是用于高暴露地点，用它来承受雷击电流；而针对较少暴露的地点 SPD（它们通常主要是防护遭到感应雷击或是防止从导线系统窜入的过电流，用来承受较短时间的冲击）则用二级三级试验对其进行测试。压敏电阻经过长期交、直流负荷以及浪涌电流的冲击，伏安特性会变坏，漏电流上升，压敏电压变化，要对经电涌冲击后压敏电压和漏流再次进行检测，如果压敏电压和漏流变化过大，比如说压敏电阻的变化率大于±10％，则说明该 SPD 的耐冲击能力差同时会存在老化问题。

八、测试电源类 SPD 通流能力

1. 实验设备

试验设备为 ICGS 雷电冲击试验平台，两通道数字储存示波器。对于一级 SPD 用 $10/350~\mu s$ 进行冲击测试，测试电路图如图 4-74 所示。对于二级或其以上 SPD 用 $8/20~\mu s$ 进行冲击测试，测试电路图如图 4-72 所示。同样试品箱内高压端与地之间接试品（试品内阻小于 $50~m\Omega$）。

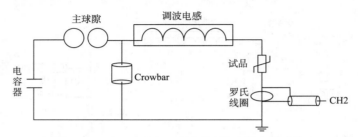

图 4-74　用 $10/350~\mu s$ 测试通流能力的电路连接

2. 试验方法：

（1）在一级（二级）SPD 的输入端施加 $10/350~\mu s$（$8/20~\mu s$）波形的最大放电电流 I_{max}，取极性为前面试验（测试限制电压）中残压较大的极性，用示波器观察输出端电压波形。

（2）如果 SPD 未发生闪烁，波形正常，则合格。

九、信号类 SPD 特性试验

1. 测量限制电压的试验

信号网络类 SPD 限制电压的测试一般用 $1.2/50~\mu s$ 波形进行测试，由于雷电冲击试验平台无单独该波形，这里用复合波代替。测试电路如图 4-73 所示。

测试方法：

（1）一般对线地进行测试，如有需要可对线间测试，对多路输入输出 SPD，随机抽取一个回路进行测试。

（2）用复合波冲击电压测量开启电压：用发生器输出电压以大约 10% 的幅度分级增加对 SPD 施加冲击，直至观察到放电为止。记录下这时的冲击电压值。

（3）设定该值冲击试品，进行 10 次冲击其中正、负极性各 5 次，间隔 1 分钟，输出端测量冲击电压下的电压峰值，记录电压值，求其平均，则为电压保护水平。

电压保护水平 U_p 值：

LPZ0/1 分界处：$U_p \leqslant 4~kV$

LPZ1/2 分界处：$0.5~kV \leqslant U_p \leqslant 4~kV$

LPZ2/3 分界处:$U_p \leqslant 0.5$ kV

注:根据 GB 18802.21—2004 中 6.2.1.3 节表 3 中分类 D1、C1 或 C2 设置各个等级的浪涌保护器。

2. 信号网络类 SPD 的冲击耐受试验

试验设备:ICGS 雷电冲击试验平台,两通道数字储存示波器。测试电路如图 4-72 所示。

测试方法:

(1)一般对线地进行测试,如有需要可对线间测试,对多路输入输出 SPD,随机抽取一个回路进行测试。

(2)将标称耐受能力的 8/20 μs 冲击波形施加在 SPD 的输入端,正负极性各 5 次,每次冲击间隔时间为 3 分钟,在输出端测量残压 U_{res},其值应该小于电压保护水平 U_p。

十、传输特性试验

1. 插入损耗

插入损耗以 dB 表示,它是利用长度最长为 1 m,并具有合适的特性阻抗的引导线来测量的,试验仪器为网络分析仪。试验电路如图 4-75 所示。

测试方法:

(1)根据 SPD 预定使用的传输应用频率范围设置起始、终止频率,根据测试所要求的频段选择频标模式。

(2)先不接被测 SPD,将检波器与联结电缆、测试转接头等接好,接至射频输出口进行校准。

(3)确定所测 SPD 的接口类型,当测试 BNC 接口或 N 接口的试品时可直接测试,但应注意阻抗匹

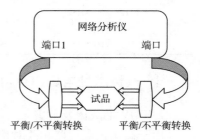

图 4-75　插入损耗试验电路

配。当测试双绞线连接的试品时需使用平衡—不平衡转换器,一般情况下对应 RJ11 接口的阻抗为 100 Ω,对应 RJ45 接口的阻抗为 120 Ω。表 4-8 为特性阻抗、频率范围和电缆的类型。

(4)接好被测 SPD,在 SPD 预定的频率范围内,用频标读出所测频点的测试值。

2. 回波损耗

回波损耗以 dB 表示,它是利用长度最长为 1 m,并具有合适的特性阻抗的引入导线来测量的。特性阻抗、频率范围和电缆的类型为表 4-8 所示。

测试方法:

(1)根据被测 SPD 的特性要求,设置起始、终止频率,根据测试所要求的频段选择频标模式。

(2)反射电桥测试端口开路或短路,进行校准。

(3)按图 4-76 所示接好被测 SPD,将信号施加到 SPD 上,在预定使用的传输频率范围内,测量由于阻抗不连续而被反射回来的反射信号,测量和记录回波损耗。

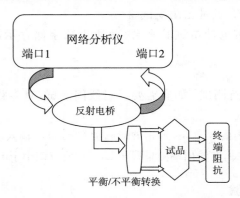

图 4-76　回波损耗试验电路

表 4-8　特性阻抗、频率范围和电缆类型

频率范围	特性阻抗 Z_0/Ω	电缆类型
300 Hz—4 kHz	600	双绞线
4 kHz—300 MHz	100 或 120 或 150	双绞线
≤1 GHz	50 或 75	同轴电缆
>1 GHz	50	同轴电缆

十一、暂态过电压(TOV)

1. TOV 的成因及危害

由于高压供电线路相线对地线之间发生短路故障,在变压器低压侧,地线与相线之间将产生一个应力电压,该应力电压称为暂态过电压(TOV)故障。

表 4-9　SPD 在暂态过电压(TOV)故障时应具有的能力

低压电气装置中允许的交流应力电压 V	切断时间 s
U_0+250	>5
$U_0+1\,200$	≤5

该应力电压作用在地线(PE)与相线(L)之间为 1 200 V+U_0,作用在地线(PE)与中性线(N)之间为 1 200 V,

SPD 如果承受不住该应力电压的冲击,将会爆炸和着火,造成非常严重的事故。

2. 暂态过电压(TOV)故障测试的过程

试品被放置在正方形木盒内,木盒侧面离 SPD 外表面 500 mm±50 mm。盒内的表面覆盖薄纸或纱布。盒的一面(不是底面)保持打开,以便按制造厂要求连接测试电缆。

　　SPD 的带电端子应全部连接在一起。然后再和接地端子间加暂态过电压,暂态过电压等于 GB18802.1—2002 中规定的值(该值取决于供电系统形式),暂态过电压施加持续时间:200 ms,试验电流限制到:300 A(有效值)。

　　在实验过程中,SPD 核心器件击穿短路,由于电流的热效应,金属融化或起燃,高温期体膨胀,产生不同的外观特性。

　　TOV 故障试验例(参见图 4-77 和图 4-78):(施加 200 毫秒)测试设备输出端短路电流:326.7 安培。

　　TOV 试验的结果判定:试品可以燃烧,但不能引燃薄纸或棉纱。

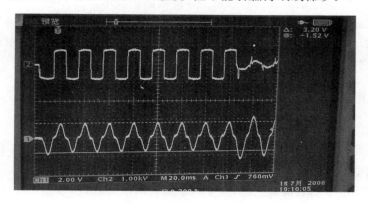

图 4-77　TOV 试验

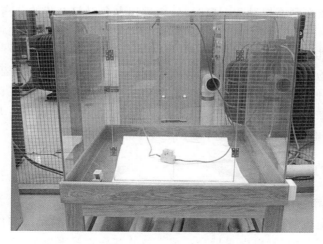

图 4-78　TOV 试验合格时不能引燃薄纸或棉纱

§4.7　静电与测量

静电现象在工农业生产和日常生活中是十分普遍和不可避免要产生的。它既可为生产所用,有时又对人类生产生活造成损失。例如人们利用静电技术进行静电喷涂、静电除尘、静电纺织、静电分选和静电复印等。更多的时候,静电会妨碍生产,降低产品质量,甚至造成废品。同时,人体触及静电后会遭受麻电甚至电击。静电火花放电时,还可能引起爆炸或发生火灾,从而造成严重后果。因此,我们必须努力减少静电造成的危害。这就要求我们必须了解静电防护技术。

由于防静电措施在许多场合与防雷电措施是相似的,比如它们的接地许多是共用的。因此,防雷产品质量检验机构在进行防雷安全检测的同时也必须进行防静电安全检测,它们是不应分开的。

一、静电的产生

1. 摩擦带电

两种物质间相互摩擦产生热量从而激发分子外层轨道上的自由电子,在一种物质表面上的电子就会传给另一种物质并产生相互带有相反极性电荷的积聚、从而产生静电。发出电子的表面带正电、接受电子的表面带负电。

2. 剥离、分离、冲撞带电

低导电物质在紧密接触和剥离时,分离过程中会引起电荷的分离、电子的交换，从而产生静电。

3. 感应带电

导体在电场中受场强的作用,其表面不同部位感应出不同电电荷或导体上原有电荷重新分布,使原先不带电的导体感应带电。电介质在电场中产生极化现象也能感应带电。例如,当人体触及高压,超高压架空线或配电装置附近与大地绝缘的导体时,往往产生麻电、电击的现象或纤维在电场中带电的现象。

二、静电的危害

1. 人体带静电与静电电击

人体受静电电击后有时会造成精神紧张、心脏颤动,身体其他部位不适等。甚至发生严重后果。例如,静电电击后会造成人体坠落伤亡等事故。

2. 静电放电时可能引起的爆炸或火灾

静电放电通常有以下三种类别:

（1）电晕放电　　　　（2）刷形放电　　　　（3）火花放电

其中火花放电通常在一瞬间即放出全部电荷。伴有明亮的闪光和爆裂声，放电能量大。火花放电是引起爆炸和火灾的主要原因。

3. 静电的产生有时会妨碍生产

静电的产生会影响某些生产工艺流程的机械化、自动化或造成工序不正常，降低产品质量，甚至出废品。静电还可能引起对计算机、继电器、无线电通信等各种电子设备等的干扰。

三、防静电的措施

（1）控制、减少静电的产生

限制物体的接触和分离；相互摩擦和接触的物体要选用物质摩擦带电典型序列中前后次序尽量接近的两种材料；应尽量选用导电性能较好的固体材料，并要减少摩擦压力。减少接触面和尽量降低传动和输送速度；输送和贮存流体的容器应使用导电性好的材料制作，控制流速，避免喷射。

（2）接地

接地的主要作用是将产生的静电荷迅速泄放至大地。限制该绝缘导体静电电位的升高。

因为静电泄漏电流很小，如果导体与大地之间的电阻不超过 $1\ M\Omega$，即可认为该导体对静电是接地的。在生产工艺过程中，以下设备应采取接地措施：

储油池、贮气罐、过滤器、干燥器；

油料输送设备、空气压缩机、通风装置和空气管道，特别是局部排风的空气管道；

油漏斗、浮动罐顶、工作站台、磅秤；

油槽车应带有金属链条，链条一端与油槽车底盘相连，另一端与大地接触，以便随时放电。油槽车装、卸油之前，应同贮油设备跨接并接地；

静电危险性较大的场所，为使机械转轴可靠接地，采用导电性润滑油或采用滑环、碳刷接地。

以上这些位置也正是防雷产品质量检验机构应该检测的关键位置。

（3）加导电覆盖层

（4）采用导电性地面或防静电活动地板

（5）增湿

（6）抗静电剂

（7）静电消除器

（8）防止人体带电

采用导电性地面、工作人员穿防静电工作服、防静电鞋、设置防静电工作台等。

（9）静电屏蔽

可用接地的金属屏蔽材料（如金属丝、网、壳等）覆盖带电体的表面。

四、静电测量

常用的静电测量方法有：静电电压（电位）的测量、静电电量的测量、电场强度的测量、电介质绝缘电阻的测量等。

静电电压（电位）的测量

静电电压就是带电体与大地的电位差，所以带电体静电电压的测量就是静电电位的测量。静电电压是估计静电放电、静电电击等危险性的重要参数。

（1）接触式静电电压表

接触式静电电压表是利用金箔验电器原理制作的仪表，只适宜测量带电导体上的静电电压。图 4-79 和图 4-80 是接触式静电电压表的原理图和测量等效原理图。

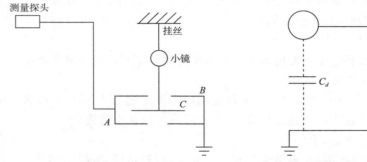

图 4-79　接触式仪表的原理　　　　　图 4-80　接触式仪表测量等效电路

（2）感应式静电电压表

应用静电感应原理进行测量的感应式静电电压表，属于非接触式仪表。进行测量时不需同带电体接触，因此，其测量结果受仪表输入电容和输入电阻影响较小，测试较为方便。感应式静电电压表测量原理如图 4-81。

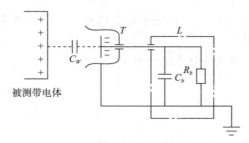

图 4-81　感应式仪表测量原理图

图中 T 是测量探头、L 是等效电路、C_w 是探头和被测带电体之间的电容。由于静电感应。探头 T 上出现感应电压。因为 C_w 与 C_b 串联分压,且 C_b 对 R_b 放电。所以探极对地电压为:

$$U_b = \frac{C_w U}{C_w + C_b} e^{-\frac{t}{R_b C_b}}$$

式中 U_b 为探极上感应的对地电压;U 为带电体对地电压。可以看出,探头位置改变即改变了 C_w 的大小。也即改变探头位置可以改变仪表量程。

采用静电测试仪检测信息系统机房地板、台面、机架、桌椅等静电电位,其值一般不宜大于 1 kV。(一级机房不大于 100 V,二级机房不大于 200 V,三级机房不大于 1 000 V)。

§4.8　电气装置综合测试

在本书第一章我们就说过,各类防雷装置的设计安装,与低压供配电线路及设备特别是低压控制、保护设备联系最为紧密。这些在用的低压控制、保护设备的有效性包括电源质量也必须得到检验。电源质量对计算机信息系统和精密的电子设备的运行影响很大,电源质量不高,可能会导致计算机逻辑电路的误动作,程序运行错误,甚至造成用电设备的永久性损坏。有时计算机莫名其妙地死机有可能与电源质量不高有关。这些问题都属于电源系统的电磁兼容性问题。

一些非常重要的技术指标例如谐波等现在已有便携的先进仪表进行检测了。防雷产品质量检验机构的技术人员应该掌握它们的测量原理和方法。

一、电压、频率和电流的测量

1. 电压和频率

在与电气装置打交道时,经常需要测量电压(进行不同的测量和测试,查找故障位置等)。当建立电源(电源变压器或者单独的发电机)时,需要进行频率测量。

一般计算机频率允许波动范围为 50 Hz±1%。当供电电源频率波动超过允许范围时,会使计算机信息存储的频率发生变化而产生错误,甚至会产生信息丢失等。

(1)电压偏移的原因及对用电设备的影响

电压损耗的大小,一方面随着负载的变化而变动,另一方面也随着电网功率分布和电网阻抗的变化而变动。

设备的端电压不等于额定电压时,设备的效率和寿命将受影响。例:对异步电动机来说,电压降低 10%,转矩降低 19%,满载电流增加 11%,温度升高 6~7℃,端电压过低时,电动机甚至可能停转或烧毁。电压过高,影响绝缘,增加铁损。

对白炽灯,端电压降低 5%,其光通量将减少 18%,端电压升高 5%,寿命将减少一半。

对线路和变压器来说,低电压运行,在输送同样功率的情况下电流增大,损耗增大并威胁安全稳定运行。

对信息系统来说,当供电电源电压波动超过允许范围时,就会使计算机和精密的电子设备运算出现错误,甚至会使计算机的停电检测电路误以为停电,而发出停电处理信号,影响计算机的正常工作。一般计算机允许电压波动范围为:交流 380/220 V ±5%。计算机在电压降低至额定电压的 70% 时,计算机就自动判定为电源中断。

(2)电压的调整

一般要求不超过额定电压的 5%,为此,应采取以下措施:

1)根据负荷的类别、容量、分布情况,尽量采用高电压深入负荷中心的供电方式;

2)根据用电负荷大小,正确选择和配置变压器的容量;

3)正确选用变压器的变比和电压分接头(可有 5% 的增加或降低);

4)缩短线路距离,使线路导线截面足够大;

5)使三相负荷尽量均衡;

6)合理配置无功补偿设备。

2. 电流测量

现在有多种电流测试仪经由电流测试夹钳进行电流测试,它之所以受欢迎,是因为它不需要中断被测量的电流环路、较宽的测量范围和相当高的准确度等级和分辨率,可测试负载电流甚至漏电流。其原理实质是电流互感器。

图 4-82 给出了使用电流夹钳进行的小电流测量,而图 4-83 则表示同时对相线 L2 中负载电流的测量,以及两相之间相电压 U_{L2-L1} 的测量。

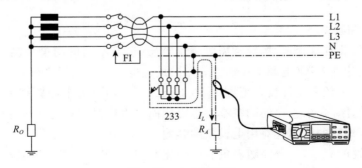

图 4-82　小电流测量

这里要注意的是,应将夹钳夹住要测的单根导线,若测量三相四线的整根电缆,由三相电路原理知结果一般是零(视三相电路是否平衡)。

二、高次谐波

虽然高次谐波的危害人们讨论得很多,但是过去对谐波分量的处理不易实现,原因是没有较方便的测试设备。由谐波引出的问题,与配电系统和电子负载的关系越来越大,并且导致配电系统和电子负载的损坏很严重。这就是任何一个电气工程在日常工作中可能会遇到控制谐波问题的原因。现在,测试仪表的快速发展解决了此项难题。

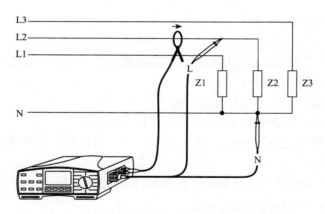

图 4-83　负载电流与两相之间的相电压的测量

失真的电压,可利用傅里叶级数转换法转变成基频和谐波进行分析。见图 4-84、图 4-85 和图 4-86。

1. 高次谐波的来源

凡是与电力系统连接并向电网输入 50 Hz 以上频率电流的设备,统称谐波源。发电机、变压器、冶金电弧炉、轧钢机以及电力拖动设备、化工整流设备、家用电器等各种非线性用电设备是最常见的谐波源。

2. 高次谐波的危害

高次谐波的危害一般有以下几个方面:

1)造成电动机和变压器的损失增加,使之过热和降低容量;

2)使电力电容器过负荷和损坏;

3)使电力电缆容量降低;

4)影响继电器特性造成误动作;

5)使感应仪表误差增大,降低可靠性;

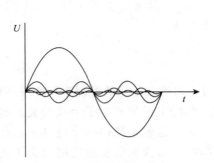

图 4-84　失真电压的图示

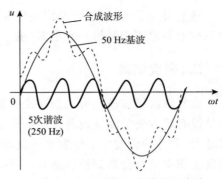

图 4-85　基波与 5 次谐波的合成

6)对通信线路造成干扰;

3. 对高次谐波的管理。

加强对高次谐波的管理是用电安全和供电系统合理化的主要任务之一。对高次谐波的管理应注意以下几点:

(1)研究谐波源的技术性能和运行操作规律;

(2)定期测量电流和电压谐波(防雷检测任务之一);

《电子计算机场地通用规范》GB/T2887—2000 对波形失真率规定为分为 A、B、C 三级。见表 4-10。

衡量波形失真的技术指标是波形失真率,即用电设备输入端交流电压所有高次谐波总量与基波有效值之比的百分数。

表 4-10　波形失真率

波形失真率等级	A 级	B 级	C 级
失真率(%)	5	7	10

(3)新的非线性用电设备接入电网前后均要进行现场测试,检查谐波电流和谐波电压正弦波形畸变率是否符合规定;

(4)对接入电网的电力电容器组,根据实际存在的谐波情况,采取加装串联电抗器等措施,保证电力设备安全运行;

(5)谐波测量应选择供电网最小运行方式和非线性用电设备的运行周期中谐波发生量最大的时间内进行。

4. 高次谐波的测量

谐波分量的强度可以直接以伏特表示,或以相对于基波分量的百分比表示。

一般而言,当检查电源电压的质量时,通常要进行电压谐波测量。当寻找失真来源(谐波分量发生源)时,应该测量电流谐波。

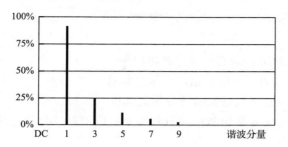

图 4-86　失真电压的图示,利用傅里叶级数转换法转变成基频和谐波进行分析

　　测试仪器举例:一些专用的谐波测量仪器甚至能够进行高达 50 次分量的奇次电压和电流谐波的指示性测量。测量的目的是估计所存在的谐波的强度。例如,图 4-87为某种谐波测试仪的测量接线图,测量极为方便。

　　如果在配电系统中存在谐波分量,则所有简单的功率计算将会失效。下面是一些有用的基本表达式,它们适用于失真电压和电流。

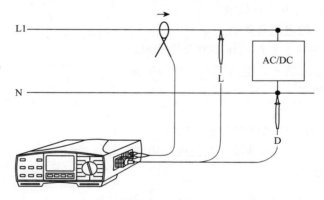

图 4-87　使用谐波测试仪在单相系统中测量电压和电流谐波

　　(1)电压有效值

其中:

　　i——相位指数

　　n——谐波分量指数

　　U_i——相位 i 的电压有效值

　　U_{ni}——相位 i 的 n 次电压谐波分量的幅度

　　(2)电流有效值

其中:

　　I_i——相位 i 的电流有效值

　　I_n,i——相位 i 的 n 次电流谐波分量的幅度

(3)相有功功率

其中：

P_i——相位 i 的所有谐波分量的有功功率

U_n,i——相位 i 的 n 次电压谐波分量的幅度

I_n,i——相位 i 的 n 次电流谐波分量的幅度

φ_n,i——相位 i 的 n 次电压谐波分量与 n 次电流谐波分量之间的延迟

(4)总有功功率

其中：

P_{tot}——所有相位的全部谐波分量的总有功功率

P_i——相位 i 的全部谐波分量的有功功率

(5)相视在功率

其中：

P_{Ai}——相位 i 的全部谐波分量的视在功率

U_i——相位 i 的电压有效值

I_i——相位 i 的电流有效值

U_n,i——相位 i 的 n 次电压谐波分量的幅度

I_n,i——相位 i 的 n 次电流谐波分量的幅度

(6)总视在功率

其中：

$P_{A\ tot}$——所有相位的全部谐波分量的视在功率

P_{Ai}——相位 i 的全部谐波分量的视在功率

(7)功率因数 P_F

其中：

i——相位指数

P_{Fi}——相位 i 的功率因数

P_i——相位 i 的全部谐波分量的有功功率

P_{Ai}——相位 i 的全部谐波分量的视在功率

(8)平均功率因数 P_{Favr}

其中：

i——相位指数

P_{Favr}——所有相位的平均功率因数

P_i——相位 i 的全部谐波分量的有功功率

P_{Ai}——相位 i 的全部谐波分量的视在功率

除了单独的谐波分量的强度以外,找到特定相位的总电压或总电流谐波失真(Total

harmonic distortion(THD)）也是很重要的。可以根据下列公式计算总谐波失真：

对于电压，其中：

T_{HDi}——相位 i 的总电压谐波失真

U_1 , i——相位 i 的基波电压分量的幅度

对于电流，其中：

T_{HDi}——相位 i 的总电流谐波失真

I_n , i——相位 i 的 n 次电流谐波分量的幅度

I_1 , i——相位 i 的基波电流分量的幅度

例：测试结果显示举例如图 4-88 和图 4-89。其中图 4-88 为电压和电流的总谐波失真，图 4-89 为电压和电流的基波和各次谐波失真（仅列出几次奇次谐波）。

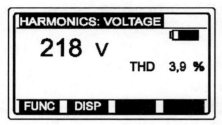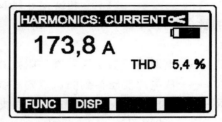

图 4-88　电压和电流的总谐波失真

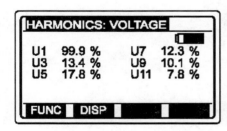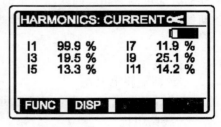

图 4-89　电压和电流的基波和各次谐波失真

三、其他参数的测量

1. 线路阻抗与预期短路电流

线路阻抗，是在单相系统中相线 L 与中线 N 的接线端子之间，或者三相系统中两相线接线端子之间测得的阻抗。当检验设备的供电能力时，例如高功率负载，或检验过载电流断路器时，需要测量线路阻抗以确定所选断路器的分断能力等指标是否合理。线路阻抗由以下局部阻抗组成：

• 电源变压器次级线圈的线阻

• 从电源变压器到测试点的相线电阻

• 从电源变压器到测试点的中线电阻

测量是在 L 与 N 接线端子之间进行的。

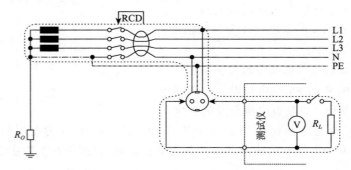

图 4-90　相线 L1 中线 N 端子间的线路阻抗测量

测量结果为：$Z_{\text{sec}} + R_{\text{L1}} + R_{\text{N}} = Z_{\text{LINE}}$

式中：

Z_{sec}——电源变压器次级线圈的阻抗；

R_{L1}——从电源变压器到测试点的相线电阻；

R_{N}——从电源变压器到测试点的中线电阻；

Z_{LINE}——线路阻抗。

同样的方法可测两相线间线路阻抗的测量

预期短路电流 I_{psc} 根据下面的公式计算：

$$I_{\text{psc}} = U_{\text{n}} \cdot 1.06 / Z_{\text{LINE}}$$

式中：

I_{psc}——预期短路电流；

U_{n}——相线与中线或者两个相线之间的额定电源电压（220/380 V）；

Z_{line}——线路阻抗。

任何已经安装的过载电流保护装置，其过载电流的容量，应该高于计算出的预期短路电流，否则必须更换所用的过载电流保护装置型号。

2.N—PE 环路电阻和故障环路预期短路电流

现代电子技术制造的新式测试仪，即使是中线 N 与保护 PE 导线间的电阻也可以测量，尽管在中线中可能存在强电流。由相电压驱动的电流，流经不同线性与非线性负载时，会导致电压降呈现的极不规则的波形（非正弦波）。电压会干扰测试电压并且妨碍测量。由于在中线和保护导线之间没有电源电压，因此使用内部测试电压（大约 40 V，DC，<15 mA）。

这种测量相对于环路故障测试（L－PE）的主要优点是，由于测试电流低（<15 mA），所以 RCD 在测试过程中肯定不会跳闸。

根据测量结果,可以得出下面的结论:

(1)所用的保护导线的连接方式(TN,TT 或 IT 系统)

(2)在 TT 系统连接方式下的接地电阻值

(3)在 TT 或者 TN 系统连接方式下,测量结果与环路故障电阻的阻值十分相近,这就是测试仪还能够计算故障环路预期短路电流的原因。

测量原理概述:

由于在 N 和 PE 端子之间没有可以作为测试电压的电源电压,所以仪表必须产生一个内部电压。这个电压既是直流也可以是交流。根据下面的图示用 $U-I$ 法进行测试。

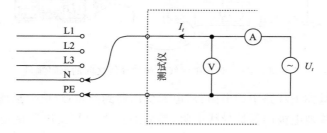

图 4-91　测量原理

测量结果为:$U_t / I_t = R_{N-PE}$

式中:

U_t——伏特表测得的测试电压;

I_t——安培表测得的测试电流;

R_{N-PE}——$N-PE$ 环路电阻。

(1)TN－系统中 N－PE 环路电阻的测量

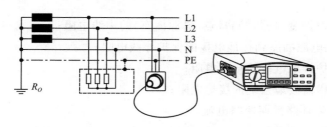

图 4-92　TN－系统中中线与保护导线之间的电阻测量

测试仪测量从电源变压器到测量点之间的中线与保护导线间的电阻(上图中环路用粗线标记)。在此情况下,如果测试结果很低(最大 2 欧姆),表明含有 TN－系统。

测量结果 1　　　$R_N + R_{PE}$

测量结果 2　　　$I_{psc}=220\,V\cdot 1.06/(R_N+R_{PE})$

式中：

　　R_N——中线电阻(用粗线标记)；

　　R_{PE}——保护导线电阻(用粗点画线标记)；

　　I_{psc}——故障环路预期短路电流。

（2）TT－系统中 N－PE 环路电阻的测量

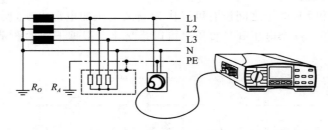

图 4-93　　TT－系统中中线与保护导线之间的电阻测量

　　测试仪测量如下环路中的电阻：从电源变压器到测量点(电源插座)的中线电阻，从电源插座到接地电极的保护导线电阻，然后通过大地与变压器接地系统回到电源变压器(在上图中环路用粗线标记)。在这种情况下，如果测试结果非常高(超过 10 欧姆)，表明含有 TT－系统。

　　测量结果 $1=R_N+R_{PE}+R_E+R_O$

　　测量结果 $2=I_{psc}=230\,V\cdot 1.06/(R_N+R_{PE}+R_E+R_O)$

　　如果可以假设，阻值 Re 远高于其他所有电阻的阻值之和，那么请注意下面公式：

　　测量结果 1　　$R_N+R_{PE}+R_E+R_O$

　　测量结果 2　　$I_{psc}=230\,V\cdot 1.06/(R_N+R_{PE}+R_E+R_O)$

式中：

　　R_N——从电源变压器到测量点(电源插座)的中线电阻；

　　R_{PE}——从电源插座到接地电极的保护导线电阻；

　　R_E——保护接地电极的接地电阻；

　　R_O——变压器接地系统的接地电阻；

　　I_{psc}——故障环路预期短路电流。

　3. 功率及功率因数

　　与电源设备连接的电力负载，在额定功率、内部阻抗的特性、相的数量等方面彼此各有不同。

　　由于设备只设计用于提供额定功率，所以必须对它进行功率消耗监测。如果不这样，那么将会引起设备过载甚至损坏，它也可以自动跳闸；由于过载系统的原因，一些负载可能会受低电源电压的损害。测量功率消耗的特性如 cosφ,也是十分重要的,如果需要的话还要进行补偿。功率因数不高引起的问题有:

　　a)发电设备的容量不能充分利用

　　例如容量为 1 000 kV. A 的变压器,如果 cosΦ=1,即能发出 1 000 kW 的有功功率,而在 cosΦ= 0.7 时,则只能发出 700 kW 的功率。

　　b)增加线路和发电机绕组的功率损耗

　　下面的图示介绍了复杂的功率曲线。

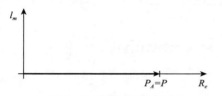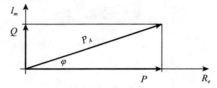

图 4-94　功率曲线(左图为 cosφ=1 的情况,右图为 cosφ≠1 的情形)

注:

　　I_m——假设的中心线;

　　R_e——真实的中心线;

　　P——有功功率;

　　Q——无功功率;

　　P_a——视在功率。

　　在单相系统中的功率测量

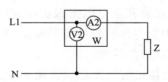

图 4-95　单相系统中功率测量原理

　　三个功率(有功,无功,视在)可以在电压和电流之间直接测量相电压 U_{L-N},相电流 I_L 和电压与电流间的相位延迟角 φ。角 φ 是电感或者电容负载连接到电源设备上造成的结果。

　　使用功率表,在单相负载上可以测量全部的三种功率。见下面的测试仪连接图或者在三相负载上测量(功率表)。功率电平被测试仪根据下面的方程式进行计算,并且直接显示出来。

　　$P = U \cdot I \cdot \cos\varphi$··········(有功功率 W)

　　$Q = U \cdot I \cdot \sin\varphi$··········(无功功率 VAr)

　　$P_A = U \cdot I$··········(视在功率 VA)

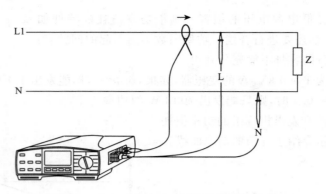

图 4-96　单相系统中功率测量的测试仪连接

式中：

　　U——相电压的有效值；

　　I——相电流的有效值；

　　φ——相电压 U 和相电流 I 之间的角。

§4.9　漏电保护器及其测试

　　在有漏电保护器的场合,SPD 的选择与安装是有不同要求的。例如,SPD 最大持续工作电压 U_c 的最小值在 TT 系统中当 SPD 安装在剩余电流保护器的负荷侧时应有 $U_c \geqslant 1.15\ U_0$,当 SPD 安装在剩余电流保护器的电源侧时应有 $U_c \geqslant 1.55\ U_0$。如今,完善的电源保护系统中漏电保护器的安装使用越来越多。它在运行中的测试也是各级防雷检测机构必须承担的检测任务之一。

　　包括 SPD 在内的电气设备和电气线路的泄漏电流是选择漏电保护器不可忽视的条件。如果漏电保护器的动作电流小于正常的泄漏电流,将使电路无法正常工作。即使漏电保安器投入了运行。也会因其经常动作而影响供电的可靠性。因此,从保证供电稳定性出发,不应使其动作电流过小。

一、漏电保护器的用途

　　漏电保护器的功能是提供间接接触保护。防止触电伤亡事故、避免因设备漏电而引起的火灾事故。

　　额定漏电动作电流不超过 30 mA 的漏电保护器,在其他保护措施失效时,可作为直接接触的补充保护,但不能作为唯一的直接接触保护。相关的国家标准有：

　　《漏电保护器安装和运行》(GB13955—92)

《漏电电流动作保护器(剩余电流动作保护器)》GB 6829—86

二、漏电保护器的分类

1. 漏电继电器

只具备检测和判断功能而不具备开闭主电路功能的漏电保护装置。漏电继电器由零序电流互感器(检测元件)、脱扣器和输出信号的辅助触点(判断元件)组成。

2. 漏电开关

由零序电流互感器、脱扣器和主开关组成。同时具备检测和判断及开闭主电路功能。

3. 漏电保护插座

把漏电开关和插座组合在一起的漏电保护装置,漏电保护器按其脱扣器动作原理,可分为电磁型漏电保护器和电子型漏电保护路。

三、电流型漏电保护器的工作原理及结构

电流型漏电保护器的工作原理及结构如图 4-97 所示,

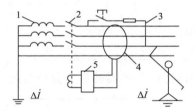

图 4-97　电流型 RCD 的工作原理
1. 变压器　2. 主开关　3. 试验回路　4. 零序电流互感器　5. 脱扣线圈

正常情况下:
$$\dot{I}_A + \dot{I}_B + \dot{I}_C = \dot{I}_0, \quad \varphi_A + \varphi_B + \varphi_C = 0$$

各相电流及中性线电流的向量和为零,零序电流互感器的二次侧没有输出;当发生漏电或人身电击事故时,
$$\dot{I}_A + \dot{I}_B + \dot{I}_C = \dot{I}_0,$$
$$\varphi_A + \varphi_B + \varphi_C = 0$$

在零序电流互感器的二次线圈侧有零序电流通过(因故障电流 I_k 通过大地返回变压器 1 的中性点),漏电脱扣器 5 中有电流通过;当电流达到整定值时,使脱扣机构动作,主开关 2 掉闸,切断故障电路. 从而起到保护作用。

四、漏电保护器的主要额定技术参数

漏电保护器的主要技术参数是动作电流（$I_{\Delta n}$）和动作时间（t）。

1. 额定漏电动作电流（跳闸电流）是可以引起 RCD 跳闸的差动电流 I_Δ。

额定漏电动作电流值为：0.006、0.01、(0.015)、0.03、(0.05)、(0.075)、0.1、(0.2)、0.3、0.5、1、3、5、10、20 A。

30 mA 以下的额定漏电动作电流为高灵敏度保护器，主要用于防止各种人身触电事故。100 mA 以上属低灵敏度保护器，用于防止漏电火灾和监视一相接地事故。额定漏电不动作电流（$I_{\Delta no}$）的优选值为 $0.5I_\Delta$

2. 电保护器的分断时间

漏电保护器的分断时间（跳闸时间）是指 RCD 在额定差动电流 $I_{\Delta N}$ 下跳闸所需要的时间。

（1）间接接触保护用漏电保护器的最大分断时间

$I_{\Delta n}$(A)	I_n(A)	最大分断时间(s)		
		$I_{\Delta n}$	$2I_{\Delta n}$	$5I_{\Delta n}$
$\geqslant 0.03$	任何值	0.2	0.1	0.04
	$\geqslant 40$	0.2	—	0.15

（2）直接接触补充保护用漏电保护器的最大分断时间

$I_{\Delta n}$(A)	I_n(A)	最大分断时间(s)		
		$I_{\Delta n}$	$2I_{\Delta n}$	0.25 A
$\geqslant 0.03$	任何值	0.2	0.1	0.04

漏电保护器的分断时间按动作速度可分为快速型、延时型和反时限型三种，具体选择应根据保护要求来确定。快速型动作时间不超过 0.1 s；延时型动作时间不超过 0.1—2 s，国家标准推荐优选值为 0.2、0.4、0.8、1.0、1.5、2.0 s；反时限型动作时间规定 1 倍动作电流时，动作时间不超过 1 s；2 倍动作电流时，动作时间不超过 0.2 s；5 倍动作电流时，动作时间不超过 0.03 s。

对于防止人身触电的漏电保护器，应采用高灵敏度、快速型的漏电保护器，其动作电流与动作时间的乘积不应超过 30 mA·s。

3. 其他参数

额定电流	I_b
额定电压	U_n
辅助电源额定电压	U_{sn}

额定短路接通分断能力　　　　　I_m

额定漏电接通分断能力　　　　　$I_{\Delta m}$

额定限制短路电流　　　　　　　I_{nc}

额定限制漏电短路电流　　　　　$I_{\Delta c}$

以上参数参见漏电电流动作保护器（剩余电流动作保护器）GB 6829—86。

五、RCD 运行中动作特性试验及其绝缘电阻测试

1. 在雷击或其他不明原因使漏电保护器动作后，应检查漏电保护器。

为检验漏电保护器在运行中的动作特性及其变化、应定期进行动作特性试验。

特性试验项目：

1）测试漏电动作电流值；

2）测试漏电不动作电流值；

3）测试分断时间。

2. 测量 RCD 绝缘电阻的方法

测试其绝缘电阻情况，测试相线端子间、相线与外壳（地）间的绝缘电阻。其绝缘电阻值不应低于 2 MΩ。要注意电子式漏电保护器不能在极间作绝缘电阻测量，以防损坏电子元件。测量绝缘电阻的方法如下：

测量绝缘电阻的兆欧表的电压等级为 500 V。如检测电路中有电子元件以及过电压保护元件，试验时应将其断开，使电子元件的输入端与输出端之间没有电压。

测量部位如下：

a）漏电保护器处在断开位置，同一极的进出线端子之间；

b）漏电保护器处在闭合位置，依次对每极与连接在一起的其他极之间；

c）漏电保护器处在闭合位置，各极连接在一起与辅助电路及控制电路之间（如果适用时）、与操作部件之间、与漏电保护器的框架之间；

d）对于有金属外壳的漏电保护器，金属外壳内的绝缘内壳或绝缘材料、衬里包括衬套或类似装置的内表面覆盖的金属箔与框架之间。

这里，"框架"包括容易触及的金属部件和漏电保护器正常安装后容易触及的绝缘材料表面覆盖的金属箔，安装漏电保护器的金属支架，对有金属外壳的漏电保护器还包括金属外壳内的绝缘材料衬里及衬套或类似装置的外表面覆盖的金属箔。

3. 漏电保护器的分断时间 t_Δ（跳闸时间）的测试

测量电路图与接触电压测量相同（见图 4-82 ），但测试电流可以是 $0.5I_{\Delta n}$，$I_{\Delta n}$，$2I_{\Delta n}$，也可以是 $5I_{\Delta n}$。为了安全，测试仪应在测量跳闸时间之前测量接触电压。

如果额定差动电流 $I_{\Delta n} \leqslant 30$ mA ，可以用 0.25 A 的测试电流代替 $5I_{\Delta n}$。

如果测得的跳闸时间超出容许极限，应更换 RCD 装置，因为跳闸时间主要取决

于安装的 RCD 装置。

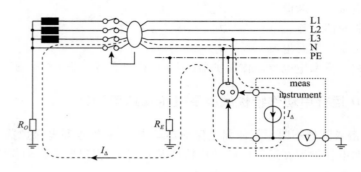

图 4-98　跳闸电流和跳闸时间的测量

4. 额定漏电动作电流（跳闸电流）的测试（图 4-98）

跳闸电流的容许量程由 IEC 61009 或 GB 6829—86 标准规定，并随 RCD 的类型（AC，A 或 B）而定，如下：

$$I_\Delta = (0.5 \text{ 到 } 1) \times I_{\Delta n} \cdots\cdots\cdots\cdots\cdots\text{AC 型}$$

$$I_\Delta = (0.35 \text{ 到 } 1.4) \times I_{\Delta n} \cdots\cdots\cdots\text{A 型}$$

$$I_\Delta = (0.5 \text{ 到 } 2) \times I_{\Delta n} \cdots\cdots\cdots\cdots\cdots\text{B 型}$$

测量跳闸电流：

测量电路图与接触电压测量相同（见图 4-82）。测试仪开始驱动一个 $0.5I_{\Delta n}$ 或更低的测试电流，然后增大此电流，直到 RCD 跳闸或增大到 $1.1I_{\Delta n}$。

如果跳闸电流超出给定的量程，那么就需要检查被测 RCD 以及设备回路和所连接的负接的状况一样。如果测量结果太低，那么某些漏泄电流或故障电流已经流到地面的可能性就很高。

图 4-99　适用于 AC 型跳闸电流测试的测试电流波形

习题与思考题

1. 测试结果一般应如何校正？

2. 用文纳四极法测量土壤电阻率时，若测量电极间距离为 4 米，测量电极插入地中深度应为多少米？写出计算 ρ 的表达式。其测量结果近似地代表了从地表到哪个深度范围内平均土壤电阻率？

3. 我们平时用的各种便携式接地电阻测试仪测得的结果是工频接地电阻还是冲击接地电阻？他们的关系式是什么？一般情况下那种接地电阻较大？

4. SPD 绝缘电阻测试应施加多少伏的直流电压？其带电部件与可能触及的 SPD 金属部件之间的绝缘电阻不应小于多少 $M\Omega$？

5. 在测试一些等电位连接端子的连接电阻时为何要进行两种电压极性测试？等电位连接端子的连接电阻一般不应超过多少欧姆？

6. 在测量接地电阻时，如何消除引线互感对测量的干扰？

7. 请叙述非接触测量法（双夹钳法）的原理。非接触测量法适用于哪种接地系统？

8. 接地电阻测试仪对测试信号的频率有何要求？

9. 什么是电源电压波形失真率？

10. 《电子计算机场地通用规范》GB/T2887—2000 对电源频率波动有何规定？A 级计算机频率允许波动范围为多少赫兹？波形失真率 A 级不应超过多少？

11. 什么是 SPD 的限制电压？

12. 简述 TN—S 系统。

13. 在测量接地电阻的过程中由于杂散电流、高频干扰等因素，使接地电阻表出现读数不稳定时，可采取哪些措施提高其抗干扰的能力？

14. SPD 的检测有哪些内容？

15. 测量信息系统设备电源输入端的零、地电压时，在 TN—S 系统中，中性线（N）与保护线（PE）间的电位差一般不宜大于多少伏？电位差太大的可能原因有哪些？

16. 简述集合屏蔽效应和接地极的利用系数 η。

17. 电位降法测量接地电阻对测量信号的要求有哪些？对辅助测量电极的布置有何要求？

18. 什么是接地电极的电阻区域？对电位降法，在主接地电极有它的电阻区域，在辅助电流测试电极也有它的电阻区域。为正确测量接地电阻，两者的电阻区域能否互相交叠，为什么？

19. 什么是防雷接地体的有效长度？

20. 什么是电化学腐蚀？接地体防腐蚀措施有哪些？

21. 简述影响大地电阻率的因素。

22. 请叙述防接触电压和跨步电压触电措施。

23. 已知某地的土壤电阻率为 100 Ω·m,现需要一个工频接地电阻不大于 4 Ω 的地网,若采用长度为 2.5 m,管径为 50 mm 的镀锌钢管作为垂直接地体,计算一根这样的垂直接地体的接地电阻值约为多少？若不考虑水平连接带的作用,约需多少根这样的垂直接地体？请说明理由。

24. 冲击电流通过接地体散流的特性有哪些？

25. 请叙述几种简单的降低接地电阻的方法。

26. 利用三极法测量土壤电阻率时,若接地极的管径为 30 mm,接地极击入土中的深度为 0.6 m,测得的工频接地电阻为 15 Ω,则该区域的土壤电阻率约为多少？

27. 测试 SPD 的漏电流有何意义？一般应如何判断 SPD 的劣化情况？

28. 静电的测量方法有哪些？哪些场合需要测量静电？

29. 简述 RCD 的原理和作用。

30. 为检验 RCD 在运行中的特性及其变化,应定期做哪些动作特性测试？

31. 等电位连接的导通性测试中,环路的导体电阻过高的原因有哪些？

32. 用测流钳测三相对称电流(有效值为 10 A),当钳入一根线、二根线时电流表的读数分别为多少？

33. 电源电压实际值为 220 V,现有准确度等级为 1.5 级,满刻度值为 250 V 和准确度等级为 1.0 级,满刻度值为 500 V 的两个电压表,试挑选电压表并做误差分析。

34. 一外引接地体先经 40 m 长的土壤电阻率为 2 500 Ω·m 的土壤,以后为 1 000 Ω·m。请计算该接地体的有效长度。

35. 高层建筑物外部防雷装置主要测哪些地方？为确保测量准确,应注意的事项有哪些？

36. 简述直线法测量接地电阻中如何判别电流辅助测量电极与被测接地装置足够远？(画图说明)

第五章 防雷工程方案审核、新建建筑物分阶段检测和竣工验收

目前,我国防雷建设工程已经逐步纳入法制化管理的轨道,国家已明确了由专门的机构对防雷工程进行设计方案(包括图纸)审核、在建工程分阶段跟踪检测和竣工验收等工作。由于几乎所有的建设工程都要涉及防雷工程建设,尤其是接地、等电位、接闪器、引下线等外部防雷工程包含在土建工程中,而且许多部分是隐蔽工程,出现问题将不易被发现,也不易弥补,容易造成雷击事故隐患。加之现阶段许多防雷工程公司的设计和施工技术水平参差不齐,设计的防雷设计方案存在不少问题。因此防雷工程设计方案及图纸审核将在源头上发现问题,及早排除隐患,其作用至关重要。现在的防雷工程设计涉及诸多行业技术,防雷设计需要根据建筑物的具体情况做全方位考虑。审核、分阶段跟踪检测、竣工验收更要全面、细致,严格把关,从而保证建筑物防雷设施安全、可靠、高效。

§5.1 防雷设计方案编制的一般要求

在对防雷建设工程方案(包括图纸)进行审核时,有必要先对防雷工程设计方案的编制方法和要求有一个基本的了解。

防雷环境要求较高的任何一项建筑工程在做《工程建设可行性研究报告》时,都要考虑防雷系统的建设,应将"防雷工程设计方案"作为工程建设设计方案的一部分。应在新建建筑物的设计阶段就认真研究防雷装置如何利用建筑物的金属结构而得到最大的效益。这样,将使防雷装置的设计和施工与建筑物的设计和施工结合成一体,能以最少的人工和花费建造最高效的防雷装置。

防雷工程涉及建筑土建、设备布置、通信方式、供配电系统以及综合布线等工程,还涉及地理、地质、气候特点以及雷电活动规律。完善的防雷工程包括外部防雷和内部防雷,其设计方案应具备系统性和可操作性。应对防雷设计方案进行严格审核。

一、防雷设计方案主要内容

防雷设计方案应包括以下内容。

1. 概述

(1)防雷设计方案概述中应详细地描述拟建建筑物所在地的周边环境、地理地貌、地质情况。

这些资料的获取一般需要到现场进行实地勘察,要求高的可能需要请专门的地质勘查研究部门来进行此项工作。周边环境一方面是指拟建建筑物与周围其他建筑物的关系。是否是孤立突出的建筑物,这与计算该建筑物的年预计雷击次数、确定建筑物防雷等级有关;是否与其他建筑物距离较近,其地上距离和地下距离会涉及保护范围的计算、地上和地下安全距离的计算以及由此引起的是否需要考虑防止地电位反击,是否需要将这些建筑物的接地装置联结在一起形成一个联合接地装置等问题。周边环境另一方面是指是否有容易引起防雷装置腐蚀的有害气体、潮湿的周边环境等,据此可以决定要不要加大防雷装置的规格尺寸。

地理地貌、地质情况主要是指拟建建筑物所在地的地形、土壤水分、土壤电阻率、地下水位、地下有否金属矿藏等。地形是平地还是山地或是湖河边、土壤电阻率有否突变的地方、地下有否金属矿藏等因素与雷击的选择性有关,也即与年预计雷击次数、确定建筑物防雷等级有关。此外,土壤水分、土壤电阻率、地下水位等因素在考虑如何充分利用建筑物基础作为自然接地体,需否加设人工辅助接地体时很有用。例如,当土壤含水率大约为 4% 以上时,就可以利用建筑物基础中的钢筋作为自然接地体,否则,需要采取包括填埋化学降阻剂等方法来改善接地条件。对有深桩基础的高层建筑,若土壤电阻率及土壤含水率不理想,但深桩能够达到地下水位时,也应很好地利用桩基础作为接地体。这种情况在干旱的北方经常会遇到。

浅层土壤水分、不同深度的土壤电阻率的粗略分布情况可以直接通过测量获得,更精确的数据包括地下水位等需要钻孔取样分析才能获得。防雷工程设计人员应获得这些基本资料。

(2)防雷设计方案概述中应详细地描述拟建建筑物所在地气候和灾害性天气特点以及雷电活动规律。

根据由当地气象部门提供的诸如年平均雷暴日、初雷日、终雷日、发生雷暴的强度和时间分布规律、雷暴移动路径以及风速等的统计资料,可以帮助确定建筑物防雷类别、外部防雷装置的安装位置和抗风等级、内部防雷装置尤其是 SPD 的形式和主要技术指标。

值得注意的是,由于城市的建设规模越来越大,其对局地气候和灾害性天气特点以及雷电活动规律有影响,上述的统计资料逐年在变,防雷工程设计人员应注意分析近十年来这些统计资料的变化趋势,以使设计的防雷技术措施能在较长的时间内均有效。

(3)防雷设计方案概述中应详细地描述拟建建筑物的使用性质、重要性并阐述对拟建建筑工程进行雷电防护建设的必要性。

重要性包括政治意义和经济意义上的重要性,所以有国家级、省部级和普通建筑物之分;使用性质主要看建筑物是否具有爆炸和火灾危险环境。这些也是选择防雷装置的形式及其布置的重要因素。综合以上所有基本情况,若可能的话,再结合同类建筑物的继往雷击史就可以清晰地阐明对拟建建筑工程进行雷电防护建设的必要性。可以着重强调雷击可能引起的后果,不仅是直接的经济上的损失,更重要的是对社会生产生活的影响。

(4)防雷设计方案概述中应详细地描述建筑物的建筑结构、高度、建筑面积、布局,设备布置、通信(通讯)方式、供配电系统(供配电制式、高、低压电力线路的架设方案、自备油机发电机组、UPS 等)以及综合布线等情况。

建筑物的建筑结构决定主要的外部防雷装置能否将其利用。例如,采用浇筑桩和承台结构的基础可作为自然接地体;框架结构建筑物结构柱中的钢筋可作为引下线;剪力墙结构的房间是具有较好雷电电磁脉冲防护能力的空间等。

建筑物的高度、建筑面积、布局等也与雷击的选择性有关,在计算雷击有效截收面积时也有用,因而也决定防雷装置的形式及其布置。

设备布置关系到重要设备能否放置在防雷的有效安全空间内。一般可提出作为设备布置的防雷参考意见,若无法采纳,则应有针对性的加强防雷技术措施。

通信(通讯)方式主要是有线无线、工作频率、带宽、接口型号、工作电压、传输电平等参数需要防雷设计人员搞清楚,这关系到防雷装置尤其是 SPD 的设计和选择。例如,一些雷达或卫星等的微波通信设备的波长为几厘米,如采用普通的金属避雷针作为防直击雷的保护装置,其针杆的直径与工作电磁波波长同一数量级,有可能影响设备的正常工作。这时,应该考虑采用高强度玻璃钢杆身的避雷针(其引下线用足够一定截面积的铜缆)来代替传统的金属避雷针。

供配电系统主要是高、低压电力线路的架设方案、供配电制式、自备油机发电机组、UPS 等的描述。供配电系统的防雷是内部防雷装置中最主要的部分之一。高、低压电力线路的架设方案直接决定了如何选择电源系统的第一级防浪涌保护器,包括不同试验波形下的通流量。例如是架空进线还是埋地电缆引入会有较大区别。一般情况下,防雷技术人员应要求尽可能采用埋地电缆引入方式。

供配电制式也是必须描述清楚的重要内容,因为针对不同的供电制式,一般要选择不同形式的 SPD,其接线方式也不一样。例如,对 TT 供电制式,其接线方式为相线与中性线间加装普通模块,中性线与保护地之间一般要加装通流量较大的 N-PE

模块。

对自备油机发电机组、UPS 等设备的描述有助于确定多级电源 SPD 防雷系统中各级 SPD 的安装位置。重要部门重要系统的设备配置常常采用多套备份的冗余结构,为的是确保系统运行不会中断。其防雷系统的设计应适应这种要求。

综合布线是雷电防护更是电磁兼容技术的基本内容,它是防止各种电磁干扰的重要技术手段。防雷工程设计人员应了解建筑物内综合布线情况,相互配合,设计出最佳的防雷方案。

2. 设计依据

防雷设计方案应清晰地写明设计依据。由于防雷技术发展的历史并不长,防雷技术并不完善,需要应对的电磁环境越来越复杂,所以,防雷技术不断在改进,防雷技术标准不断在修订,因而应掌握和使用被引用标准的最新版本,以保证引用标准和使用本标准的先进性。一般应以现行国家标准和行业标准为依据,鼓励采用 IEC标准。

设计方案中所采取的技术措施及施工工艺,一般应以相关技术标准或规范为依据。也就是说,除了要写明依据的雷电防护标准外,还应写明引用的其他标准。例如,一般电源系统 SPD 的安装需要与电气装置相互配合,所以必须符合 GB50054—1995《低压配电设计规范》、GB682—86《剩余电流动作保护器》以及断路器、熔断器、建筑施工等方面标准或规范的要求。

在做防雷设计方案时,要充分考虑拟安装设备对雷电防护方面的技术要求,但不应与相应的技术标准相矛盾,有时可能需要与设备厂家协商。

对于雷电防护产品生产厂家宣称的产品功能,防雷工程设计人员只能将其作为参考资料,在做具体的防雷设计时,仍应按有关标准确定技术指标。例如,一些避雷针生产厂家宣称其产品运用某种先进的原理,保护范围如何如何大,但防雷工程设计人员仍应将其按普通避雷针对待,按《建筑物防雷设计规范》规定的防雷类别来确定滚球半径,计算保护范围。

3. 防雷设计总体说明

设计方案总体说明中要明确该雷电防护方案保护的空间范围、建(构)筑物及主要设备等,应列出被保护的主要设备清单。

在防雷设计总体说明中应对概述中介绍的详细资讯进行综合分析,进而对建筑物进行防雷分类的划定。必要时需在进行雷击风险评估后才能确定建筑物的防雷类别。

应写出外部、内部防雷设计总的原则和总的要求以及一些通用的做法,在建筑工程图纸中的总体设计说明、电气施工图和结构施工图中适当的地方应有反映这些要求的文字说明。

4. 分项防雷设计方案

具体的防雷分项设计，可按外部和内部防雷的一定顺序针对不同的保护对象进行设计描述。如：建筑物、建筑物顶天线及到机房的电缆、传输系统、供配电系统、等电位连接系统和接地系统及其他装置的防雷。具体内容可列如下：

(1)外部防雷措施：外部防雷方案的选择，包括天线(如果有的话)和建筑物的防护措施；具体保护范围的计算等。通常，建筑设计院已经考虑了建筑物本身的雷电防护措施，但对于诸如天线等高出避雷网带的金属设备或构件，并未考虑雷电防护措施。这就要求防雷工程设计人员根据实际情况选择或加设外部防雷方案、计算具体的保护范围、设计天线底座以及为此增设的避雷针支座。此项工作一般都需要与建筑设计院协商，以确定安装位置和载荷等。保护范围应有多个视图直观的表示。

(2)内部防雷措施：包括防止静电干扰和电磁脉冲干扰的屏蔽措施；天馈系统、传输及通信系统的防电涌保护措施；等电位连接系统；接地方法与接地装置；低压配电系统的电涌保护；专用设施的雷电保护等。

防雷工程设计人员应根据设备自身的抗扰度以及雷电保护区的划分要求，提出各种电磁屏蔽技术方案。

在电磁屏蔽措施较为完善的场合，雷电过电压对内部电子设备的损害主要是沿线路引入。因而天馈、传输、通信系统及电源系统需加强防雷电电涌措施，主要对策为安装各种 SPD。SPD 的选择和安装应注意多方面，尤其是 SPD 的安装应有详细说明并画出电涌保护(SPD)电路原理图和 SPD 安装位置示意图等。

等电位也是最基本最重要的防雷技术措施之一，在接地系统的地电阻不易做得较小时尤为重要。国家建筑标准设计图集《等电位联结安装》对建筑物的等电位联结具体做法作了详细介绍。许多应该预留的等电位连接端子一定要在图纸上标出其位置和做法。

等电位连接网络既用于电气安全的等电位连接，也用于信息系统从直流至高频的功能等电位连接，但网络形式不太一样。通常，Ss 或 Ms 等电位连接网络可用于相对较小、限定于局部的系统，当数字电路的频率达 MHz 级时应采用 Mm 型等电位连接网络。应根据机房主要设备的频率等特性选择合适的等电位连接网络类型。

5. 相关的图纸、资料

防雷设计方案应提供的有关图纸资料包括：

所属区域的年均雷暴日分布图；近十年来各种雷暴统计资料的变化趋势分析；雷暴移动路径图；建筑物平面布局图、立面图，如有可能附效果图；直击雷防护的避雷针、避雷带等接闪器的保护范围示意图；主要设备分布位置图；供配电系统图；电涌保护(SPD)电路原理图；SPD 安装位置示意图；等电位连接、均压环、电力干线及接地平面图；各层弱电平面图；配筋图；相应的工程施工图(主要是电施图)；所选主要防雷器件的技术参数、性能指标（附表说明）等。

这些图纸大部分应由建筑设计单位根据防雷设计方案的防雷要求绘制，其余的由防雷工程设计人员提供。所以，在进行防雷工程设计时，必须与建筑设计单位多次会审图纸。

6. 防雷工程预算

防雷工程设计方案中工程预算应包括材料费（包括主材料费和辅助材料费）、施工费、工程管理费，以及设计费、检测费、税金等。费率比例应符合有关规定。

二、工程质量管理

防雷工程设计方案对工程质量管理要有具体措施，包括施工监理，各阶段检测要求等。另外应提供能说明设计，施工，监理单位能力、水平的有关详细资料。

三、与建设单位以及建筑施工方的协调

任何一项防雷工程都只是某建设工程的一部分，尤其是涉及大量土建工程时，大部分防雷技术措施都要在土建工程中实施，所以，离不开与建设方及建筑公司的配合施工。防雷工程设计方案中应有防雷工程对施工方的具体实施要求。在编制防雷工程设计方案过程中应与建筑设计单位多次协调、修改，将防雷技术贯彻到工程的结构施工图和电施图中去。防雷工程设计师、建筑工程师和建设方之间定期商议是重要的。

§5.2 防雷工程建筑识图与电气识图

防雷设计方案的审核应根据国家标准《建筑物防雷设计规范》（GB 50057—2010）及相关的其他标准进行审核。审核的要点与防雷设计方案的编制要求相同。防雷设计方案的审核需要审核技术人员掌握多学科的知识，尤其应掌握基本的建筑制图、建筑识图，特别是要掌握电气识图能力。

电工电气图纸是根据电气工作原理或安装、配线等电力电气工程的要求，按电源、各电气设备和负载之间连接的关系而绘制的图纸。它是从事电气工程的技术人员进行技术交流和生产活动所必须掌握的语言。能识图是防雷工程图纸审核的基本功。审核技术人应能看懂电气图纸，掌握识图的基本知识，了解电路图的构成、种类、特点以及在工程中的作用。要熟练地掌握各种电气符号，包括文字符号、图形符号所代表的含义和回路标号的标注原则。学会识图的基本方法、步骤以及电工电气图纸中的有关规定。

防雷工程图纸一般包括建筑物平面布局图（位置图）、立面图、效果图、结构施工

图、基础平面图、主要设备分布位置图、供配电系统图、电涌保护(SPD)电路原理图、SPD安装位置示意图、等电位连接、均压环、电力干线及接地平面图、各层弱电平面图、配筋图、电气施工图、水暖施工图等。

相关内容可参见《房屋建筑制图统一标准》GB/T50001—2001、《总图制图标准》GB/T50103—2001、《建筑制图标准》GB/T50104—2001、《建筑结构制图标准》GB/T50105—2001以及《电气制图》GB/6988、《电气技术用文件的编制》GB/T6988—1997、《电气简图用图形符号》GB/T4728等标准。以下,简单介绍电气制图与读图中的基本常识和建筑电气安装平面图知识。

一、电气识图的基本知识

电工电气图纸应遵循国标GB6988.5—86《电气制图,接线图和接线表》的规则,图形符号应符合国标GB4728《电气图用图形符号》的要求,文字符号包括项目代号应符合GB5094《电气技术中的项目代号》和GB7159—87《电气技术中的文字符号制订通则》的要求。

电气工程中设备、元件、装置的连接线很多,结构类型千差万别,安装方法多种多样。在按简图形式绘制的电气工程图中,元件、设备、装置、线路及其安装方法等,都是借用图形符号、文字符号和项目代号来表达的。图形符号、文字符号和项目代号犹如电气工程语言中的"词汇"。分析电气工程图,首先要了解和熟悉这些符号的形式、内容、含义以及它们之间的相互关系。"词汇"掌握得越多,看图越方便。

1. 文字符号

电气文字符号用来表示电气设备、装置和元器件的种类和功能的代号,文字符号在电气工程图中,标注在电气设备、装置和元器件上或其近旁,用以标明电气设备、装置和元器件的名称、功能、状态和特征。文字符号可以作为限定符号与一般图形符号组合使用,派生新的电气图形符号。文字符号还可以作为项目代号,提供电气设备、装置或元器件的种类字母代码和功能字母代码。

文字符号分为基本文字符号和辅助文字符号。

(1)基本文字符号可用单字母符号或双字母符号表示。

例如:"K"代表继电器、"KA"代表电流继电器、"KV"代表电压继电器;"Q"代表电力开关、"QS"代表隔离开关、"QF"代表断路器;"T"代表变压器,"TA"代表电流互感器、"TV"代表电压互感器等。

一般应优先采用单字母符号,只有当单字母符号不能满足要求,需要将大类进一步划分,才采用双字母符号,以便更详细、更具体地表示电气设备、装置和元器件。

(2)辅助文字符号

辅助文字符号常加于基本文字符号之后进一步表示电气设备装置和元器件的功

能、特征及状态等。例如"RD"表示红色，"GN"表示绿色。

若辅助文字符号由两个以上字母组成时，一般只允许用其第一个字母与单字母符号进行组合。如 RD 为红色，H 表示信号灯，则红色信号灯用 HRD。

辅助文字符号也可以单独使用，如"ON"表示闭合。辅助文字符号也可以标注在图形符号处。

表 5-1 是常见的电气图用文字符号。

表 5-1　主要电气设备文字符号

文字符号	中文名称	文字符号	中文名称
A	放大器	G	发电机、振荡器
AV	电压调节器	GB	蓄电池
C	电容器	GM	励磁机
EL	照明灯	GS	同步发电机
F	过电压放电器件、避雷器	HA	声响指示器(蜂鸣器、电铃、警铃)
FR	热继电器	HL	指示灯、光字牌、信号灯
FU	熔断器	HLG	绿色指示灯
HLR	红色指示灯	R	电阻、电位器、变阻器
HLY	黄色指示灯	RP	电位器
KA	电流继电器	SA	控制开关、选择开关
KM	中间继电器、接触器	SB	按钮开关
KT	时间继电器	TA	电流互感器
KV	电压继电器	TAN	零序电流互感器
L	电感、电感线圈、电抗器、消弧线圈	TM	电力变压器
M	电动机	TV	电压互感器
N	绕组、线圈、中性线	U	变流器、整流器
PA	电流表	V	二极管、三极管、稳压管、晶闸管、各种晶体管
PE	保护导体、保护线	X	接线柱
PV	电压表	XB	连接片、切换压板
Q	电力开关	XT	端子板、端子排
QF	断路器	YA	电感铁线圈
QL	负荷开关	YAN	合闸电磁铁
QS	隔离开关	YAF	跳闸电磁铁

2. 项目代号

GB5094—85《电气技术中的项目代号》中提出了项目代号的新概念,在较复杂的电气工程图上标注项目代号,使我国的电气技术文件进一步国际化,为了能更好地阅读电气工程图,要了解项目代号的含义和组成。

(1)项目与项目代号

项目是指在电气技术文件中出现的各种电气设备、器件、部件、功能单元、系统等。在图上通常用一个图形符号表示。项目可大可小,灯、开关,电动机、某个系统都可以称为项目。

用以识别图、表图、表格中和设备上的项目种类,并提供项目的层次关系、实际位置等信息的一种特定的代码,称为项目代码。通过项目代号可以将不同的图或其他技术文件上的项目(软件)与实际设备中的该项目(硬件)一一对应和联系在一起。如某照明灯的代码为"＝4＋102－H3"。则表示可在"4"号楼、"102"号房间找到照明灯"H3"。

(2)项目代号的组成

项目代号是由拉丁字母、阿拉伯数字、特定的前缀符号等并按照一定的规律组成。

一个完整的项目代号由 4 个代号段组成。即高层代号、位置代号、种类代号、端子代号。在每个代号段之前还有一个前缀符号,作为代号段的特征标记。表 5-2 是项目代号的形式及符号。

表 5-2　项目代号的形式及符号

段别	名称	前缀符号	示例
第一段	高层代号	＝	＝S2
第二段	位置代号	＋	＋12B
第三段	种类代号	－	－A1
第四段	端子代号	:	:5

(a)种类代号　用以识别项目种类的代号称为种类代号。种类代号段是项目代号的核心部分。种类代号由字母和数字组成,其中字母代号必须是规定的文字符号。

其格式为:

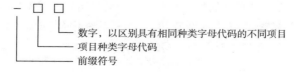

如－KA1 表示第一个电流继电器，－S2 表示第 2 个电力开关。

(b)高层代号　系统或设备中任何较高层次的项目代号，称为高层代号。例如某电力系统中的一个变电所的项目代号中。其中的电力系统的代号可称为高层代号；若此变电所中的一个电气装置的项目代号，其中变电所的代号可称为高层代号。

其格式如下：

高层代号与种类代号同时标注时。通常高层代号在前，种类代号在后，如"＝2－Q1"表示 2 号变电所中的开关 Q1。

高层代号可以叠加或简化，如"＝S1＝P1"可简化成"＝S1P1"。

如果整个图面均属于同一高层代号，则可将高层代号写在围框的左上方。以简化图面。

(c)位置代号　项目在组件、设备、系统或建筑物中的实际位置的代号叫位置代号。位置代号一般由自行选定的字符或数字表示，其格式如下：

例如：电动机 M1 在某位置 3 中，可表示为"＋3－M1"；102 室 A 列第 4 号低压柜的位置代号可表示为"＋102＋A＋4"。

(d)端子代号　端子代号是用以同外电路进行电气连接的电器导电件的代号。端子代号一般采用数字或大写字母表示，其格式如下：

如：端子板 X 的 5 号端子，可标注为"－X：5"；继电器 K2 的 C 号端子，可标注为"－K2：C"。一般端子代号只与种类代号组合即可。

项目代号是用来识别项目的特定代码，一个项目可由一个代号段组成，也可用几个代号段组成，这主要看图纸的复杂程度。如 S 系统中的开关 Q2 在 H10 位置，其中的 B 号端子，可标注为"＝S＋H10－Q2：B"。

3. 图形符号

图形符号用来表示电气设备或概念。

电气图形符号的组成：

电气图用图形符号由方框符号、符号要素、一般符号和限定符号组成。

（1）方框符号　用以表示元件、设备等的组合及其功能，既不给出元件、设备的细节，也不考虑所有连接的一种简单的图形符号，如正方形、长方形等图形符号。称为方框符号。常见的框图、流程图等均是仅由几个方框符号组成的电气图。

图 5-1　符号要素组成的图形符号

（2）符号要素　符号要素是一种具有确定意义的简单图形，必须同其他图形组合以构成一个设备或概念的完整符号。例如一个间热式阴极二极管，它是由外壳、阴极、阳极和灯丝四个符号要素组成，见图 5-1 所示。符号要素一般不能单独使用，只有按照一定的方式组合，才构成一个完整的符号。符号要素的不同组合，可构成不同的符号。

（3）一般符号　一般符号是用来表示某一大类的设备、器件和元件，通常是一种很简单的符号。如电阻、电机、开关等一般符号，见图 5-2。

（4）限定符号　是一种附加在其他符号上的符号，一般不代表独立的设备、器件和元件，用来说明某些特征、功能和作用等。限定符号一般不能单独使用，当在一般符号上分别加上不同的限定符号，可分别得到不同的专用符号。如图 5-3 所示，在开关的一般符号上加上不同的限定符号，可分别得到隔离开关，断路器、接触器、按钮开关、转换开关。限定符号一般不能单独使用，但有的一般符号可作为限定符号使用。

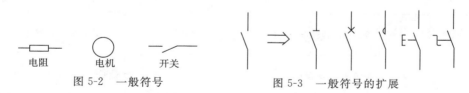

图 5-2　一般符号　　　　　　　　图 5-3　一般符号的扩展

表 5-3 和表 5-4 分别是常用一次电气设备和二次电气设备的图形符号。

表 5-3　常用一次电气设备的图形符号

图形	名称	图形	名称
Ⓜ 或 Ⓜ	三相感应电动机	⏀ 或 ⊏	电流互感器

（续表）

图形	名称	图形	名称
双绕组变压器	电压互感器
电抗器	熔断器
避雷器	刀熔开关
隔离开关 刀开关	断路器
负荷开关	接触器

表 5-4 常用二次电气设备的图形符号

图形符号	符号说明	图形符号	符号说明
	开关电器一般符号		操作器件或继电器的绕组(线圈)
	动断(常闭)触点		热继电器
	动合(常开)触点		熔断器
	手动开关		延时闭合的动合触点
	接触器动合触点		延时断开的动合触点
	按钮开关(动合)		延时闭合的动断触点
	按钮开关(动断)		延时断开的动断触点
M----	电动机操作		热执行器操作(如热继电器、热过电流保护)
----	电钟操作		无噪声接地(抗干扰接地)

（续表）

图形符号	符号说明	图形符号	符号说明
⏚	接地一般符号 注:如表示接地的状况或作用不够明显,可补充说明。	⏚	保护接地 以表示具有保护作用,例如在故障情况下防止触电的接地。
形式1 ⏚ 形式2 ⊥	接机壳或接底板	形式1 ⊤ 形式2 ⊤	导线的连接
11 12 13 14 15 16	端子板(示出带线端标记的端子板)	⌀	可拆卸的端子
PE	保护线	◪	在专用电路上的事故照明灯
PEN	保护和中性共用线	N	中性线
—— —⫽— 3	导线、导线组、电线、电缆、电路、传输通路(如微波技术)、线路、母线(总线)一般符号 注:当用单线表示一组导线时,若需示出导线数可加小短斜线或一条扛斜线加数字表示 示例:三根导线 示例:三根导线	—110 V 2×120 mm² AL 3N～50 Hz380 V 3×120+1×50	示例:直流电路。110 V,两根铝导线,导线截面积为120 mm² 示例:三相交流电路,50 Hz。380 V,三根导线截面积均为120 mm²,中性线截面积为50 mm²。
⬡ ⊸○⊸	电缆直通接线盒(示出带三根导线) 多线表示 单线表示	⬣ ⊥○⊥	电缆连接盒,电缆分线盒(示出带三根导线 T 形连接) 多线表示 单线表示
▭	电缆穿管保护 注:可加注文字呼号表示其规格数量	↻	电缆旁设置防雷消弧线
⫶⫶	电缆上方敷设防雷排流线	⌒	电缆预留
▬	动力或动力—照明配电箱 注:需要时符号内可标示电流种类符号	⊠	事故照明配电箱(屏)

（续表）

图形符号	符号说明	图形符号	符号说明
⊠	信号板、信号箱（屏）	◨	多种电源配电箱（屏）
▬	照明配电箱（屏） 注：需要时允许涂红	▱	电源自动切换箱（屏）
	带保护接点插座 带接地插孔的单相插座 暗装 密闭（防水） 防爆		带接地插孔的三相插座 暗装 密闭（防水） 防爆
	单极开关		单极拉线开关
	暗装		单极双控拉线开关
	密闭（防水）	⊢——	荧光灯一般符号
	防爆		三管荧光灯
	双极开关	⊢—5—⊣	五管荧光灯
	暗装		防爆荧光灯
	密闭（防水）		防爆
⊣　　⊣	插座（内孔的）或插座的一个极	⊸⊢　⊸⊂	插头和插座（凸头的和内孔的）
—　　←	插头（凸头的）或插头的一个极		

表 5-5　常用防雷工程专业图形符号（气象部门推荐）

图形符号	符号说明	图形符号	符号说明
⋯✕━━━✕⋯	避雷带	↓	引下线

（续表）

图形符号	符号说明	图形符号	符号说明
	避雷线		避雷网
	开关型模块式 SPD		限压型模块式 SPD
	插座型 SPD		防雨型 SPD
	防爆型 SPD		退耦器

图 5-4 是防雷工程中常用的几种电涌保护器,其特点分别为:

空气火花隙:此 SPD 通常由两个相对的电极组成,当电涌的幅度达到一定的值时电极之间产生电弧放电(紧接着的是续流)。为能迅速地"熄灭"续流,灭弧技术被应用,然而这种技术却导致了设备向外界排放热气体。

密封型火花隙:熄灭续流时不向外排出热气体的空气火花隙。此种技术通常以牺牲续流熄灭能力为代价。适用于易燃易爆场合。

气体火花隙:电极被装置在密封的空间之中,内充稀有的、压力受到控制的混合气体,此种设备为电信网络的理想防护器材,它的主要特性为具有相当小的漏电流。

可变电阻:由锌氧化物(ZnO)做成的非线性器件(其电阻值根据极端电压而变化),用于限制极间电压。这种技术不存在续流,因此这种元件为电源系统(高压和低压)的理想防护器件。

火花隙/可变电阻:系列元件的组合设计以使产品获得两种技术的优点:无漏电流、较低的 U_p 值(火花隙)及无续流。

限定二极管:齐纳型二极管,(电压限制),又称瞬态电涌抑制器。其独特的结构设计使其遇到电涌时有突出的限压特性。这种元件的突出特点是非凡的响应时间。

4. 回路标号

为了表示电路中各回路的种类和特征,通常用文字符号和数子标注出来,叫回路标号。

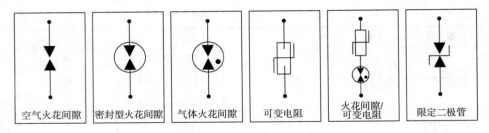

图 5-4　常见 SPD 电气图形符号

　　回路标号要按照"等电位"的原则进行标注,通常用三位或三位以下数子来表示。在交流一次回路中用个位数字的顺序区分回路的相别;用十位数子的顺序区分回路中的不同线段;对不同供电电源的回路用百位数子的顺序标号进行区分。

　　在交流二次回路中,回路的主要压降元件、部件两侧的不同线段分别按奇数和偶数的顺序标号。如一侧按 1、3、5、7 等顺序标号。另一侧按 2、4、6、8 等顺序标号。

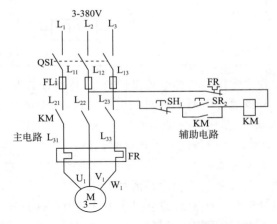

图 5-5　三相笼型异步电动机控制原理图

二、电气图纸的构成

　　电工图纸一般由电路、技术说明和标题栏三部分构成

　　1. 电路

　　(1)主电路(一次电路)　它是从电源至负载输送电能时电流所经过的电路,电流较大,导线线径较粗。

　　(2)辅助电路(二次回路)　对电路进行控制、保护、监视和测量等的回路。它们包括各种操作控制开关、继电器接触器线圈及辅助接点、信号指示灯和监视测量仪表。通过的电流较小,导线线径较细。

2. 技术说明

电路图中文字说明和元件明细表等,总称为技术说明

(1)文字说明注明电路的要点及安装要求等,以条文的形式写在电路图的右上方。

(2)元件明细表列出电路中各元器件的名称、符号、规格、单位和 数量。以表格的形式列于标题栏的上方,表中的序号自下而上编排。

3. 标题栏

标题栏画在电路图的右下方、其中注明工程名称、图名、图号、设计人、制图人、校核人、审批人的签名和日期等。

三、电气工程图的分类

1. 图的分类

图是用图示法表示形式的总称,是表示信息的一种技术文件,一般分四个大类。

(1)图　图的概念很广泛,它可以泛指各种图,但这里是指用投影法绘制的图,即以画法几何中三视图原则绘制的图,如各种机械工程图。

(2)简图　简图是用图形符号、文字符号绘制的图,如建筑电气工程图。

(3)表图　表图是表示两个或两个以上变量、动作或状态之间关系的图、时序图。

(4)表格　表格是把数据等内容按纵横排列的一种表达形式,如设备材料明细表。

2. 电气图的分类

电气图是用图形符号、带注释的围框、简化外形表示的系统或设备中各部分之间相互关系及其连接关系的一种简图。按 GB6988 规定,电气图可分为以下 15 种。

(1)系统图　表示系统的基本组成、相互关系及其主要特征的一种简图,如电气系统图。

(2)功能图　表示理论或理想的电路,而不涉及实现方法的一种简图,是提供设计绘制电路图的依据。

(3)逻辑图　用二进制逻辑单元图形符号绘制的一种简图。

(4)功能表图　表示控制系统的作用和状态的一种表图。

(5)电路图　用图形符号按工作顺序排列,表示电气设备或器件的组成相连接关系。

(6)等效电路图　表示理论的或理想元件及其连接关系的一种功能图。

(7)端子功能图　表示功能单元全部外接端子,并用功能图、表图或文字表示其内部功能的一种简图。

(8)程序图　表示程序单元和程序片及其互连关系的一种简图。

(9)设备元件表　表示设备、装置的名称、型号、规格和数量等。

(10)接线图(接线表)　表示成套装置、设备的连接关系,用以接线和检查。

(11)单元接线图(单元接线表)　表示设备或装置中一个单元内的连接关系。

(12)互连接线图(表)　表示设备或成套装置中不同单元之间的连接关系。

(13)端子接线图(表)　表示成套装置或设备的端子及接在端子上的外部接线。

(14)数据单　对特定项目给出详细信息的资料。

(15)位置图(简图)　表示设备或装置中各个项目的位置。

3. 电工图的分类

电工图一般分为电气原理结构图、电气原理展开接线图、电气安装接线图、电气安装平面图、剖面图等。

电气原理结构图也叫原理接线图(见图 5-5)。它以完整的电器为单位,画出它们之间的接线情况,表示出电气回路的动作原理,阅读原理图可以了解电源和负载的工作方式。各电气设备和元件的功能等。

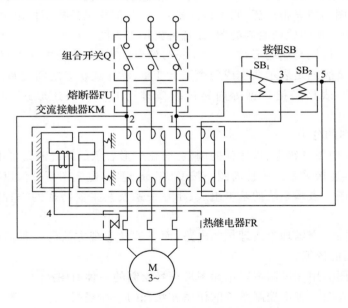

图 5-5　鼠笼式电动机直接起动控制线路结构图

电气原理展开接线图(见图 5-4)将电路图中有关设备元件解体。即将同一元件的各线圈、触点和接点等分别画在不同的功能中回路。同一元件的各线圈、触点和接点要以同一文字符号标注。画回路排列时。通常根据元件的动作顺序或电源到用电设备的元件连接顺序,水平方向从左到右,垂直方向自上而下画出。

电气安装接线图也叫安装图(见图 5-6),它是电气原理图具体表现的表现形式,

可直接用于施工安装配线,图中表示电气
元件的安装地点和实际外形、尺寸、位置和
配线方式等。通常分为盘(屏)面布置图、
盘(屏)后接线图和端子排图三种。盘(屏)
面布置表明各电气设备元件在配电盘、控
制盘、保护盘正面的布置情况;盘后接线图
表明各电气设备元件端子之间应如何用导
线连接起来;端子排是用来表明盘内设备
与盘外设备之间电气上相互连接的关系。

　平面布置图和剖面图相当于对各电气
设备布置的顶视图和前视图。

4. 建筑电气工程图的分类

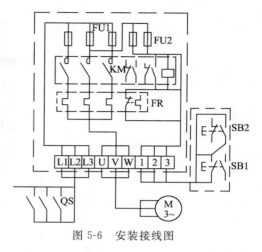

图 5-6　安装接线图

　建筑电气工程图是应用非常广泛的电气图,用它来说明建筑中电气工程的构成
和功能,描述电气装置的工作原理,提供安装技术数据和使用维护依据。一个电气工
程的规模有大有小,不同规模的电气工程,其图纸的数量和种类是不同的,常用的建
筑电气工程图有以下几类。

(1)目录、说明、图例、设备材料明细表

图纸目录内容有序号、图纸名称、编号、张数等。

设计说明(施工说明)主要描述电气工程设计的依据,业主的要求和施工原则,建
筑特点,电气安装标准,安装方法,工程等级,工艺要求等及有关设计的补充说明。

图例即图形符号。为方便读图,一般只列出本套图纸中涉及的一些图形符号。

设备材料明细表列出了该项电气工程所需要的设备和材料的名称、型号、规格和
数量,供设计概算和施工预算时参考。

(2)电气系统图

电气系统图是表现电气工程的供电方式、电能输送、分配控制关系和设备运行情
况的图纸,从电气系统图可以看出工程的概况。电气系统图有变配电系统图、动力系
统图、照明系统图、弱电系统图等,如图 5-7 所示。电气系统图只表示电气回路中各
元件的连接关系,不表示元件的具体情况、具体安装位置和具体接线方法。

(3)电气平面图

电气平面图是表示电气设备、装置与线路平布置面的图纸,是进行电气安装的主
要依据。电气平面图以建筑总平面图为依据,在图上绘出电气设备、装置及线路的安
装位置、敷设方法等,如图 5-8 和图 5-9 所示。电气平面图采用了较大的缩小比例,
不能表现电气设备的具体形状,只能反映电气设备的安装位置、安装方式和导线的走
向及敷设方法等。

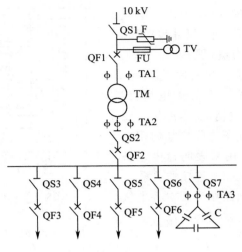

图 5-7　变配电系统图

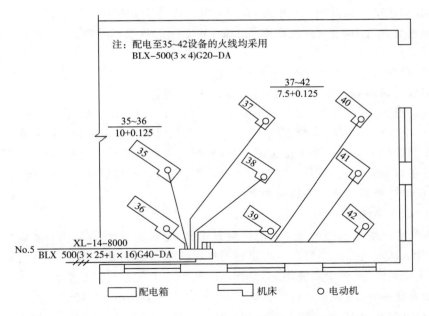

图 5-8　某机械加工车间(一角)的动力电气平面布线图

　　建筑电气安装平面图是应用最广泛的电气工程图,是电气工程设计图的主要组成部分。它用来提供建筑电气安装的依据,例如设备的安装位置、安装接线、安装方法等。此外,它还提供设备的编号、容量和有关型号等。按功能来划分,建筑电气安装平面图包括以下几种:

①发电站、变电所电气安装平面图

②电气照明安装平面图

③电力安装平面图

④线路安装平面图

⑤电信设备及弱电线路安装平面图。如电话、有线电视、消防、监控、信号设备及线路平面图

⑥防雷平面图

⑦接地平面图

四、电力和照明平面图

电气平面布线图就是在建筑平面图上按有关图形符号和文字符号，按电气设备安装位置及电气线路敷设方式、部位和路径给出的电气布置图。

1. 电力平面布线图

电力平面布线图例见图 5-8。其中用电设备、配电设备、开关和熔断器标注格式及配电支线的标注格式如下：

(1)GB4728 关于用电设备标注格式的规定

标注方式为：

$$\frac{a}{b} \text{或} \frac{a}{b} \bigg| \frac{c}{d}$$

式中 a——用电设备编号；

　　b——用电设备额定容量(kW)；

　　c——线路首端熔断器熔体或低压断路器脱扣(跳闸)电流(A)；

　　d——用电设备标高(m)。

(2)配电设备标注格式

一般标注方式为：$a\dfrac{b}{c}$ 或 $a-b-c$

当需要标注引入线的规格时的标注方式为：$a \cdot \dfrac{b-c}{d(e \times f)-g}$

其中，a——设备编号；　　　b——设备型号；　　　c——设备的额定容量(kW)；

　　d——导线型号；　　　e——导线根数；　　　f——导线截面(mm²)；

　　g——导线敷设方式。

(3)开关和熔断器标注格式

一般标注方式为：$a\dfrac{b}{c/i}$ 或 $a-b-c/i$

当需要标注引入线的规格时的标注方式为：$a\dfrac{b-c/i}{d(e\times f)-g}$

a——设备编号；　　　　　　e——导线根数；

b——设备型号；　　　　　　f——导线截面(mm^2)；

c——设备的额定电流(kA)；　g——导线敷设方式；

d——导线型号；　　　　　　i——整定电流(A)。

(4)配电支线,标注格式为：

$$d(e\times f)-g \text{ 或 } d(e\times f)G-g$$

其中 d——导线型号；　　　　e——导线根数；

　　f——导线截面(mm^2)；　g——导线敷设方式；

　　G——导线管代号及管径(mm)。

(5)图 5-9 为电力平面布线图例。

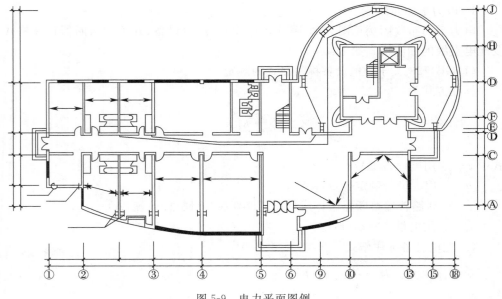

图 5-9　电力平面图例

(6)电力平面图与电力系统图(概略图)的配合

电力平面图只有与电力系统图(概略图)相配合,才能清楚地表示出建筑物内电力设备及其线路的配置情况。

例如,若将图 5-10 配电箱总系统图和图 5-11 配电箱楼层分系统图结合在一起读图,就会很清楚地看出建筑物内配电箱及其线路和断路器等保护装置的配置情况。这对防雷工程技术人员在电源系统内安装过电压保护器的设计和施工提供了方便。

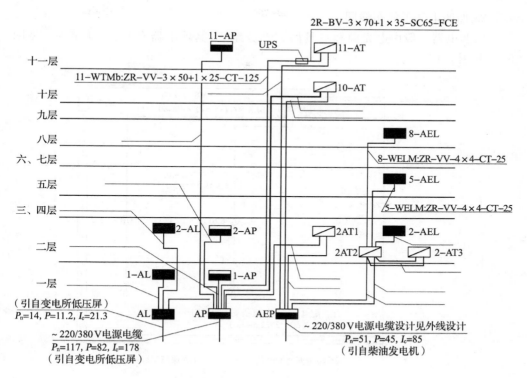

图 5-10　配电箱总系统图

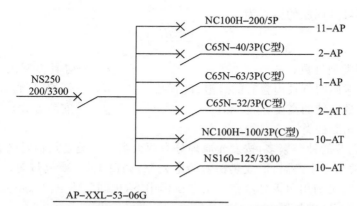

AP–XXL–53–06G

说明:所有配电箱体制作时应预留用以按装SPD的35mm标准导轨

图 5-11　配电箱分系统图

2. 照明电气平面布线图

照明电器一般由电光源和灯具两大部分组成，其他电器有开关、插座等。见图 5-12 和图 5-13。

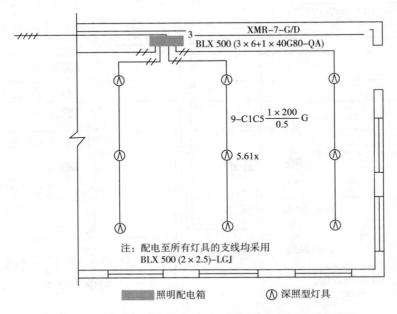

图 5-12　某机械加工车间（一角）一般照明的电气平面布线图

（1）照明灯具标注的格式为：

$$a - g \dfrac{c \times d \times l}{e} f$$

式中 a——同类型灯数；　　　　　　　　　　b——灯具类型代号；

c——每盏照明灯具内含有的灯泡、灯管数；　　d——灯泡、灯管容量；

e——灯具安装的高度，单位 m；　　　　　　f——安装方式；

l——电光源种类。

其中电光源的种类繁多，按发光原理分有两大类。一类是热辐射光源，它是利用灯丝通电后发热产生高温，形成热辐射的电光源，如白炽灯、碘钨灯等。另一类是气体放电光源，它是利用两极灯丝在一定电压作用下，极间气体电离放电发光而形成的电光源，如荧光灯、钠灯等。

①白炽灯　白炽灯结构简单，使用方便，是应用最广的一类电光源，适用于照度要求低，开关频繁的场所。

②卤钨灯　在钨丝灯管少加入卤素物质（如碘、溴）而制成的灯、叫卤钨灯。用得比较多的是碘钨灯。这种灯适宜照度要求高，悬挂高度较高（6 m 以上）的室内外大

面积照明。如建筑工地的临时照明。

③荧光灯 荧光灯(日光灯)是指灯管内工作压力较低的气体放电灯,由灯管、镇流器、起辉器组成。荧光灯的光效为白炽灯的四倍.适用于工厂、学校、商场和家庭的室内照明。

④高压水银灯 高压水银灯(高压汞灯)发光原理与荧光灯发光原理相同,因灯泡壳内部工作压力较高,内壁涂有水银层,故叫高压水银灯。常用的有自镇流式和带镇流器式,与白炽灯相比具有光效高、寿命长、省电,广泛用于广场、码头、车站、街道、车间等大面积照明。

⑤钠灯 钠灯也是一种气体放电光源,有高压钠灯和低压钠灯。高压钠灯发金白色光。低压钠灯为单色黄光,光色好,效率高。适用于灯具悬挂高度为 6 m 以上的大面积照明。

常用的电光源种类代号见表 5-6。安装方式见表 5-6。

(2)线路敷设方式和敷设部位的文字符号见表 5-7。

表 5-6 电光源型号种类的文字代号

文字代号	电光源种类	文字代号	电光源种类
IN	白炽灯	Hg	高压汞灯
I	碘钨灯	Na	高压钠灯
FL	荧光灯	Xe	氙灯

表 5-6 照明灯具安装方式的文字代号

文字代号	安装方式
WP	线吊式
C	链吊式
P	管吊式

表 5-7 线路敷设方式和敷设部位的文字符号

线路敷设方式的文字代号				敷设部位的文字代号	
敷设方式	代号	敷设方式	代号	敷设部位	代号
明敷	E	用卡钉敷设	PL	暗敷在梁内	B
暗敷	C	用槽板敷设	MR PR	暗敷在柱内	C
用钢索敷设	M	穿焊接钢板敷设	SC	暗敷在墙内	W
用瓷绝缘子敷设	K	穿电线管敷设	T	沿天花板(顶棚)	CE
电缆桥架	CT	穿塑料管敷设	P	暗敷设在地板内	F

(3)照明电气平面布线图例

图 5-12 表示的是某一机械加工车间照明电气平面图。其进线为橡皮绝缘铝芯导线,耐压等级为 500 V,芯线由 3 根 6 mm² 和一根 4 mm² 的导线组成。穿直径为 20 mm 的管子,沿墙暗敷,进入 3 号嵌入式照明配电箱;配电至所有灯具的支线均采

用橡皮绝缘铝芯导线,耐压等级为 500 V,芯线由 2 根 2.5 mm² 的导线组成;照明灯具为 9 盏深照型灯具,照度为 30 勒克斯,每盏灯具有一个灯泡,功率为 200 瓦;吊装高度为 6.5 m;管吊式。

图 5-13 表示的是某 11 楼照明电气平面布线图。机房内安装嵌入式双管荧光灯 8 个,SB6626,2×36 W,吸顶安装。由机房门内侧 250 V,10 A,距地 1.5 m 的三联单控暗开关控制;机房外回廊里安装有 8 个吸顶灯,JXD3—2,1×60 W,吸顶安装,由机房门外侧 250 V,10 A,距地 1.5 m 的单联单控暗开关控制;此外,还有一个墙灯座,PZ,1×60 W,h=2.5 m。电源都取自电源自动切换箱 11—AT,L11 回路。

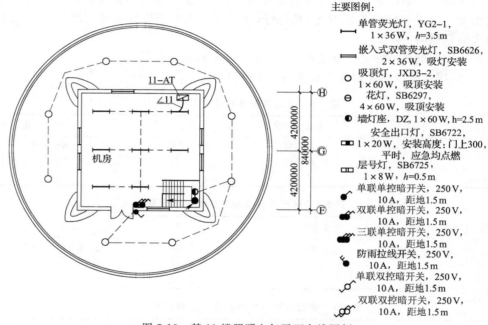

主要图例:

单管荧光灯, YG2-1,
1×36W, *h*=3.5m

嵌入式双管荧光灯, SB6626,
2×36W, 吸灯安装

吸顶灯, JXD3-2,
1×60W, 吸顶安装

花灯, SB6297,
4×60W, 吸顶安装

墙灯座, DZ, 1×60W, h=2.5m
安全出口灯, SB6722,

1×20W, 安装高度:门上300,
平时, 应急均点燃

层号灯, SB6725,
1×8W, *h*=0.5m

单联单控暗开关, 250V,
10A, 距地1.5m

双联单控暗开关, 250V,
10A, 距地1.5m

三联单控暗开关, 250V,
10A, 距地1.5m

防雨拉线开关, 250V,
10A, 距地1.5m

单联双控暗开关, 250V,
10A, 距地1.5m

双联双控暗开关, 250V,
10A, 距地1.5m

图 5-13 某 11 楼照明电气平面布线图例

读者可自行分析更全面的图 5-14 照明电气平面布线图例。

五、防雷平面图与接地平面图

1. 防雷平面图

防雷平面图为描述防止雷电对建筑物、电气设备和电气装置危害的外部和内部防雷击装置的电气图。

常见的外部防雷装置平面图有避雷针、避雷线保护范围图和避雷带平面布置图。图 5-15 是某建筑物屋顶防雷平面图。该建筑物为第二类防雷建筑物。在裙房顶部设避雷带,所有突出屋面的金属物体均与避雷带可靠焊接。在建筑物顶部装设避雷针,共计四根。屋面避雷带均采用 $\phi10$ mm 镀锌圆钢,利用结构柱内两根 $\phi16$ mm 主筋作为引下线,箭头所示为引下线位置,引下线做法见附图。该建筑物避雷引下线均利用结构柱内两根 $\phi16$ mm 主筋,利用条基内水平钢筋做接地装置,要求柱内钢筋上与避雷带焊接,下与条基钢筋焊接成电气通路,柱与柱之间利用条基内水平钢筋连接成闭合回路,接地电阻要求:$R \leqslant 2\ \Omega$。避雷带做法见《建筑物防雷设施安装》99D562。利用建筑物金属体做防雷及接地装置安装详见国标:86SD566。土建施工过程中,电气人员必须与其密切配合,做好接地与预埋件工作。避雷带支架每 1 m一个,转弯处每 0.5 m 一个。金属栏杆及金属门窗等较大的金属物体与防雷装置连接,所有突出屋面的金属物与避雷装置牢固焊接。

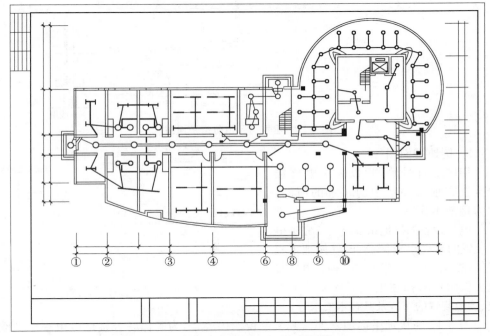

图 5-14　照明电气平面布线图例

2. 配电系统的防雷装置图

变配电设备的防雷除了采用避雷线防止直接雷击外,还装有避雷器防止雷电波沿架空线路引入的保护措施。

避雷器相当于一个阀门,它并接在电源线路和接地线之间、如图 5-16 所示,当雷电波沿架空线路袭来时、避雷器内的间隙被击穿。雷电流引入地下,使接在线路上的电气设备免遭高压雷电波的袭击。雷电波过后,放电间隙断开,避雷器又恢复对地的高绝缘状态。避雷器有阀型避雷器、管型避雷器和放电间隙等。

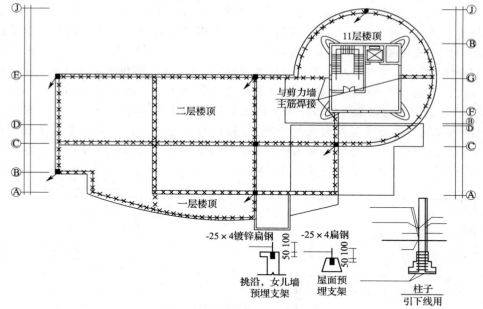

图 5-15　建筑物屋顶防雷平面图

3. 接地平面图

用图形符号绘制,以表示电气接地装置在地面和地中的布置的简图,称为接地平面图。

电气设备的接地系统是一个完整电气装置的重要组成部分,电气接地工程图是建筑电气工程图中的一种。电气接地工程图用来描述电气接地系统的构成、接地装置的布置及其技术要求等。

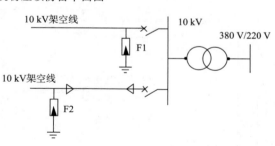

图 5-16　10 kV 架空进线的防雷保护

图 5-17 为接地平面图示例。其文字说明内容是:为确保联合接地电阻小于 2 欧姆,需增加人工辅助接地极,每根柱子均预埋 ϕ16 mm 镀锌圆钢一根,伸出散水坡 500 mm,顶端埋深 800 mm. 供增打接地极用。接地极位置由省防雷中心确定,详见结构图纸。雷达站主机房及本地终端室门窗处均预留 60 mm×6 mm,1＝100 mm 锌扁钢供等电位联结用;本建筑物接地形式为 TN-C-S。电源进线及所有进出建筑物的金属管道均应做总等电位连接,并与建筑物组合在一起的大尺寸金属连接在一起。雷达机房及本地终端室敷设－40×4 mm 镀锌扁钢一周,供设备接地用。接地方案由省防雷中心确定,雷达波导入口处预留 60 mm×6 mm,1＝100 mm 镀锌扁钢两块。采用－40 mm×4 mm 镀锌扁钢引自机房接地干线,强电和弱电电缆桥架应与每层竖井及机房内接地干线连接。

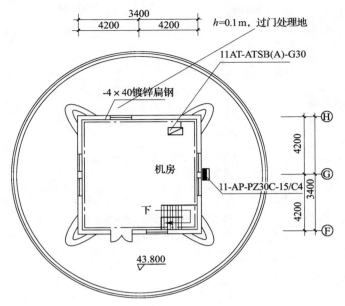

图 5-17(a)　接地平面图

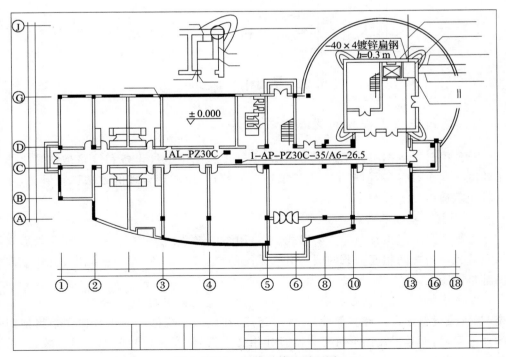

图 5-17(b)　干线及接地平面图

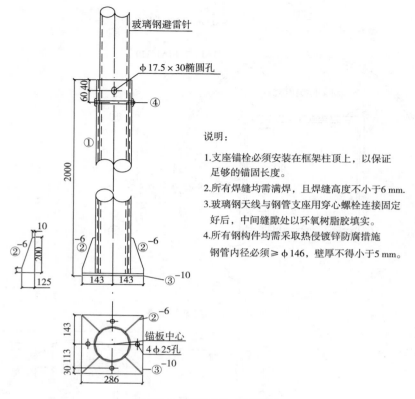

图 5-18　避雷针及支座图例

说明:

1.支座锚栓必须安装在框架柱顶上,以保证足够的锚固长度。

2.所有焊缝均需满焊,且焊缝高度不小于6 mm.

3.玻璃钢天线与钢管支座用穿心螺栓连接固定好后,中间缝隙处以环氧树脂胶填实。

4.所有钢构件均需采取热侵镀锌防腐措施钢管内径必须≥φ146,壁厚不得小于5 mm。

六、建筑电气工程图的阅读方法

建筑电气工程图不同于机械工程图,电气工程图中电气设备和线路是在简化的土建图上绘出,所以不但要了解电气工程图的特点,还应用合理的方法进行看图,才能较快看懂电气工程图。

1. 电气工程图的特点

①简图是电气工程图的主要形式,它是用图形符号、带注释的围框或简化外形表示系统或设备之间相互关系的图。电气系统图、电气平面图、安装接线图、电气原理图都是简图。

②图形符号、文字符号和项目代号是构成电气工程图的基本要素。一个电气系统、装置或设备通常由许多部件、元件等组成,在电气工程因中并不按比例给出他们的外形尺寸,而是采用图形符号表示。并用文字符号、安装代号来说明电气装置、设备和线路的安装位置、相互关系和敷设方法等。

③电气装置和电气系统主要是由电气元件和电气连接线构成,所以电气元件和电气连接线是电气工程图描述的主要内容。如平面图和接线图是表明安装位置和接线方法,电气系统图可表示供电关系,电气原理图说明电气设备工作原理。由于对元件相连接线的描述不同,构成了电气工程图的多样性。

④位置布局法和功能布局法是电气工程图中两种最基本的布局方法。位置布局法是指电气图中元件符号按实际位置布置,如电气平面图,安装接线图中的电动机、灯具、配电箱等都是按实际位置布置的。功能布局法中元件符号的排列只考虑元件之间的功能关系,而不考虑实际位置,如电气系统图、电气原理图中电气元件按供电顺序和动作顺序排列。

⑤电气设备和线路在平面

2. 电气工程图的阅读

图中并不按比例画出它们的形状相外形尺寸,通常采用图例来表示。

阅读建筑电气工程图,不但要掌握电气工程图的一些基本知识,还应按合理的次序看工程图,才能较快地看懂电气工程图。

①首先要看图纸的目录、图例、施工说明和设备材料明细表。了解工程名称、项目内容、图形符号,了解工程概况、供电电源的进线和电压等级、线路敷设方式、设备安装方法、施工要求等注意事项。

②要熟悉国家统一的图形符号、文字符号和项目代号。

③要了解图纸所用的标准,还必须了解安装施工图册和国家规范。

④看电气工程图时各种图纸要结合起来看,并注意一定的顺序。一般来说,看图顺序是:施工说明、图例、设备材料明细表、系统图、平面图、接线图和原理图等。

从施工说明了解工程概况。本套图纸所用的图形符号,该工程所需的设备、材料的型号、规格和数量。电气工程不像机械工程那样集中,电气工程中、电源、控制开关和电气负载是通过导线连接起来,比较分散,有的电气设备装在 A 处,而其控制设备装在 B 处。所以看图时,平面图和系统图要结合起来看,电气平面图找位置,电气系统图找联系。安装接线图与电气原理图结合起来看,安装接线图找接线位置,电气原理图分析工作原理。

⑤电气施工要与土建工程及其他工程(工艺管道、给排水、采暖通风、机械设备等)配合进行。

电气设备的安装位置与建筑物的结构有关。线路的走向不但与建筑结构(柱、梁、门窗)有关,还与其他管道、风管的规格、用途、走向有关。安装方法与墙体、楼板材料有关,特别是暗敷线路,更与土建工程密切相关。所以看图时还必须查看有关土建图和其他工程图。

§5.3　防雷设计方案审核

为了更科学,合理、高效地加强建构筑物的雷击防御能力,对新建建筑物的防雷设计审核显得尤为重要。防雷主管机构近几年开展了建筑物防雷设计图纸审核工作,规范防雷装置设计和竣工验收工作,维护国家利益,保护人民生命财产和公共安全。防雷工程审核技术人员应本着科学性、经济性和合理性的原则,严格按照有关防雷规范,对新建建筑物统筹考虑各方面的因素,进行防雷设计图纸审核。及时发现建筑物防雷设计图纸中存在的缺陷和不足,杜绝雷击隐患,确保工程质量。

一、防雷审图的一般程序

防雷装置设计审核申报条件:防雷工程专业设计和施工单位、人员取得国家规定的资质、资格。

申请单位提交的申请材料齐全且符合法定形式。

设计审核申报材料:

1. 防雷装置设计审核申请书。

2. 防雷工程专业设计单位和人员的资质证和资格证书。

3. 总平面图、电施图(防雷设计说明、配电系统图、基础接地平面图、屋顶防雷图)、建施图(立面剖面图、屋顶平面图)、结施图(基础平面图、桩位图、柱网图)等相关图纸。

4. 设计中所采用的防雷产品相关资料。

5. 防雷专业技术机构出具的技术评价报告。

6. 重要项目需有雷击风险评估报告。

国内一般防雷工程审核工作程序如 5-19 图所示。

二、防雷设计方案审核要点

在具有防雷工程设计资质的单位送交防雷工程设计方案后,应严格仔细的对照相关图纸进行审核,其要点有:

1. 防雷设计方案对拟建建筑物所在地的周边环境、地理地貌、地质情况、气候和灾害性天气特点以及雷电活动规律等的描述是否详细、准确。

拟建建筑物的使用性质、重要性、建筑物的建筑结构、高度、建筑面积、布局,设备布置、通信通讯方式等情况的描述是否全面,进而根据以上描述进行的防雷类别的选择是否正确。

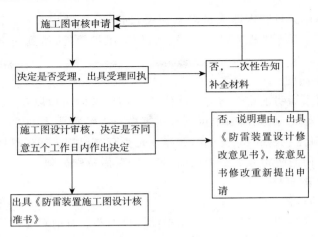

图 5-19 防雷工程审核工作程序示意图

2. 设计方案中所采取的技术措施及施工工艺,是否以最新在用的相关技术标准或规范为依据。

3. 外部防雷装置中的接闪器、引下线的材料、规格、布置是否符合要求,有无尽量利用结构柱筋,利用率如何;避雷针具体保护范围的计算等是否正确;高层建筑物有无防侧击雷及均压环装置;接地装置利用桩、地梁、承台中钢筋情况,人工接地体的材料、规格、布置是否合理,接地装置有无防跨步电压措施;有无预设各种电气预留端子。

4. 内部防雷措施中有无利用框架结构包括剪力墙结构等加强屏蔽效果;电源线、天馈线、传输线及通信系统的防电涌保护器的选择、安装位置、能量配合等是否合理,有无详细说明并画有电涌保护(SPD)电路原理图和 SPD 安装位置示意图;总等电位联结和局部等电位联结的做法是否符合国家建筑标准设计图集《等电位联结安装》的要求。金属桥架、金属管道以及规定高度上的金属门窗、栏杆和金属构件等的等电位连接等是否充分。

5. 供配电制式是否尽量采用了 TN-C-S 或 TN-S 系统;高、低压电力线路的架设方案在进入建筑物时是否尽可能地埋地引入、埋设长度是否够长。

6. 综合布线是否符合规范要求。

7. 相关的图纸、资料是否规范、全面,便于实施。

三、防雷工程设计图纸审核

防雷设计文件是工程施工与监理的最主要根据,设计能否认真执行国家规定、针对直击雷、侧击雷、雷电感应、雷电波侵入等灾害所采取的防护方案的是否有效等都直接影响工程质量。只有审图人员严格把关,加强审核过程管理,综合考虑防雷设计,统筹审核,才能确保工程质量,方便施工,使得维护简便,做到安全、经济、科学的防雷。

1. 项目总平面图

项目总平面图标明了建筑物的具体位置、幢数、占地面积以及与四周的关系(地形、道路、容积率等)。从立面图中重点看建筑物的错层情况、楼面凹凸情况和均压环的设置情况,核对建筑物的长、宽、高,看屋顶是否有突出物。通过这些图纸我们可以确定该建筑物采用的防雷方法是否正确,需不需要做特殊处理。

2. 外部防雷的审核

(1)接闪器的审核

在电气设计说明和屋顶防雷平面图中设计接闪器。目前新建建筑物大都采用二种接闪器保护方式,一种为广泛采用的明敷避雷带,另一种为少数地区流行的暗敷避雷带加避雷小针。

采用暗敷避雷带(网)的不足之处是当建筑物接闪时,会导致避雷带覆盖层混凝土的炸裂,造成局部防水、保温层的破坏,炸裂的水泥块落下有可能会砸到过路的行人,因此,原则上不建议采用这种保护方法。应注意高层建筑明确不允许使用暗敷避雷带。

审核过程中对于明敷避雷带,重点看其做法和本身的规格是否符合要求,并对那些刚好符合规范要求的设计,尽量建议设计人员把避雷带的规格尺寸设计的留有余量,由于目前市场上销售的圆钢直径经常达不到标称值,如直径标称为 8 mm 的圆钢,它实际的直径往往不到 8 mm,再加上暴露在空气里逐年腐蚀,很快就达不到标准的要求,这既不安全又不方便整改,影响使用寿命。另外,还要特别注意避雷带在敷设时,须沿女儿墙外围敷设,现大多部设计中都没提到,施工单位有些会做在女儿墙的中间,有个别的会沿内边敷设,这样容易留下安全隐患。

明敷避雷带的支撑架的一般做法是每隔 1 m 做一个支撑架,在转角处每 0.5 m 做一个支撑架,为了方便快捷地设置好支撑架的位置,设计院都会使用 AutoCAD 自带的 AutoLISP 语言编出一个简单的程序来实现支撑架的自动绘图,而避雷小针加暗敷避雷带的做法是每两米设置一根避雷小针,在屋角处必设,因此很容易设计成避雷小针每 2 m 左右一个,在转角处每 0.5 m 一个的做法,(避雷小针的错误设计和正确设计如图 5.20a 和图 5.20b),对于没有经过专业防雷培训的施工人员往往会完全按照设计图纸上标明来施工,这样会经常出现避雷针不能完全保护建筑物的情况。

另外,要看引下线间距是否符合要求;网格大小是否符合规范要求;屋顶突出的金属物有没有与避雷装置连接;屋顶非金属有没有在接闪器保护范围之内;不同标高的避雷带须相互连接有电气沟通,构成回路。有没有利用屋顶露台栏杆做接闪器。

若有,则栏杆尺寸需符合建筑物防雷规范规定要求。

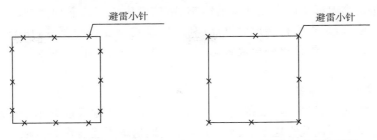

图 5.20a 避雷短针错误设计图例　　图 5.20b 避雷短针正确设计图例

(2)采用金属物面(构架)、其他金属构件作为接闪器的审核

利用建筑物本身金属构件作为防雷接闪器,既便于施工,也节省材料。因此利用金属屋面作为防雷接闪器是可行的。根据《建筑防雷设计规范》第 4.1.4 条,设计人员应注意利用金属屋面作为防雷接闪器是有使用限制的,并非所有建筑物的金属屋面都可用做接闪器。目前国内采用金属屋面的建筑大多是轻钢结构建筑,其屋面材料为彩钢压型板和彩钢夹芯板,金属板下面无易燃物品时,金属屋面可作为防雷接闪器。若当金属板下面有易燃物品时,由于两类用做屋面的金属板材厚度均达不到要求,所以金属屋面不能作为防雷接闪器。

(3)太阳能热水器的防雷审核

规范规定,屋顶上永久性的金属物其规格符合直击雷要求时宜做接闪器,其各部位之间应连成电气通路,并应预留等电位板与避雷带最少有两点的可靠焊接,防止产生电位差而造成雷电事故。现在很多设计人员将太阳能热水器视为屋面永久性金属物,认为只要把它与避雷带(网)连接,卫生间按要求接好等电位连接就行了,其实这样做很危险,现有的热水器进出水管一般为铝塑管,热水器零配件多采用塑料制品,它们都不导电,热水喷头不好作等电位连接。根据分流系数,热水器接闪时泄放的雷电流大,电位必然比卫生间高,它们相距的层数越多电位差越大,此电位通过喷头热水传导到人体,很容易引发事故。因此,要求设计部门在设计住宅的时候,在适当位置设计避雷针来保护太阳能热水器,只要进出水管采用镀锌钢管,卫生间做好等电位连接,热水器接避雷带(网)(应避开引下线),应该是相当安全的。如果用铝塑管的话,热水器也应连接避雷带(网),还必须用避雷针保护和做好卫生间的等电位连接。但雷雨天时最好不用。

(4)引下线的审核

引下线是连接基础接地体与接闪器的桥梁,它使建筑物受雷击电流在最短的距离、最快的速度通过引下线泄放到大地。引下线主要标注在屋顶防雷平面图和基础接地平面图上。审核时,应优先采用建筑物钢筋混凝土的柱子主筋做引下线,这样既经济又防腐，并应采用建筑物外侧的主钢筋，此项是为了在引下线通过雷电流时尽可能减小对建筑物内部空间电磁环境的影响，审核中应重点查看引下线选材、数量、间距是否符合要求，是否安排接地测试点（利用建筑物钢筋做引下线，中间不能设置断接卡子，要从引下线焊接出一根镀锌扁钢用作测试接地电阻），接地测试点安排是否合理。

（5）防雷接地的审核

①防雷接地、电气接地、设备接地、保护接地、屏蔽接地等应共用一接地装置。

②应尽量采用建筑物地基的钢筋和自然接地物统一连接作为接地网。利用建筑物的基础作接地网，具有经济、美观和有利于雷电流流散以及不必维护和寿命长等优点。

③基础接地体、人工接地体的接地电阻是否符合要求。

④接地系统图中要画出防雷引上线，并与天面防雷平面图中的引下线相对应。MEB（总等电位连接）和 LEB（局部等电位连接）在图中的位置要明确标出。

⑤应在每个避雷引下线地下各焊出一根镀锌导体用作散流或补打人工接地用、并说明选材、规格、长度及埋深。

⑥在利用基础钢筋网作为接地装置时，基础各主梁底侧至少有二根主筋进行焊接以形成环形接地体。

⑦人工接地体包括人工垂直接地体和人工水平接地体。垂直接地体的长度一般为 2.5 m，水平间距为 5 m，埋置深度不小于 0.6 m，受场地限制可适当减小，但其水平间距不得小于 3 m。

（6）内部防雷的审核

建筑物的内部雷电防护主要是对建筑物内部雷电感应，雷电波侵入和雷电电磁脉冲的防护。采取的防护方法主要有等电位连接、安装 SPD（雷电浪涌保护器）和电磁屏蔽和共用接地等。

①配电系统图的审核

我们从实际中判定，高压部分为 500 V 以上，低压部分为 500 V 以下（机房的 N、PE 线之间的电压差小于 2 V），总配电图要考虑它的供电形式，看是 TN-C 或 TN-C-S 或 TN-S，现在提倡的还是 TN-S（三相五线制）。对电源系统进线，要看电源入户是架空还是埋地，含有信息系统的建筑物要画出室外电缆入户大样图及埋地长度，审查电缆进线是否做好了等电位连接。在审查中注意电缆类型及截面，直埋必须选用铠装电缆，以电缆安全载流量、允许电压降选择截面。

②等电位连接平面图的审核

等电位连接是在住宅楼设计施工中极其重要的一项安全措施，做好做坏，直接关系到人们的生命安全，防雷审核必须非常重视这一问题，要求新建建筑物按规定做好等电位措施。

等电位联结应通过进线配电箱近旁的总等电位联结端子板与进线配电箱的 PE (PEN)母排；进出入建筑物的金属水管及煤气管道、电线、电缆等做好等电位连接。住宅楼等电位联结分为总等电位联结和局部等电位联结。住宅楼要求每个单位设置一个总等电位接地端子排。

住宅楼做总等电位联结后，可防止 TN 系统电源线路中的 PE 和 PEN 线传导引入故障电压导致电击事故，同时可减少电位差、电弧、电火花发生的概率，避免接地故障引起的电气火灾事故和人身电击事故。

住宅楼内的局部等电位联结是在卫生间再做一次等电位联结，即在卫生间将各种金属管道、楼板中的钢筋以及进入卫生间的保护线和用电设备外壳用 40 mm× 4 mm 热镀锌扁钢或 6 mm^2 的铜芯导线相互联通，有助于减少电位差，有效的保证人身安全，这是非常值得的。在做等电位联结时，要保证等电位联结的可靠导通。

(7)对电涌保护器(SPD)的审核

要认真审核、了解整个电源系统，明确哪些位置和设备要安装电涌保护器。

①电源线应实现多级防护，多级防护以各防雷区为界面设置相应 SPD：在 LPZ0$_A$ 区和 LPZ0$_B$ 区与 LPZ1 区交界面处连续穿越的电源线路应安装符合 Ⅰ 级分类实验的 SPD，如总电源进线配电柜内、配电变压器的低压侧主配电柜内、引出至本建筑物防直击雷装置保护范围以外的电源线路的配电箱内；在 LPZ0$_B$ 区与 LPZ1 区交界面处穿越的电源线路上应安装符合 Ⅱ 级分类实验的 SPD，如引出至本建筑物防直击雷装置的保护范围以内的屋顶、屋顶风机、屋顶广告照明配电箱内；当电源进线处安装的 SPD 的电压水平加上其两引线的感应电压保护不了该配电箱供电设备时，应在该级配电箱安装 Ⅲ 级分类实验的 SPD，如楼层配电箱、计算机中心、电信机房、电梯控制室、有线电视机房等配电箱内。

②SPD 必须能承受预期通过它们的雷电流，应符合两个附加要求：通过电涌时的最大钳压、有能力熄灭在雷电流通过后产生的工频续流；SPD 设置时应根据被保护设备的性能、选择相对应功能或具备保护能力的 SPD。

③线路中选用的 SPD 必须是经过权威机构检测合格质量可靠的产品，并要有国家认可的防雷产品测试机构出具的测试报告。在某些情况下，装上不合适或失效的 SPD 反而会增加设备损坏的可能。

(8)防雷电电磁脉冲对网络影响的审核

大量拥有信息系统的智能建筑物，如银行、办公楼微机房、网络控制中心，迁建医院的手术室、高校电子图书馆等，除需防止雷电波侵入或防止遭雷击时产生高电位对建筑物内的设施的损坏，还应防雷击电磁脉冲干扰和破坏。除做好必要的保护接地、功能性接地、等电位接地、屏蔽接地外，还应对其上方屋面避雷带风格密度作加密处理。我们建议尽量把网格做小，并相应地调整引下线与基础地网联结，加强屏蔽作用，形成法拉第笼，改善电磁环境。

对于各种传输线的屏蔽，包括外部传输线路和内部传输线路，均应穿金属管进行布线，即使机房内静电地板下的传输线路也应如此。传输线路应远离特别是建筑物的主钢筋，传输管线的两端应可靠接地。

四、图纸审核中常见问题和解决方法

1. 引用防雷设计依据欠缺

在电气设计施工说明中，有的没有将国家强制标准《建筑物防雷设计规范》GB 50057—2010(2000 版)作为设计依据。这种情况下，防雷设计大多不规范，因此，需要重新设计。

2. 对于架空入户的强、弱电管线有的没有强调穿接地的金属管入户，对管线的金属外皮也没有强调与建筑物的共用接地系统作等电位连接。这里要提示更改。

3. 设计资料前后矛盾

有的设计公司在确定接地电阻值时，电气说明中要求 $R<1\ \Omega(10\ \Omega)$，而在另一些地方如在联合接地说明或屋顶防雷说明中却变为 $R<10\ \Omega(1\ \Omega)$。对楼顶避雷带的要求也有类似情况。如在电气设计施工说明中要求"避雷带采用 $\Phi 10$ 镀锌圆钢"，而屋顶防雷说明中却变为"避雷带采用 $\Phi 8$ 镀锌圆钢，沿屋顶挑檐（女儿墙）水平敷设……"。对于二、三类防雷建筑，如果建筑物内没有电子信息系统，设计 $R<1\ \Omega$ 或 $R<10\ \Omega$ 都符合规范要求。至于对楼顶避雷带的要求，规范要求若采用圆钢则"圆钢直径不应小于 8 mm"。因此，在此要求设计更改，使前后一致即可。

4. 避雷引下线分布位置不合理

有些图纸设计避雷引下线的分布位置时，显得比较随意，往往不都是在建筑物四角设置。有的甚至在建筑物的四个角处全部不设引下线，而是设在了其他地方。有的甚至将其设置在了建筑物最不易遭受雷击的凹角位置（建筑上称为阴角）。对于避雷引下线分布位置的设置，GB 50057—2010 要求：对二类防雷建筑"引下线应沿建筑物四周均匀或对称布置，其间距不应大于 18 m"。（对三类防雷建筑引下线间距不应大于 25 m）并且，还要遵循一个原则，即避雷引下线的位置的设置，要使雷电流沿最短的路径流入大地。由 GB 50057—2010 的附录二可知，不论建筑物是平顶还是尖顶，其四个角总是该建筑物的最易遭受雷击的部位。那么，在建筑物的四角处设置避雷引下线就显得合理而自然。在用大多数建筑物四角处都有测试点，就说明一个合理的设计，在建筑物四角处一定要设置避雷引下线。另外，中华人民共和国行业标准《民用建筑电气设计规范》JGJ/T 16—92 的 12.4.4.2 和 12.5.3.2 条都规定设置防雷引下线时："建筑物外廓易受雷击的几个角上的柱子钢筋宜被利用。"因此，遇到这

种情况,就一定要提出变更,并且具体作出变更方案,还要告知对方变更的依据。

5. 对接闪器、引下线和接地体之间的焊接要求不正确

对于接闪器、引下线和接地体之间的焊接要求,有的设计方案只提出双面焊接和防腐,并未提及搭接长度的问题。有的要求搭接长度"圆钢搭接≥6×圆钢截面,扁钢搭接≥2×扁钢截面",这些都是不完善和不正确的。很明显,搭接长度是长度单位,而所谓截面则是面积单位,它们之间如何来比较?实际工作中焊工又如何来掌握?显然是错误的。这时我们应该提出变更意见。可变更为"圆钢搭接双面焊接>6×圆钢直径(单面焊接>12×圆钢直径),扁钢搭接>2×扁钢宽度"。

6. 关于楼顶避雷网格

GB 50057—2010 第 4.1.2 条规定:"避雷网和避雷带宜采用圆钢和扁钢,优先采用圆钢。圆钢直径不应小于 8 mm。……"第 3.2.1 条、3.3.1 条和 3.4.1 条分别规定:对于一、二、三类防雷建筑,避雷网(带)应沿屋角、屋脊、屋檐和檐角等易受雷击的部位敷设,并应在整个屋面分别组成不大于 5 m×5 m 或 6 m×4 m(一类)、10 m×10 m 或 12 m×8 m(二类)、20 m×20 m 或 24 m×16 m(三类)的网格。一类防雷建筑城市很少见。对于三类防雷建筑由于规范第 4.1.2 条规定:"平屋面的建筑物,当其宽度不大于 20 m 时,可仅沿周边敷设一圈避雷带。"现实中超过 20 m 宽的建筑物也很少,也不容易出现问题。最容易出问题的就是二类防雷建筑。有一些二类防雷建筑的设计图纸,也只是在楼顶仅沿周边敷设了一圈避雷带,混同于三类防雷建筑而没有沿楼顶屋面敷设 10 m×10 m 或 12 m×8 m 的避雷网格。遇到这种情况,一定要果断地提出变更意见,以免造成不可挽回的损失。

§5.4　新建建筑物防雷工程施工质量监督及分阶段检测验收

新建建筑防雷装置的跟踪检测工作是防雷工作三项职能的重要内容,也是建设项目安全工作的重要内容之一。认真作好这项工作,对减少雷击事故隐患,保护国家财产和人民生命安全有着十分重要的意义。

建筑防雷工程在进入实际施工后,如果防雷技术服务机构未能对隐蔽工程进行有效的跟踪检测,出具的检测报告将缺乏全面性、准确性和科学性,存在较大的风险性。然而,跟踪检测过程中最重要的一环是防雷接地的施工,它的施工质量直接决定了整个雷电防御装置的有效性。防雷接地系统在建筑工程中,由桩基础施工开始的地基焊接,通过主体结构柱筋作为引下线,通常焊接至避雷带、避雷网格和避雷针。但是在施工过程中经常遇到施工或相关专业人员对防雷接地重视不够,认为其技术性不强,工艺较简单,范围又窄小,以至往往在施工中出现不规范作业或纰漏,并且未

能引起验收人员的警觉或重视。

防雷工程施工质量监督验收依据也主要是《建筑物防雷设计规范》GB 50057—94、GB50174—1993《计算机机房设计规范》、GB/T50311—2000《建筑与建筑物综合布线系统工程设计规范》以及 IEC61024、IEC61643、IEC61312 等国际标准。相关施工工艺依据各种国家建筑标准设计图集。

经审核合格的防雷工程设计方案（包括图纸），在实施时要进行施工现场防雷工程分阶段（隐蔽工程）验收，工程竣工后再进行总验收。即：新建建筑物的防雷工程施工质量监督、竣工验收分为两大部分：一是分阶段验收；二是竣工验收。

以下给出国内多数省、市防雷中心目前采用的分阶段（隐蔽工程）验收程序、要求及质量评定标准并略加调整和补充。

一、施工现场验收的一般要求和程序

施工方或建设方应在开工前办理施工现场验收的手续。防雷工程施工质量监督应从基础部分施工开始时介入，以保证各个环节严格按照设计方案施工，并保证施工质量。

防雷检测技术人员应制定相应的检测方案，组织专人事先吃透防雷方案和图纸内容，有计划及时地进行检测验收，以防耽误建设工期，对用户负责。对每一个防雷工程而言，检测小组技术人员应尽量固定，使验收工作贯穿于整个建设工期内。应要求施工方有专门的电气技术工程师负责防雷工程施工，与防雷检测技术人员定期会商，提早安排下一步防雷工程施工，防止遗漏防雷隐蔽工程。应如实填写《防雷工程验收手册》，隐蔽工程要照相取证。

二、防雷工程施工现场验收的主要内容

按照审核合格的防雷设计图纸，进行防雷装置施工现场分阶段（隐蔽工程）验收，其主要内容是：是否严格按图施工，施工工艺及质量是否符合要求。

当工程施工进度到达以下环节时，必须派出监督、检测人员到现场履行职责：

1. 基础接地体（桩、承台、地梁等）焊接完成、浇混凝土之前，遇以下几种情况应及时到场进行检测、取证。

（1）桩筋笼绑扎和焊接完成时，在吊装至桩孔之前，应检查并照相取证桩筋笼各桩筋间的等电位连接情况，一般要求每隔 6 m 用箍筋与各桩筋焊接一次。同样规格的一批桩筋笼只需检查一次即可。

（2）完成桩基础，开始绑扎承台、地梁钢筋时，检查桩筋与承台或地梁钢筋的连接。一般要求各有两根桩筋分别与承台或地梁中的上下层主钢筋通过 10 mm 直径

以上的圆钢焊连接。

（3）完成承台或地梁浇筑，开始绑扎柱钢筋时。一般要求各有一根以上柱筋（取对角线上的两根螺纹钢，以下类同）分别与承台或地梁中的上下层主钢筋焊接。

（4）完成柱的浇注，开始进行首层及每层梁筋和板筋绑扎时。一般要求各有一根桩筋（明确作为引下线的钢筋）分别与梁中的上下层主钢筋焊接。板筋与梁筋自然绑扎即可。要求用作引下线的柱筋从下面的承台或地梁中一直到顶层用电焊连接保持电气贯通；每一层圈梁中与柱筋连接的梁筋也要用电焊连接保持电气贯通，从而使其成为均压带或使其成为兼具防止侧击雷击的装置。

（5）有地下室的建筑物，施工到±0.00之前，必须进行一次接地体（整体）接地电阻的测量。

2. 分层柱筋引下线、均压环、外墙金属门窗及玻璃幕墙、金属桥架等电位连接及绑扎板筋焊接完成、预留电气连接端子焊接完成，浇混凝土之前，一般每层应及时到场进行检测验收至少一次。

检查内容包括每层板筋绑扎情况、每层柱筋引下线焊接情况（柱筋整体采用对接焊工艺时免去此项检查）、每层均压环焊接情况（含均压环与金属门窗等电位连接的预留连接端子）、对玻璃幕墙和金属栏杆等大的金属物体的接地和等电位连接情况以及低压配电系统和弱电系统中架设电缆的金属桥架或管道、供水系统中的上下水金属管道、煤气管道等装置安装所需的预留电气接地端子排（等电位连接排）等。

完成最顶层绑扎板焊接时、完成天面避雷网格焊接（暗敷）时，完成楼顶预设天线底座的预留电气连接端子时，在浇筑混凝土前也应到场检查验收。由于天线底座必须设在梁或柱顶上以承担天线重量，其预留电气连接端子的制作要求一般为：可通过四根锚杆将支座金属板与梁筋焊连接。

3. 天面避雷装置及其他金属构件安装焊接完成时，应及时到场进行一次检测验收。

检测内容包括裙楼顶避雷针（带、网）的施工情况、转换层防雷装置施工情况、天面避雷针（带、网）安装焊接情况、天面安装的冷却塔、广告牌、金属放散管等金属构件的接地安装焊接完成情况等。这些工作也允许在工程竣工总验收时一并进行。

4. 电气系统的控制、保护装置，例如配电柜、箱、盘等包括其内的各类断路器、熔断器、剩余电流动作保护器、各级浪涌保护器件安装完毕时，应及时到场进行检测检验。要求配电柜、箱、盘的金属壳体就近与本楼层接地排连接或直接与墙柱内预留的钢筋连接。

三、防雷装置施工现场验收的具体内容

防雷装置施工现场分阶段、分项验收的工程内容至少可分为以下几个部分：

1. 基础接地（人工和自然接地）装置，可能有桩、承台、地梁等部分。

2. 柱筋引下线(或人工布设的引下线)。

3. 均压环(在建筑物超出规定高度时应考虑安装均压环)。

4. 等电位措施。

5. 避雷网格、避雷针、避雷带等。

6. 包括 SPD 在内的电气装置。

四、防雷装置施工现场验收中的具体技术要求和指标

新建建筑物的防雷装置验收中的具体技术要求和指标,主要以《建筑物防雷设计规范》(GB 50057—2010)和国家、各行业防雷设计规范等为依据。以下按照防雷装置施工现场分段、分项验收的工程内容,分述验收中的具体技术要求和指标:

1. 基础接地验收技术要求和指标

基础接地分为人工接地装置和自然基础接地装置两种。它们的具体技术要求和指标为:

(1)人工接地装置技术要求和指标:

人工接地装置是指非利用建筑物基础桩、地梁,而用圆钢、角钢、扁钢或专用成品制作件,人工布设的接地装置。其通常做法为:

1)材料规格:

①专用成品制作件。

②角钢∠50 mm×50 mm×5 mm、镀锌扁钢—40 mm×4 mm;厚度≥4 mm;钢管厚度≥3.5 mm;圆钢直径 $D \geq 10$ mm。

2)安装深度(埋设深度):—50～—80 cm,冻土层以下。

3)安装长度:垂直接地体 $l = 2.5$ m,间距＝5 m。水平接地体外引长度不应超过接地体有效长度:$l = 2\sqrt{\rho}$,其中 ρ 为接地体周围的土壤电阻率。

4)安装形式:①环形、水平接地体;②垂直接地体;③垂直与水平接地体混合而成的接地网。

当在建筑物周围的无钢筋的闭合条形混凝土基础内,敷设人工基础接地体时,接地体的规格尺寸规定如下:

表 5-6 第二类防雷建筑物条形人工基础接地体的规格尺寸

闭合条形基础的周长(m)	扁钢(mm)	圆钢,根数×直径(mm)
≥60	4×25	2×ϕ10
≥40 或 <60	4×50	4×ϕ10 或 3×ϕ12
<40	钢材表面积总和≥4.24 m²	

表 5-7　第三类防雷建筑物条形人工基础接地体的规格尺寸

闭合条形基础的周长(m)	扁钢(mm)	圆钢,根数×直径(mm)
≥60		$1×\phi10$
≥40 或<60	4×20	$2×\phi8$
<40	钢材表面积总和≥1.89 m²	

5)安装位置:按设计要求,不得将人工接地体敷设在基础坑底,一般应敷设在散水以外(距建筑物外墙皮 0.5～0.8 m),灰土基础以外的基础槽边人工接地体距建筑物出入口或人行道不应小于 3 m。当各种接地不共用时及与金属管道不相连时,其间距按不同防雷类别,其间距至少分别为:第一类:$S≥3$ m;第二类:$S≥2$ m;第三类:$S≥2$ m;建筑物地中距离按不同防雷类别应分别符合下列表达式:

第一类:$Se≥0.4R_i$(Se—地中距离,R_i—冲击接地电阻值)

第二类:$Se≥0.3K_cR_i$

K_c—分流系数:当只有单根引下线时,$K_c=1$;当有两根引下线及接闪器不成闭合环的多根引下线时,$K_c=0.66$;当接闪器为网状的或成闭合环时有多根引下线的情况下,$K_c=0.44$。

6)焊接情况:圆钢单边搭接焊接时长度不小于圆钢直径的 12 倍;双边搭接焊接时长度不小于圆钢直径的 6 倍;扁钢搭接长度为扁钢宽度的二倍,多面连续焊。

7)降阻措施:在高土壤电阻率地区(>1 000 Ω·m)若需要可采用多种降阻措施,例如使用降阻剂。若使用使降阻剂,其基本性能必须符合接地工程技术特性的要求,主要有:

①良好的导电性能

其电阻率应远小于自然土壤电阻率 ρ,只有在相差 1～2 个数量级时应用,才具有实用价值,取得名副其实的降阻效果。由于一般 $\rho_0=10^2～10^5$ Ω·m,故要求$\rho≤5$ Ω·m。

②长效的降阻功能

接地工程是地下隐蔽工程,且自然土壤的含水量会受环境、季节性气候的影响而时有变化,因而要求降阻剂的功能应长期有效,使用寿命应大于 30 年。一经投放使用应无失效或其他不良反应。

③对金属的耐蚀缓蚀性

降阻剂是金属引流体与自然土壤之间的中间媒介物,除了计及地下环境条件的影响外,还需考虑接地装置在流散作用形成的电化学作用下,降阻剂不仅本身应无腐蚀性,而且对金属能起到缓蚀功能,才能保证接地装置的使用寿命,为此要求降阻剂的 pH 值≥7.5,呈碱性或弱碱性,既要能隔绝自然土壤中有害成分的侵蚀,又能在金属表面形成钝化保护膜。

④能耐受大电流的冲击

接地装置的流散电流在正常运行时通过的只是三相不平衡电流，通常只是毫安到安培级的电流，然而真正发挥装置功能时通过的则是雷击电流和接地短路电流，前者可高达千安到上百千安，后者亦在数百到上千安，因此要求降阻剂在大电流的冲击下不致炽热、自燃或形成挥发物，具有反复通流耐受冲击的性能。

⑤具有一定的负阻特性

由于自然土壤中存在一定空气间隙，因而接地装置在自然土壤中的接地电阻，呈现有电容性，确切地说应称为接地阻抗。而且工频下的接地电阻要比冲击波下的冲击阻抗大，这样就使接地装置在大电流冲击下的暂态地电位比按线性比例（欧姆定理）推算的地电位低，使得被保护物能更趋于安全。对于使用降阻剂的接地装置应同样具有这一特性，甚至更优越些。这就要求降阻剂的电性能具有非线性，以数理方程表征时则为：

$$\rho = \rho_0 \delta^\alpha$$

式中：ρ——冲击波下降阻剂的电阻率，$\Omega \cdot m$；

$\quad\rho_0$——降阻剂的阻性常数，$\Omega \cdot m$；

$\quad\delta$——电流密度，A/mm^2；

$\quad\alpha$——非线性指数，要求 $\alpha < 0$。

当指数 α 是一负值时意味着电阻率随电流密度的增加会自动地下降，使接地装置在注入电流急增时，暂态地电位则升高不多。

⑥降阻剂本身应无毒、对环境无污染

显然降阻剂的应用离不开人和大地自然土壤，施工时必然要与施工人员接触，应尽可能要求其无毒、无臭味、无挥发物。敷设后与自然土壤接触相融一体，在自然环境条件变异时也不致污染周围的环境条件，因此要求其成分中不含任何有毒元素诸如铅（Pb）、汞（Hg）、镉（Cd），亦不应与地中含有的水、初生态氧（O）等生成有害物质而造成环境污染。

⑦降阻剂应便于施工

尽管称为化学降阻剂，然而在接地工程的应用中要考虑其适应性，不宜过高要求。一般接地工程都是配合建筑物基础进行的，有的甚至就在旷野山地，未必有良好的施工技术条件，如严格的配比要求、加温稀释等，就会限制其适应范围，但也不能没有规范，只是要求应简单明确、施工现场易于达到，不需增添特定的设备器材。

8）防腐措施：在腐蚀性较强的土壤中，接地装置材料应采用热镀锌材料，加大接地材料规格，埋在土壤中的接地装置所有焊接处做防腐处理。

9）接地电阻值：按不同防雷类别应分别符合下列指标：

第一类、第二类：$R_i \leqslant 10\ \Omega$；第三类：$R_i \leqslant 30\ \Omega$。

对于共用接地装置,其接地电阻应符合分系统中要求最高的接地电阻值要求。

(2)自然基础接地装置技术要求和指标:

自然基础接地装置是指利用建筑物混凝土基础桩、承台或地梁内钢筋作为接地的装置。

1)基础桩作为接地装置的技术要求和指标:

①利用主筋数:单桩实际被用作基础接地体的主筋数量,一般为 4 条,最少不应少于 2 条。若有箍筋作焊接处理,可确保所有桩筋均被用作接地体。

②桩利用系数:a＝用作接地体桩数/建筑物总桩数。分为 4 挡:1、0.75、0.5、≤0.25。应尽可能多利用基础钢筋。

③主筋表面积:在距地面≥－50 cm 与每根引下线所连接的钢筋表面积总和,第二类:$S \geqslant 4.24\ K_c^2$;第三类:$S \geqslant 1.89\ K_c^2$。

④接地主筋直径:钢筋混凝土作为接地装置,采用钢筋或圆钢,当仅一根时,直径 $D \geqslant 10$ mm。钢筋混凝土构件中有箍筋连接的钢筋其截面积应大于等于一根 $\phi10$ mm钢筋的截面积。表面积的计算:$\phi10$ 钢筋的表面积,以每一根长 2 m 计算,则表面积为:0.02π m²,其计算公式 $S = \pi \cdot D \cdot l$(l 为钢筋长度)单位:m²;截面积计算公式为:$S = \pi D^2/4$,单位:m²。

⑤单桩接地电阻平衡度:接地电阻平衡度＝单桩内多根主筋中 R_i 最大值/R_i 最小值,要求为 1,大于 1 时应加短路环,R_i 为单根主筋的冲击接地电阻值。

⑥土壤电阻率:采用文纳四极法测量时,$\rho = 2\pi a R_\sim$,按实测数值填写。其中 a 为探针间距,分别取多个值,可获得土壤从地表到不同深度范围内的平均土壤电阻率。请参见第四章土壤电阻率的测量等相关内容。

⑦同位含水量(地下水位):若基础采用硅酸盐水泥,且建筑物混凝土基础装置被利用作为接地的装置时,周围土壤含水量不应低于 4%;要知道地桩能否达到地下水位是很有意义的,若地桩深度能达到地下水位置,将非常有利于降低接地电阻。地下水位是填写离地面的深度,取小数后一位。如地下水位 4 m,填写为:－4.0 m。

⑧四置距离:按建筑物地面所处的 E、S、W、N 四个方向与相邻建筑物的水平距离据实填写。如:E24,S24,W24,N22,超过 50 m 时,则填＞50 m。四置距离将是判断建筑物有效截收面积以及建筑物地中距离的重要参数,可决定是否要将邻近的建筑物作联合接地处理。

⑨桩的深度:填写最深的和最浅的桩的深度,单位为 m,取小数后一位。

2)基础承台作为接地装置的验收技术要求和指标:

①引下线间距:按不同防雷类别应分别检测:第一类:≤12 m;第二类:≤18 m;第三类:≤25 m;且边角、拐弯处均应设置引下线。

②利用柱主筋数量及直径,利用柱中一条钢筋时,其直径不应小于 $\phi10$ mm,一

般不少于两条。

③承台与桩主筋连接：检查承台与桩主筋焊接情况，桩内四条主筋，分别有两条与承台配筋上下层搭接焊（用 $\phi 10$ mm 以上圆钢搭接过渡），圆钢单边搭接焊接时长度不小于圆钢直径的 12 倍，双边搭接焊接时长度不小于圆钢直径的 6 倍。

④承台与引下线柱主筋连接：同上条。

3）地梁作为接地装置的技术要求和指标：

①地梁与引下线柱主筋连接：检查地梁主筋与引下线主筋焊接质量，两条引下线主筋与地梁主筋焊接，做法类似于承台与桩主筋连接情况。

②梁与梁的主筋连接：检查地梁与地梁间主筋焊接质量，地梁间主筋焊接无交叉，使地梁周圈成为环形并实现电气连通。圆钢单边搭接焊接时长度不小于圆钢直径的 12 倍；双边搭接焊接时长度不小于圆钢直径的 6 倍。

③短环路：检查地梁主筋与箍筋焊接质量，要求箍筋每隔 6 m 与主筋焊接。

④预留电气接地：检查首层基础是否要求预留电气接地。要求离地面约 0.3 m 处用 $\phi 10$ mm 以上镀锌圆钢从接地的柱主筋引出，引出长度一般需大于 0.2 m。

⑤接地装置电阻值：对于共用接地装置，其接地电阻应符合分系统中要求最高的接地电阻值要求；人工接地体的接地电阻值第一、二类：$R_i \leqslant 10$ Ω；第三类：$R_i \leqslant 30$ Ω，但当预计雷击次数 $\geqslant 0.012$ 次/a 且 $\leqslant 0.06$ 次/a 的部、省级办公建筑物及其他重要或人员密集的公共建筑物时，$R_i \leqslant 10$ Ω。

2. 引下线验收技术要求和指标：

引下线可在建筑物外明敷，因建筑艺术要求较高者可暗敷。实际上现在框架结构的建筑物普遍采用构造柱内的钢筋作为引下线。因此，引下线分为明装引下线、暗装引下线和利用主筋作引下线的结构引下线，以下是有关技术要求和指标：

（1）明装引下线的技术要求和指标：

①材料规格：引下线应采用圆钢（优先采用）或扁钢，圆钢直径不应小于 $\phi 8$ mm，扁钢截面积不应小于 48 mm²，其厚度不应小于 4 mm；并应采取防腐措施。烟囱引下线采用圆钢时，直径 $\geqslant \phi 12$ mm，采用扁钢时，截面积 $\geqslant 100$ mm²，厚度 $\geqslant 4$ mm；上下电气贯通的金属爬梯可作为引下线。

②安装位置：第一类：独立避雷针的杆塔处至少设一根引下线，第二、三类的建筑物引下线一般不少于两根，且应沿建筑物四周均匀或对称布置，第三类建筑物周长小于 25 m 且高度低于 40 m 时可只设一根引下线（特别在边角、拐弯处应设引下线），在易受机械损伤和易于与人身接触的地方，从地上 1.7 m 处至地下 0.3 m 处，应采取暗敷或用护管保护等防护措施。

③固定支撑间距：引下线固定支撑间距要求均匀、平直且间距不大于 2 m。

④断接卡：采用多根引下线时，宜在各引下线上于距地面 0.3 m 至 1.8 m 之间

设断接卡。要求其过渡电阻 $R_i \leqslant 0.03\ \Omega$。

⑤电气线路与防雷地不相连时与引下线之间距离：第一类：地上部分，当 $hx < 5\ R_i$ 时，$S_{a1} \geqslant 0.4(R_i + 0.1\ hx)$；当 $hx \geqslant 5\ R_i$ 时，$S_{a1} \geqslant 0.1(R_i + hx)$；第二类：当 $lx < 5\ R_i$ 时，$S_{a3} \geqslant 0.3\ K_c(R_i + 0.1\ lx)$；当 $lx \geqslant 5\ R_i$ 时，$S_{a3} \geqslant 0.075\ K_c(R_i + lx)$；第三类：当 $lx < 5\ R_i$ 时，$S_{a3} \geqslant 0.2\ K_c(R_i + 0.1\ K_c)$；当 $lx \geqslant 5\ R_i$ 时，$S_{a3} \geqslant 0.05\ K_c(R_i + K_c)$。其中 hx 是被保护物高度；lx 是引下线计算点距地面长度。当电气线路与防雷地相连时，第二类：$S_{a4} \geqslant 0.075\ K_c R_i$；第三类：$S_{a4} \geqslant 0.05\ K_c R_i$。

⑥布设间距：第一类：间距 $\leqslant 12\ m$；第二类：间距 $\leqslant 18\ m$；第三类：间距 $\leqslant 25\ m$。

⑦接地电阻：每根引下线所对应的冲击接地电阻值第一、二类为：$R_i \leqslant 10\ \Omega$；第三类：$R_i \leqslant 30\ \Omega$。

（2）暗装引下线：暗装引下线的基本要求与明装引下线的技术要求一样，但材料规格要求有所提高，暗装引下线若采用圆钢，其直径不应小于 $\phi 10\ mm$。

（3）结构引下线（利用建筑物柱子钢筋作引下线）验收技术要求和指标：

①材料规格：同暗装引下线要求，一般柱筋规格足够满足要求。

②安装位置：沿建筑物四周外墙柱筋布设，第一类：间距 $\leqslant 12\ m$；第二类：间距 $\leqslant 18\ m$；第三类：间距 $\leqslant 25\ m$。

③短路环：要求用作防雷引下线柱筋每层至少有一个箍筋与主筋相焊接。

④引下线数：第一类：独立避雷针的杆塔处至少设一根引下线，第二、三类：不少于两根；利用柱主筋数不少于两条；引下线越多，安全度越高。

⑤电气预留接地：检查首层及各层是否按设计要求预留电气接地，要求离地板面约 $0.3\ m$ 处，用 $\phi 10\ mm$ 以上镀锌圆钢与用作接地的柱主筋焊接引出，引出长度 $> 0.2\ m$。

⑥引下线连接：检查连接质量，柱筋引下线选定对角的两条主筋，从承台、地梁至天面与避雷带连接，单面焊 $\geqslant 12\ d$，双面焊 $\geqslant 6\ d$，且焊接饱满，d 为搭接长度。

⑦钢筋表面积总和：利用基础内钢筋网作为接地体时，在距地面 $0.5\ m$ 以下，每根引下线所连接的钢筋表面积总和应满足 $S \geqslant 4.24(1.89)K_c^2$。

⑧断接卡：当同时采用基础接地时，可不设断接卡，但应在室内外适当地点设若干连接板，供测量和作等电位连接用。当采用人工接地体时，应在各引下线上于距地面 $0.3\ m$ 以上处设接地体连接板，并有明显接地标志。

3. 均压环（兼作防侧击雷装置）验收技术要求和指标

当建筑物为钢筋混凝土结构或钢结构的高层建筑物时，对第一类防雷建筑物的 $30\ m$ 以上部分、第二类防雷建筑物的 $45\ m$ 以上部分、第三类防雷建筑物的 $60\ m$ 以上部分，应装设均压环；当建筑物钢筋混凝土内的钢筋（梁筋和柱筋）具有电气贯通性连接（焊接）且上部与接闪器焊接，又与引下线可靠焊接情况下，横向钢筋可作为均压环，其技术要求和指标如下：

(1)材料规格:钢筋或圆钢,仅为一根时,直径应≥10 mm,利用混凝土构件内有箍筋连接的钢筋,其截面积总和不应小于 ϕ10 mm 钢筋的截面积。

(2)环与柱主筋连接:检查有无均压环,有无与用作引下线的柱主筋全部连接,并使该高度及以上外墙上的栏杆、门、窗及大金属物与防雷装置相连。

(3)门窗—环过渡电阻:检测门、窗—环的电气通路情况,可用低电阻测试仪检测,要求其过渡电阻 $R \leqslant 0.03\ \Omega$。

(4)与竖直金属管连接:检查竖直敷设的金属管道及金属构件与环的连接情况,要求可靠焊接,其顶端和底端与防雷装置可靠连接。

(5)环间间距:需安装两个以上均压环时,环间间距不大于 12 m,一般为 6 m。

(6)环间连接:与所有引下线、竖直敷设的金属管道、金属门窗等金属部件可靠连接。

(7)敷设方式:第一类建筑物从>30 m 起,每隔不大于 6 m 沿建筑物四周设水平避雷带,并与所有引下线焊接。第二、三类建筑物从 45 m、60 m 起,可利用建筑物本身的钢构架、钢筋体及其他金属,将窗框架、栏杆、表面金属装饰物等较大的金属物连接到建筑物钢构架、钢筋体进行接地,一般可不设专门防侧击雷击的接闪器。

4. 避雷网格验收技术要求和指标

采用避雷网做接闪器的措施,对第一类防雷建筑物而言,仅在建筑物太高或其他原因难以装设独立避雷针、架空避雷线、网情况下,方允许采用直接安装在建筑物上的避雷网。

对于第二、三类建筑物,允许采用暗埋避雷网做接闪器的防雷措施,但其前提是允许屋顶遭雷击时,混凝土会有一些碎片脱开,造成局部防水、保温层被破坏,但对结构无损害,发现问题后需进行修补。为减少建筑物交付使用后的麻烦,应尽量采取明装避雷带与暗埋避雷网连接共用的方案。

(1)材料规格:采用圆钢,明敷时圆钢直径不小于 8 mm,暗敷时圆钢直径不小于 10 mm。

(2)网格规格:第一类防雷建筑物:不大于 5 m×5 m 或 4 m×6 m;

　　　第二类防雷建筑物:不大于 10 m×10 m 或 8 m×12 m;

　　　第三类防雷建筑物:不大于 20 m×20 m 或 16 m×24 m。

(3)支柱高度:明敷时,支柱不低于 10 cm,暗敷时不需设置支柱。

(4)支柱间距:明敷时,支柱间距不大于 1 m,以无起伏和弯曲为基本要求,转弯处适当加密。

(5)安装位置:暗敷时,一般利用天面板筋焊接而成,明敷时,安装在天面屋顶平面上,不允许有物体超过避雷网,否则,物体上应加装避雷针。

(6)焊接工艺:焊接长度,单边焊≥12 d,双边焊≥6 d,明敷时应连续焊接,暗敷时以绑扎为主,允许间隙焊接。

（7）与引下线连接：网格钢筋从横向和纵向的两端，每端不少于两处，必须与各主筋引下线焊接连通。

（8）预留接地：凡是天面有其他电气设施的支座时，应预留接地端子，供天面电气设备及其他装置接地专用。

（9）防腐措施：明敷时，焊接处应采取防腐措施。

5．避雷带验收技术要求和指标

避雷带的验收技术要求和指标如下：

（1）材料规格：优先采用镀锌圆钢，直径≥8 mm，其次采用镀锌扁钢，规格不应小于－4 mm×25 mm。

（2）与支柱连接方式：对镀锌圆钢一般应尽量采用"P"型支柱，将圆钢穿入孔中固定，这样可减少焊接对镀锌层的破坏。

（3）支柱高度：100～150 mm，一般要求为 100 mm。

（4）支柱间距：一般要求不大于 1.2 m（含所有主筋引下线预留支柱）。

（5）闭合环的测试：闭合环是指一个完整的闭合避雷带，其任何两点间都必须可靠连接。

（6）曲率半径：转角处角度必须成大于 90 度的钝角。

（7）敷设方式：暗敷时，应采用两根直径大于 ϕ8 mm 钢筋并排敷设或采用扁钢，规格尺寸为：－4 mm×40 mm，表面水泥厚度不大于 20 mm，一般不采用后者方式。

6．避雷针验收技术要求和指标

（1）材料规格：宜采用镀锌圆钢和钢管，其直径不应小于：

针长 1 m 以下：圆钢为 ϕ12 mm，钢管为 ϕ20 mm。

针长 1～2 m：圆钢为 ϕ16 mm，钢管为 ϕ25 mm。

烟囱顶部的针：圆钢为 ϕ20 mm，钢管为 ϕ40 mm。

旗杆、栏杆装饰物其尺寸不低于上述标准。钢管壁厚≥2.5 mm。

（2）安装高度：采用针、带结合措施的针高不少于 800 mm，独立式或多针保护应符合滚球法校验的保护范围，并测量实际长度。

（3）与避雷带、引下线连接：针与带间成弧形搭接，不允许成直角；与引下线可靠焊接，焊接长度≥12 d，机械连接时，每处过渡电阻≤0.03 Ω。

（4）防腐处理：所有焊接处必须采取防腐措施。

7．SPD 验收技术要求和指标

电力系统中将电源避雷器分为高压和低压两种。高压避雷器又分为阀式、磁吹式和管式避雷器。阀式避雷器又分为有间隙和无间隙（又称金属氧化锌避雷器）两种，主要用于保护发、变电设备的绝缘。管式避雷器又称为排气式避雷器，主要用于保护发电厂、变电所的进线和线路上的绝缘弱点。低压避雷器又称过电压保护器、浪涌抑制器。

根据组合形式又分为并式、串并式避雷器。根据 IEC 标准,室内低压电气装置的耐冲击电压最高为 6 kV,若一流经靠近该装置处接地装置的雷电流为20 kA,接地电阻甚至低至 1 Ω 时,在接地装置上电位升高仍为 20 kV,也就是说,低压电气接地的金属外壳比设备带电相导体高 20 kV,因此在相导体与地之间不装电压保护器,则在绝缘较弱处可能被击穿而造成短路,若短路电流小,则可引起外壳升温发生事故或火灾,由此可见安装低压避雷器的重要性和必要性。其技术要求和指标分述如下:

(1)高压避雷器验收技术要求和指标

1)避雷器型号:检查是否按设计要求安装相应的避雷器。要求 3~10 kV 配电变压器,采用阀式避雷器保护(型号有:FS、FZ 阀式,FCD、FCZ 磁吹式,GB 管式)。

2)安装位置:要求每相线上安装一只阀式避雷器;宜可两相装阀式避雷器,一相装保护间隙或三相均用保护间隙。避雷器应并列安装在同一直线上并保持垂直,支架牢固。

3)拉紧绝缘子串受力:拉紧绝缘子串必须紧固,弹簧应能伸缩自如,同相各拉紧绝缘子串的拉力应均匀。

4)器件外观:避雷器外部应完整无损,封口处密封良好,器件的铭牌应位于易观察的同一侧,油漆完整,相色正确。

5)倾斜角度:阀式避雷器必须垂直安装,排气式避雷器应倾斜安装,其轴线与水平方向夹角不应小于 15°;无续流避雷器不应小于 45°;装于污秽地区时,应加大倾斜角度。

6)绝缘垫:放电计数器密封良好,绝缘垫子及接地良好,牢靠。

7)接地电阻:避雷器应用最短的接地线接地,并与绝缘子铁脚、变压器接地连接。接地电阻值 $R \leqslant 5$ Ω。

(2)低压 SPD 验收技术要求和指标

1)SPD 型号:检查是否按设计要求安装相应的 SPD。检查通流量是否符合指标数据及防爆要求。根据 IEC 的规定,SPD 的选择应根据雷电流分配原理确定各级 SPD 通流量的大小。在可能被直击雷击中的线路上,采用 $10/350~\mu s$ 雷电流波形测试表示其通流能力的 SPD。在不可能被直击雷击中的线路上,采用 $8/20~\mu s$ 雷电流波形测试表示其通流能力的 SPD。

2)安装位置及保护等级:要求多级防护。每级防护器件安装位置为:

第一级:应安装在架空线和埋地电缆的连接处;或安装在总配电柜(屏)架上。

第二级:要求安装在楼层的配电箱(柜)上。

第三级:要求安装在被保护设备前端的配电柜处或设备处。

3)接地电阻:接地线 共用接地时,$R \leqslant 4$ Ω;单独接地时,$R \leqslant 5$ Ω。根据 SPD 所处位置,接地线应采用 $\geqslant 6~mm^2$(LPZ1 与 LPZ2 区处交界处)或 16 mm^2(LPZP$_B$ 区与

LPZ1 区交界处)以上的多股或单股铜芯线,并尽量短。

4)状态显示:检查器件工作状态是否正常,观察状态显示窗口或按下信号显示按钮,窗口或发光二极管为绿色时为正常,红色为不正常;重要场所应选用带有声光报警装置的 SPD。

5)漏电流和启动电压:用防雷元件测试仪检测所需安装的 SPD 的漏电电流、启动电压值是否符合出厂时的检测结果,是否符合设计要求,参见第四章有关内容。

8. 等电位分类验收技术要求和指标

在装有防雷位置的空间内,避免发生生命危险的最重要措施是采用等电位连接。由于防雷装置直接装在建筑物上,要保持防雷装置与各种金属物体之间的安全距离已很难做到。因此,只能将屋内的各种金属管道和金属物体与防雷位置就近连接在一起,并进行多处连接。首先是在进出建筑物处连接,使防雷装置和邻近的金属物体电位相等或降低其间的电位差,以防反击危险。另外,严格要求各种金属物体和金属管道与防雷装置有可靠连接,以达到均压目的,是免除跳闪的最有效措施。值得引起高度注意的是,竖向金属管道、物体,更可能带有很高的电位,如处理不当,就可能出现跳闪现象;一种是金属管道带高电位,向四周的金属物跳击,一种是结构中的电位差。其验收技术要求和指标如下:

(1)屋顶广告牌、冷却塔等电位连接 与避雷带焊接不少于两处(对角),材料采用圆钢≥8 mm 或扁钢 4×40 mm,厚度≥4 mm。注:各金属物、设备间的防雷引下线不得串联,应与天面引下线预留端子连接。

(2)竖向金属管道 要求竖向金属管道的顶端和底端与防雷装置连接,高层建筑每三层连接一次,设计安装必须预留接地。

(3)屋顶的其他金属构件 与避雷带可靠焊接,并不少于两处,注:各金属物、设备间的防雷引下线不得串联,应与天面引下线预留端子连接。

(4)电梯接地 电梯导轨接地,每条不少于两处,高层建筑每三层连接一次,与柱内钢筋预留端子可靠连接。

(5)高低压变压器接地 应就近与防雷地可靠连接,且不少于两处(可从最近处柱筋预留),阻值 $R \leq 4\ \Omega$。

(6)地下供水管道接地 应与建筑物防雷接地可靠连接,且不少于两处,测量接地电阻,阻值 $R \leq 10\ \Omega$。

(7)地下燃气管道与其他金属管道间距 地下燃气管道离建筑物基础≥0.7 m,离供水管≥0.5 m,以上均指水平距离。地下燃气管道离其他管道或电缆的垂直距离≥0.15 m。强调燃气管道进出建筑物必须与防雷地连接,并不少于两处。

(8)低压配电保护接地 检查 PE 干线是否接地,检查受电设备的外露导体有无通过保护线与接地预留端子连接。

9. 高低压线路验收技术要求和指标

进出建筑物的高低压线路其敷设方式和建筑物防雷措施的正确与否,对建筑物及其内部的各种设备和人身安全影响很大,因此,应采取严格的防雷措施,其验收技术要求和指标如下:

(1)高压线路敷设方式　为防止雷电流沿电力线侵入机房,在距变压器300—500 m 的高压线上方架设避雷线,终端杆及前四杆必须接地(注意不允许用杆筋做引下线);埋地入机房配电房,埋地长度 $l \geqslant 2\sqrt{\rho}$,并且不小于 50 m。电缆金属护套(管)、钢带两端应分别与防雷接地连接。

(2)线杆(塔)的接地　各杆(塔)接地应设计成环形或辐射形,变压器终端杆及前四杆必须分别接地,接地电阻依次为:$R_1 \leqslant 4\ \Omega$,$R_2 \leqslant 10\ \Omega$,$R_3 \leqslant 20$—$30\ \Omega$,$R_4 \leqslant 20$—$30\ \Omega$;3 kV 以上高压线路相互交叉或与较低的低压线路、通信线路交叉时,交叉两端的杆塔(共四基)不论有无避雷线,均应接地。

(3)电缆接地　高压电缆两端金属护层,钢带在入机房前和入机房处应分别接地,钢筋混凝土杆铁横担、横担线路的避雷器支架、导线横担与绝缘子固定部分或瓷横担部分之间,应可靠连接,并与引下线相连接地。

(4)低压线路敷设方式　全线采用电缆埋地或一段金属铠装电缆穿钢管埋地进入建筑物内,埋地长度 $l \geqslant 2\sqrt{\rho}$ 并且不小于 15 m。

(5)埋地电缆　金属铠装电缆的外皮、穿线的钢管、电缆桥架、电缆接线盒、终端盒的外壳等均应可靠接地。接地电阻 $R \leqslant 10\ \Omega$。

(6)线杆(塔)、铁横担、等接地线杆铁横担、绝缘子铁脚及装在杆塔上的开关设备、电容器等电器设备均应可靠接地。接地电阻 $R \leqslant 5\ \Omega$。入户前三基电杆均应可靠接地,接地电阻第一杆 $R \leqslant 5\ \Omega$;其余 $R \leqslant 20\ \Omega$。

10. 电气装置的验收技术要求和指标(略)

五、跟踪检测工作中常见问题和解决方法

1. 做好防雷接地的预控工作:做好防雷接地施工的预控是跟踪工作的首项基础工作。为了做好预控,跟踪检测人员必须熟悉设计图纸及电气设计说明中有关供电方式和防雷接地所涉及的问题。重点掌握以下几点:

(1)要仔细地审查设计图纸。一般基础接地点、预留接地等都在基础接地平面图中加以注明或说明,由基础到顶层有关防雷接地施工图都要层层认真校对。要特别注意设有设备间、变配电室、消控中心机房、电梯机房、玻璃幕墙、给水设施和入户管道以及屋面上的冷却塔风机等的接地规定和预留,因为这些地点和设置在设计平面图纸中有的设计图纸没有明确标注,但在设计说明中要求以规范要求为施工标准进

行预留预埋,所以一旦漏埋,待设备安装时再进行处理,必然会出现反复剔凿,甚至会出现损坏土建结构的现象。

(2)对有些特殊的建筑工程项目系统,跟踪检测应注意设计中的说明,并做好记录。例如弱电系统中的某些智能化工程、信息通信、医疗设备等有特殊要求应分系统直接与自然接地体相连或单独设置自身的接地体。所以对这些系统的接地要求要与建设方或设计方予以确认,并得到具体而明确的答复,做好记录,还要对照有关技术规范进行比较和审核以保证在施工中得以落实。

(3)对于楼内部设备的接地,要注意对照强制性标准、施工验收规范查看施工图有无不符合规范要求之处,例如规范要求全部进出楼内的金属管道及电缆的金属外皮在入户处均应与防雷接地焊接,以防雷电波侵入,楼内水平敷设的金属管道及金属物应与防雷接地焊接,垂直敷设的竖向金属管道在其底部和顶部均应与防雷接地焊接,又如住宅建筑中卫生间局部等电位,有的工程项目只在设计说明中注明,在施工中如何布线一定要请设计人员明确方案,以便在预埋中加以考虑,尤其是住宅工程中卫生间颇多,卫生间局部等电位引出端的引线往往用材较小,多用 $\Phi 6.5 \text{ mm}$ 圆钢加焊 $2 \text{ mm} \times 25 \text{ mm}$ 的扁钢。应更改为 $\Phi 8 \text{ mm}$ 圆钢加焊 $4 \text{ mm} \times 40 \text{ mm}$ 镀锌扁钢。一旦漏埋竣工验收时再处理就会增加不必要的投入。

(4)对于高层建筑的防雷接地更要注意其本身特定的要求,跟踪检测人员在审图时,一方面要熟悉电气图,还要对建筑设计中的结构、设备布置进行认真分析,要充分领会设计中有关说明。在审核接地系统时有必要对照建筑图、结构图、基础图一并进行,如规范要求 30 m(一类)以上高层建筑每向上不大于 6 m 在结构圈梁内敷设一条 25 mm× 4 mm 的扁钢与引下线焊成一环形水平避雷带或间隔一层用不少于两根圈梁主筋焊成均压环,又如高层建筑外墙侧金属门窗等构件也要与防雷接地线焊接等。第二类防雷建筑高度超过 45 m 或三类防雷建筑高度超过 60 m 时,按 GB 50057—2010要求,应该在 45 m 或 60 m 以上将外墙上的栏杆、玻璃幕墙的架子、门窗等较大的金属物与防雷装置连接。实际工作中,发现有许多遗漏的情况,都要及时提出更正,以免留下安全隐患。以上举例的施工部位都是随主体结构浇注混凝土施工过程而进行焊接,隐蔽部位一旦漏焊会给安装阶段带来不必要的工作量,甚至很难达到标准要求。

(5)使用暗敷避雷带的场合,在没有抹面前必须仔细查验它与引下线的连接,用材规格是否符合设计要求,是否形成闭合回路,屋面有金属构件的位置是否进行了连接件的预留,以备后继土建施工。

(6)对于避雷针和明装避雷带(网),它们是避雷系统中唯一暴露在建筑屋面上的装置,它们的施工质量从一个侧面反映出电气施工的水平,而且也直接影响防雷接地的可靠性,所以更要增加我们的监督力度,要注意其规格是否符合设计要求,安装要牢固可靠;屋顶上装设的避雷带和建筑物顶部的避雷针及金属物体应焊接成一个整体;引下线必须是焊接在避雷带上,不得焊在支持卡上;所有焊接部位都必须进行防锈处理。按规范要求,进出室内的各种金属管道、电梯接地、变压器接地、低压配电线路重复接地、低压引下线设备保护接地以及天面上高于避雷带的各种广告牌、冷却塔、太阳能的金属支架等都要与大楼的联合接地系统作等电位连接。实际跟踪检测中经常发现有遗漏的情况。应及时提请对方更正。

2. 隐蔽工程的质量控制

跟踪人员在跟踪过程控制中首先做好对材料检验和隐蔽工程验收,其中注意以下几点:

(1)材料的控制,防雷接地所用材料比较单一,汇总起来有镀锌角钢、圆钢、扁钢三种钢材,其中主控内容是一查材料三证;二验材料规格;三看在施工中是否使用设计和规范规定的镀锌材料。在施工跟踪过程中往往发现作业人员随手拿普通结构用钢筋做帮条焊接或用普通钢材代替镀锌材料,这一普遍存在的错用材质的毛病一定要在日常跟踪过程中严格纠正。

(2)地基接地焊接是接地施工中的第一环节,对于基础圈梁焊接或桩基钢筋与基础钢筋的焊接,基础钢筋与柱筋的焊接,都要严格按基础图和接地点逐一进行检查,尤其要对伸缩缝处基础钢筋是否跨接连通进行确认,并要做伸缩补偿;四角要按图纸规定做好预留件,以备增补接地极。当整个接地网焊接完成后用电阻测试仪进行接地电阻值测试,确认是否符合设计要求,当电阻值不满足设计要求时按设计要求补做人工接地装置。

(3)对以柱筋为引上线的接地网,要求施工人员采用施工小样(每层按轴线标清每根柱子的位置及钢筋焊接根数)进行施工,防止漏焊或错焊位置,跟踪人员要对引上点和跨钢筋焊接质量仔细检查,并要求对焊接引上线钢筋每层都要作好色标进行定位标志,以防向上层焊错主筋造成接地中断错误。特别是对于结构的转换层,由于柱筋的调整,防雷引下线利用柱内主筋焊接引下容易错焊、漏焊,要进行反复核实。

(4)对于等电位焊接以及设计注明要进行重复接地的部位,如进户钢管的接地、表箱接地、卫生间局部等电位、楼层等电位等部位都要认真核查,符合设计要求后才允许工程进入下道工序。

(5)有关玻璃幕墙防雷接地的施工,在对采用预埋铁做法时,必须注意在规定的柱主筋上作可靠的焊接(不允许绑扎),如果是后增加的玻璃幕墙,要根据建筑面积、建筑物的各种特点,请设计单位做出新防雷措施的联系单或另行出图,玻璃幕墙施工完后应进行接地电阻值的测试。

(6)对于屋面防雷,为了避免直击雷及感应雷的伤害,各类防雷建筑物在屋顶要安装避雷网格应符合 GB 50057—94(2000 年版)规范要求(见表1)。避雷网格敷设在屋面抹面层内。我们在跟踪过程中注意到施工人员往往不按规范要求作业,甚至不采用规定直径的镀锌圆钢,两端不是与避雷带相焊接的,作为这项隐蔽施工一定要在抹面工程之前进行验收,保证所用材料规格、焊接间距、焊接质量等均应符合规范要求。

3. 接地体、引下线、接闪器之间的焊接情况跟踪验收

作为接地体的基础钢筋的焊接、接地体与被用做引下线的柱筋之间的焊接以及该类柱筋之间的焊接,其搭接长度往往不够。有时搭接长度有余,但焊接长度又不够,甚至有的仅是点焊。有的焊接时由于电焊机电流太大而将主筋焊熔太多,从而使结构性能下降;按要求,$\Phi > 16$ mm 的柱筋在作为引下线时,可只利用两根柱筋。在实际检测中我们发现有的工程出现了前一层与后一层焊接的柱筋不一致,这将造成引下线不是整体焊接,留下了隐患;引下线的数量虽然不少,但最后与避雷带焊接时往往减少许多,甚至只有很少一部分引下线与避雷带焊接,其余大部分引下线在楼顶女儿墙内被切断等。对于上述情况,应该及时提请更正,以杜绝后患。

防雷接地焊接始终伴随着施工的全过程,焊接质量决定着工程质量,所以跟踪检测人员应从以下几点进行严格控制:

(1)施焊操作人员必须要有操作上岗证方能进行作业。

(2)施工单位使用的焊条三证及牌号,应符合钢筋电弧焊焊条规定。施工单位技术负责人应向施焊人员进行技术交底,分别介绍钢筋类别、焊接材料、焊接方法、焊接形式、焊接位置等要求

(3)接地焊接一般采用帮条焊接,宜双面焊,确因地势影响不能进行双面焊时,也可采用单面焊。当采用搭接施焊时,搭接长度应符合规范规定。

六、新建建筑物防雷工程施工质量评定

防雷装置工程竣工验收后,应依据有关质量评定标准,对分阶段验收和总验收的《新建建筑物防雷装置验收手册》中每个小项目进行质量等级评定,并填写《新建建筑物防雷装置小项目质量检测评定表》,然后,依此填写《新建建筑物防雷装置综合质量检测评定表》。

防雷装置施工质量评定工作的主要任务是:新建建筑物是否按照国家防雷规范设计、施工以及工程质量情况。它不仅实对施工单位负责,更是对建设单位负责,同时也是对施工验收人员的监督。以下是一些省市防雷中心目前在用的新建建筑物防雷装置综合质量评定标准,可供参考。

1. 新建建筑物防雷装置综合质量评定标准

小项目的质量评定标准

参考有关省市防雷质量管理手册有关规定,小项目的质量评定共分为八个类别,共有基本项目 51 项,另有参考项目 9 项,按类别分述如下:

(1)接地装置(含人工接地装置和自然接地装置)小项目的质量评定标准:

1)桩的利用系数分四个等级:

一级：利用系数为：$(0.75 < a \leqslant 1)$；（优）；二级：利用系数为：$(0.5 < a \leqslant 0,75)$；（良）

三级：利用系数为：$(0.5 < a \leqslant 0.5)$；（合格）；四级：利用系数为：$(a \leqslant 0,25)$；（不合格）

2）单柱利用系数分四个等级：

一级：利用主筋数为：四根；（优）；二级：利用主筋数为：三根；（良）

三级：利用主筋数为：二根；（合格）；四级：利用主筋数为：一根；（不合格）

3）单桩接地电阻平衡度分三个等级：

一级：各桩平衡度均为 1；（优）；二级：各桩平衡度均为 1 的占 50 %；（合格）

四级：各桩平衡度均为 1 的少于 50%；（不合格）

4）承台引下线间距分三个等级：

一级：引下线间距为：<12 m 或 18 m 或 25 m；边角拐弯处均有引下线（优）

二级：引下线间距为：$=12$ m 或 18 m 或 25 m；四角均有引下线（合格）

四级：引下线间距为：>12 m 或 18 m 或 25 m；四角中有个别缺少引下线，（不合格）

5）承台引下线利用柱主筋数，分为四个等级：

一级：利用柱主筋数为：4 根，主筋直径 $\Phi > 10$ mm；（优）

二级：利用柱主筋数为：2 根，主筋直径 $\Phi > 10$ mm；（良）

三级：利用柱主筋数为：1 根，主筋直径 $\Phi > 10$ mm；（合格）

四级：利用柱主筋数为：2 根，主筋直径 $\Phi < 10$ mm；（不合格）

6）承台与柱主筋连接，分为三个等级：

一级：连接正确，焊接长度、质量全部符合要求；（优）

二级：连接正确，焊接长度、质量基本符合要求；（合格）

四级：未连接或部分连接，焊接长度及质量不符合要求；（不合格）

7）承台与引下线主筋连接，分为三个等级：

一级：连接正确，焊接长度、质量全部符合要求；（优）

二级：连接正确，焊接长度、质量基本符合要求；（合格）

四级：未连接或部分连接，焊接长度及质量不符合要求；（不合格）

8）承台每条引下线在—50 cm 处钢筋总面积，分三个等级；

一级：连接正确，质量全部符合要求，$S \geqslant 4.24$ K_c^2（1.89 K_c^2）；（优）

二级：连接正确，质量基本符合要求，$S \geqslant 4.24$ K_c^2（1.89 K_c^2）（合格）

四级：焊接错误，$S \leqslant 4.24$ K_c^2（1.89 K_c^2）（不合格）

9）地梁主筋与引下线主筋连接，分三个等级：

一级：连接正确，焊接长度、质量全部符合要求；（优）

二级：连接正确，焊接长度、质量基本符合要求；（合格）

四级：未连接或部分连接，焊接长度及质量不符合要求；（不合格）

10)地梁与地梁之间主筋连接,分三个等级:

一级:连接正确,焊接长度、质量全部符合要求;(优)

二级:连接正确,焊接长度、质量基本符合要求;(合格)

四级:未连接或部分连接,焊接长度及质量不符合要求;(不合格)

11)地梁短环路,分三个等级:

一级:间距不大于 6 m,焊接长度、质量全部符合要求;(优)

二级:间距不大于 6 m,焊接长度、质量基本符合要求(合格)

四级:无短环路;(不合格)

12)地梁预留电气接地,分为二个等级;

一级:距地面高≥0.3 m且预留端子长度大于等于 0.2 m,用≥Φ12 mm 镀锌圆钢引出预留,

接地电阻、焊接长度、质量符合要求,(优)

四级:距地面高<0.3 m且预留端子长度小于 0.2 m,或用<Φ12 mm 镀锌圆钢引出预留,或接地电阻不符合要求,(不合格)

13)地梁接地电阻值,分为二个等级:

一级:接地电阻值符合设计要求,(优)

四级:接地电阻值不符合设计要求,(不合格)

(2)引下线(含柱筋引下线和明装引下线)小项目的质量评定标准:

1)柱筋引下线连接,分三个等级:

一级:连接正确,焊接长度、质量全部符合要求;(优)

二级:连接正确,焊接长度、质量基本符合要求;(合格)

四级:未连接或部分连接,焊接长度及质量不符合要求;(不合格)

2)柱筋引下线短路环,分三个等级:

一级:各层都焊接短路环≥1 个;(优良)

二级:大多数层焊接短路环,个别漏焊;(合格)

四级:每隔一层焊接或无短路环;(不合格)

3)柱筋引下线预留电气接地,分为二个等级:

一级:预留接地长度≥20 cm,且电阻值符合设计要求;(优良)

四级:预留接地长度<20 cm 或电阻值不符合设计要求;(优良)

4)引下线材料、规格,分为三个等级:

一级:圆钢 D>8 mm,扁钢(截面积)S>48 mm^2,且厚度≥4 mm;(优良)

二级:圆钢 D≥8 mm,扁钢(截面积)S≥48 mm^2,且厚度≥4 mm(明敷时为合格,暗敷时为优良)

四级:圆钢 D<8 mm,扁钢(截面积)S<48 mm^2,且厚度<4 mm(不合格)

5)引下线数量、间距,分为三个等级:

一级:≥2根,且间距符合防雷等级的规定(一类:<12 m,二类:<18 m,三类:<25 m,为优良);

二级:≥2根,且间距符合防雷等级的规定(一类:≤12 m,二类:≤18 m,三类:≤25 m,为合格);

四级:<2根,且间距不符合防雷等级的规定(一类:>12 m,二类:>18 m,三类:>25 m,为不合格)

6)引下线固定间距、断接卡,分为三个等级:

一级:间距均匀且间距≤2 m,距地面0.3~1.8 m,安装了断接卡;(优良)

二级:间距均匀且间距≤3 m,距地面0.3~1.8 m,安装了断接卡;(合格)

四级:间距均匀且间距>3 m,距地面0.3~1.8 m,未安装了断接卡;(不合格)

(3)均压环小项目的质量评定标准:

1)均压环敷设方式,分为三个等级:

一级:按设计有均压环,且两环间距<6 m,焊接长度、质量、接地电阻值等全部符合要求;(优良)

二级:按设计有均压环,且两环间距≤6 m,焊接长度、质量、接地电阻值等基本符合要求(合格)

四级:未按设计有均压环,或按设计安装了均压环,但两环间距>6 m,焊接长度不符合要求(不合格)

2)均压环与预留钢筋焊接,分为三个等级:

一级:连接正确,焊接长度、质量全部符合要求;(优良)

二级:连接正确,焊接长度、质量基本符合要求;(合格)

四级:未连接或部分连接,焊接及质量不符合要求;(不合格)

3)均压环与门、窗过渡电阻,分为三个等级:

一级:连接正确,焊接长度、质量全部符合要求,过渡电阻 $R<0.03\ \Omega$;(优良)

二级:连接正确,焊接长度、质量基本符合要求,过渡电阻 $R=0.03\ \Omega$;(合格)

四级:连接错误,或过渡电阻 $R>0.03\ \Omega$;(不合格)

4)均压环与环间连接及柱主筋连接方式,分为二个等级:

一级:环间与所有引下线、柱主筋、竖直敷设的金属管道的顶端和底端及环所在高度上的门窗、栏杆等大金属物可靠焊接,(优良)

四级:环间未与外墙柱主筋引下线、竖直敷设的金属管道及门窗可靠焊接,或环间距>6 m,(不合格)

(4)避雷网格小项目的质量评定标准:

1)避雷网格及材料规格,分为三个等级:

一级:网格尺寸、材料、规格符合要求,连接正确;(优良)

二级:网格尺寸、材料、规格基本符合要求,连接正确;(合格)

四级:网格尺寸、材料、规格不符合要求;(不合格)

2)避雷网格的敷设,分为三个等级:

一级:明敷平直无起伏和弯曲,拐弯处大于 90°,焊接良好,支持卡搭焊接,焊接处防锈处理良好;(优良)

二级:明敷平直无起伏和弯曲,拐弯处大于 90°,焊接良好,支持卡搭焊接,焊接处防锈处理一般;(合格)

四级:明敷弯曲起伏不平直,拐弯处小于 90°;(不合格)

3)避雷网格焊接,分为三个等级:

一级:网格尺寸符合设计要求,且两端与柱主筋引下线焊接,焊接长度及质量好。(优良)

二级:网格尺寸符合设计要求,且两端与柱主筋引下线焊接,焊接长度及质量一般。(合格)

四级:网格尺寸不符合设计要求,且两端未与柱主筋引下线焊接,焊接长度及质量不符合要求。(不合格)

4)避雷网格与引下线焊接,分为三个等级:

一级:连接正确,焊接长度、质量全部符合要求;(优良)

二级:连接正确,焊接长度、质量基本符合要求;(合格)

四级:未连接或部分连接,焊接及质量不符合要求;(不合格)

5)避雷网格与预留电气焊接,分为二个等级:

一级:距地面高约 0.3 m 且 >0.2 m,用 $\geq \Phi 12$ mm 镀锌圆钢引出预留,接地电阻、焊接长度、质量符合要求,(优良)

四级:距地面高约 0.3 m 且 <0.2 m,或用 $<\Phi 12$ mm 镀锌圆钢引出预留,或接地电阻不符合要求,(不合格)

6)避雷网格接地电阻,分为二个等级:

一级:自然接地 $R \leq 1$ Ω 或 4 Ω;人工接地第一、二类 $R \leq 10$ Ω;第三类 $R \leq 30$ Ω,符合设计要求。(优良)

四级:自然接地 $R > 1$ Ω 或 4 Ω;人工接地第一、二类 $R > 10$ Ω;第三类 $R > 30$ Ω,不符合设计要求。(不合格)

(5)避雷带小项目的质量评定标准

1)避雷带与柱主筋引下线预留连接,分为三个等级:

一级:连接正确,焊接长度、质量全部符合要求;(优良)

二级:连接正确,焊接长度、质量基本符合要求;(合格)

四级:未连接或部分连接;(不合格)

2)避雷带敷设方式,分为三个等级:

一级:暗敷应用 2 根>Φ8 mm 钢筋并排敷设或用 40 mm×4 mm 扁钢,表面水泥厚度≤2 cm,明敷带体用≥Φ10 mm 镀锌圆钢,且连接正确,焊接长度、质量、曲率全部符合要求;(优良)

二级:暗敷应用 2 根>Φ8 mm 钢筋并排敷设或用 40 mm×4 mm 扁钢,表面水泥厚度≤2 cm,明敷带体用=Φ10 mm 镀锌圆钢,且连接正确,焊接长度、质量、曲率基本符合要求;(合格)

四级:材料不符合设计要求,且连接错误,曲率<90°;(不合格)

3)避雷带支持卡间距、高度,分为三个等级

一级:符合间距≤1.5 cm,高度 10~15 cm 的要求,支持卡成"T"形且垂直,并焊接质量好;(优良)

二级:间距符合要求,支持卡垂直,且焊接质量基本良好;(合格)

四级:间距不符合要求,支持卡垂直但无焊接或质量差;(不合格)

4)避雷带材料、规格,分为二个等级:

一级:要求优先采用镀锌圆钢,规格≥Φ8 mm,其次采用 4 mm×12 mm 的镀锌扁钢,符合要求;(优良)

四级:要求优先采用镀锌圆钢,规格<Φ8 mm,或采用 4 mm×12 mm 的镀锌扁钢,不符合要求;(不合格)

5)避雷带闭合环测试,分为二个等级;

一级:环路测试任何两点间都连通;(优良)

四级:环路测试任何两点间有断开;(不合格)

6)避雷带接地电阻,分为二个等级:

一级:自然接地 $R≤1$ Ω 或 4 Ω;人工接地第一、二类 $R≤10$ Ω;第三类 $R≤30$ Ω,符合设计要求。(优良)

四级:自然接地 $R>1$ Ω 或 4 Ω;人工接地第一、二类 $R>10$ Ω;第三类 $R>30$ Ω,不符合设计要求。(不合格)

(6)避雷针小项目的质量评定标准:

1)避雷针材料、规格,分为三个等级:

一级:>Φ12 mm(Φ12);>Φ16(Φ25);>Φ20(Φ40);(优良)

二级:=Φ12 mm(Φ20);=Φ16(Φ25);=Φ20(Φ40);(合格)

四级:<Φ12 mm(Φ20);<Φ16(Φ25);<Φ20(Φ40);(不合格)

2)避雷针安装高度,分为二个等级:

一级:单针保护在有效保护高度范围内用滚球法校验,符合要求;短针与带结合

时,短针高度不低于 80 cm(优良)

四级:单针保护在有效保护高度范围内用滚球法校验,(不合格)

3)避雷针安装位置,分为二个等级:

一级:间隔距离满足滚球法校验均安装在易受雷击的部位(女儿墙、屋角、水塔、屋脊等),其牢固性符合要求;(优良)

四级:间隔距离、安装位置(同上)及牢固性,不符合要求,易受雷击部位未安装短针达二处以上;(不合格)

4)避雷针连接形式,分为二个等级:

一级:针、带、引下线之间连接正确,焊接良好,机械连接每处过渡电阻 $\leqslant 0.03\ \Omega$;(优良)

四级:针、带、引下线之间连接不正确,机械连接每处过渡电阻 $>0.03\ \Omega$,超过 2 处;(不合格)

5)避雷针接地电阻,分为二个等级:

一级:自然接地 $R\leqslant 1\ \Omega$ 或 4 Ω;人工接地第一、二类 $R\leqslant 10\ \Omega$;第三类 $R\leqslant 30\ \Omega$,符合设计要求。(优良)

四级:自然接地 $R> 1\ \Omega$ 或 4 Ω;人工接地第一、二类 $R> 10\ \Omega$;第三类 $R> 30\ \Omega$,不符合设计要求。(不合格)

(7)SPD 小项目的质量评定标准:

1)低压避雷器型号及通流能力,分为二个等级:

一级:安装的低压避雷器型号符合气象行政主管机构的规定要求,通流能力及电流波形符合设计要求;(优良)

四级:安装的低压避雷器型号不符合气象行政主管机构的规定要求,通流能力及电流波形不符合设计要求;(不合格)

2)低压避雷器安装位置及保护等级,分为四个等级:

一级:按设计要求安装,保护等级在三级或其以上时;(优良)

二级:按设计要求安装,保护等级在二级或其以上时;(合格)

三级:按设计要求安装,保护等级在一级且建筑物中没有计算机机房等贵重弱电设备;(合格)

四级:未按设计要求安装,未采取防雷电波侵入措施;(不合格)

3)低压避雷器接地电阻及接地,分为二个等级:

一级:共用接地时 $R\leqslant 4\ \Omega$;单独接地时 $R\leqslant 10\ \Omega$;就近可靠接地,接地线长度 $\leqslant 0.5$ m(优良)

四级:共用接地时 $R> 4\ \Omega$;单独接地时 $R> 10\ \Omega$;未就近可靠接地,接地线长度 >0.5 m(不合格)

(8)等电位分类小项目的质量评定标准：

1)天面冷却塔、广告牌及其他金属物等电位连接，分为三个等级：

一级：与避雷带连接＞2处；(优良)

二级：与避雷带连接＝2处；(合格)

四级：与避雷带连接＜2处；(不合格)

2)竖直金属管道等电位连接，分为二个等级：

一级：上端和下端与避雷装置可靠焊接；(优良)

四级：上端和下端仅有一端未与避雷装置可靠焊接；(不合格)

3)电梯等电位连接，分为二个等级：

一级：每条轨道与避雷装置接地可靠焊接≥2处；(优良)

四级：每条轨道与避雷装置接地可靠焊接＜2处；(不合格)

4)地下供水管道等电位连接，分为二个等级：

一级：每条轨道与避雷装置接地可靠焊接≥2处；(优良)

四级：每条轨道未与避雷装置接地可靠焊接；(不合格)

5)燃气等金属管道等电位连接，分为二个等级：

一级：与接地装置可靠焊接≥2处；(优良)

四级：未与接地装置可靠焊接或焊接＜2处；(不合格)

6)高低压连合变压器，分为二个等级：

一级：与接地装置可靠焊接，且 $R \leqslant 4\ \Omega$；(优良)

四级：未与接地装置可靠焊接或 $R > 4\ \Omega$；(不合格)

7)低压配电重复接地，分为二个等级：

一级：与接地装置可靠焊接≥2处，且 $R \leqslant 10\ \Omega$；(优良)

四级：未与接地装置可靠焊接或焊接＜2处或 $R > 10\ \Omega$；(不合格)

8)低压配电保护接地，分为二个等级：

一级：PE 干线和受电设备与接地装置可靠焊接≥2处，且 $R \leqslant 10\ \Omega$；(优良)

四级：PE 干线和受电设备与接地装置可靠焊接＜2处，且 $R > 10\ \Omega$；(不合格)

2. 新建建筑物综合质量的评定程序、标准和方法

在新建建筑物防雷装置施工质量监督及分段小项目验收及竣工总验收的基础上，对整个新建建筑物防雷装置施工质量监督及竣工验收，给予最终的综合质量评定，填写《新建建筑物防雷装置综合质量检验评定表》。新建建筑物防雷装置质量综合评定标准和评定办法，按当地《新建建筑物防雷装置质量管理手册》中的评定标准和评定办法进行评定。

(1)评定程序

1)由负责该新建建筑物防雷装置施工质量监督及竣工验收的质检员在工程质量

监督和具体工作全部完成后,根据上述小项目的质量评定标准填写《新建建筑物防雷装置验收手册》。

2)根据《新建建筑物防雷装置验收手册》中小项目的质量评定结果填写出《新建建筑物防雷装置小项目质量检验评定表》和《新建建筑物防雷装置综合质量检验评定表》。

3)由技术负责人负责把好技术关,并签字后报防雷主管机构批准。对申报"优良"工程的,技术负责人认为有必要时,应到现场复检,以做到认真负责、实事求是。

(2)评定标准及办法

根据小项目质量等级评定情况进行综合评定,共分为四个等级:

1)优良:小项目优良率达 80% 以上,为优良(一等)。

2)良好:小项目优良率>50%,<80%,为良好(二等)。

3)合格:小项目优良率<50%,为合格(三等)。

4)不合格:小项目为不合格时,为不合格(四等)。

3. 跟踪检测工作中常见问题和解决方法

(1)接地体、引下线、接闪器之间的焊接情况:

作为接地体的基础钢筋的焊接、接地体与被用做引下线的柱筋之间的焊接以及该类柱筋之间的焊接,其搭接长度往往不够。有时搭接长度有余,但焊接长度又不够,甚至有的仅是点焊。有的焊接时由于电焊机电流太大而将主筋焊熔太多,从而使结构性能下降;按要求,$\Phi>16$ mm 的柱筋在作为引下线时,可只利用两根柱筋。在实际检测中我们发现有的工程出现了前一层与后一层焊接的柱筋不一致,这将造成引下线不是整体焊接,留下了隐患;引下线的数量虽然不少,但最后与避雷带焊接时往往减少许多,甚至只有很少一部分引下线与避雷带焊接,其余大部分引下线在楼顶女儿墙内被切断等。对于上述情况,我们应该及时提请更正,以杜绝后患。

(2)等电位连接情况:

按规范要求,进出室内的各种金属管道、电梯接地、变压器接地、低压配电线路重复接地、低压引下线设备保护接地以及天面上高于避雷带的各种广告牌、冷却塔、太阳能的金属支架等都要与大楼的联合接地系统作等电位连接。实际跟踪检测中经常发现有遗漏的情况。应及时提请对方更正。另外,卫生间局部等电位引出端的引线往往用材较小,多用 $\Phi6.5$ mm 圆钢加焊 2 mm $\times 2.5$ mm 的扁钢。应更改为 $\Phi8$ mm 圆钢加焊 4 mm $\times 40$ mm 镀锌扁钢。

(3)对于高层建筑的防侧击雷措施情况:

二类防雷建筑高度超过 45 m 或三类防雷建筑高度超过 60 m 时,按 GB 50057—2010 要求,应该在 45 m 或 60 m 以上将外墙上的栏杆、玻璃幕墙的架子、门窗等较大的金属物与防雷装置连接。实际工作中,我们也发现有许多遗漏的情况。这时,我们都要及时提出更正,以免留下安全隐患。

习题与思考题

1. 请叙述阅读电气工程图时的一般顺序。

2. 防雷设计方案应包括哪几部分内容?

3. 电气工程图的"词汇"有哪些?

4. 简述建筑电气工程图的分类。

5. 建筑电气平面图包括哪几种?

6. 写出 GB4728 关于配电的标注格式。

7. 新建防雷工程分阶段分项检测验收的内容有哪些?

8. 利用桩基础作为接地体时利用主筋数量最少不应少于多少条,一般为几条, 应分别有即条桩主筋与承台或地樑中的上下层主筋焊接?

9. 高层建筑物外部防雷装置检测有哪些内容? 应注意哪些事项?

10. 指出下列用电或配电设备名称代表的含义

a. $0.5 \dfrac{XL-14-4200}{BLX-500(3\times25+1\times16)G40-QA}$

b. DW15-600P/3

c. 4-B $\dfrac{2\times60}{3}L$

11. 读图(以下 9 个习题图中有的为图的一部分)

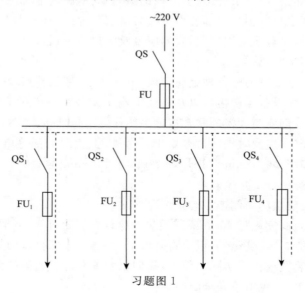

习题图 1

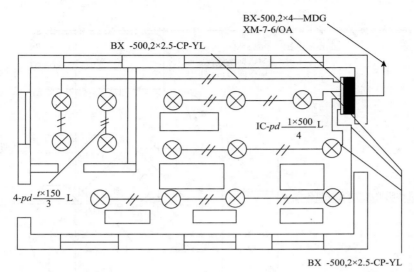

习题图 2

1-钢管接闪器
2-支撑钢板
3-底座钢板
4,5,6-埋地螺栓、螺帽
5-接地引入线

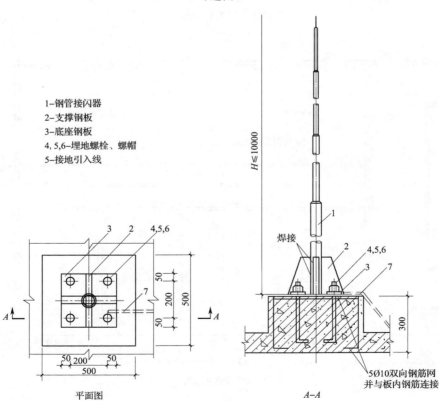

平面图

A-A

习题图 3

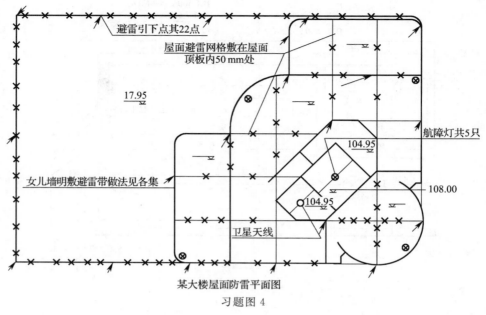

某大楼屋面防雷平面图

习题图 4

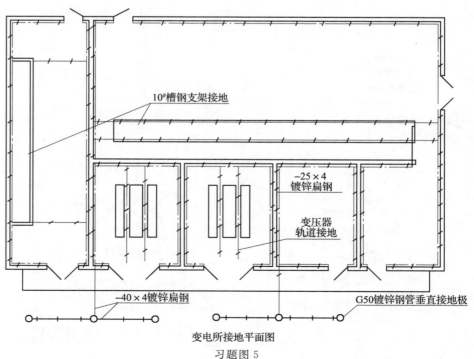

变电所接地平面图

习题图 5

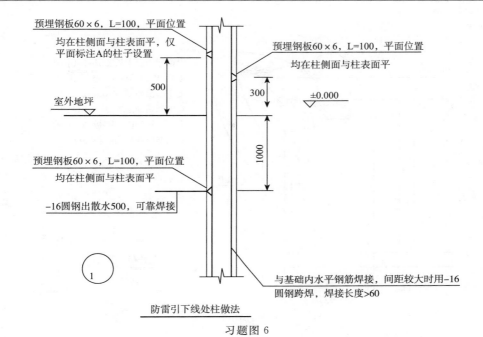

预埋钢板60×6，L=100，平面位置
均在柱侧面与柱表面平，仅
平面标注A的柱子设置

预埋钢板60×6，L=100，平面位置
均在柱侧面与柱表面平

500

300

±0.000

室外地坪

1000

预埋钢板60×6，L=100，平面位置
均在柱侧面与柱表面平

–16圆钢出散水500，可靠焊接

①

与基础内水平钢筋焊接，间距较大时用–16
圆钢跨焊，焊接长度>60

防雷引下线处柱做法

习题图 6

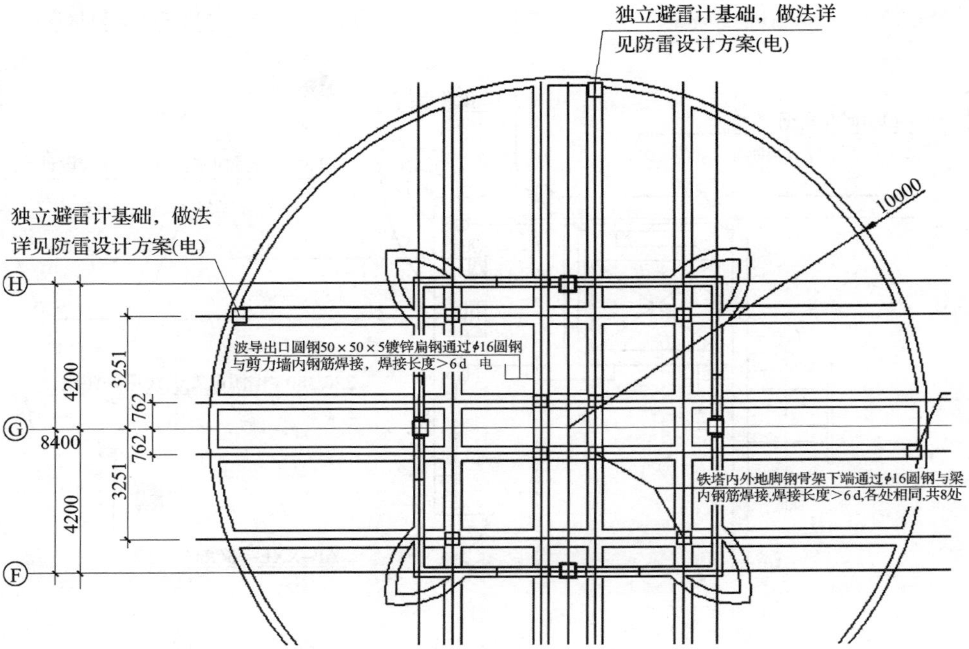

独立避雷计基础，做法详
见防雷设计方案(电)

独立避雷计基础，做法
详见防雷设计方案(电)

10000

Ⓗ

4200

3251

波导出口圆钢50×50×5镀锌扁钢通过φ16圆钢
与剪力墙内钢筋焊接，焊接长度>6 d 电

762

Ⓖ

762

8400

762

762

3251

铁塔内外地脚钢骨架下端通过φ16圆钢与梁
内钢筋焊接，焊接长度>6 d,各处相同,共8处

4200

Ⓕ

习题图 7

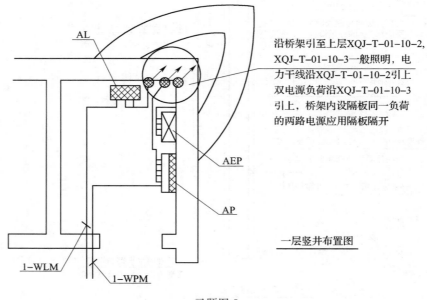

沿桥架引至上层XQJ–T–01–10–2, XQJ–T–01–10–3一般照明, 电力干线沿XQJ–T–01–10–2引上双电源负荷沿XQJ–T–01–10–3引上, 桥架内设隔板同一负荷的两路电源应用隔板隔开

AL

AEP

AP

一层竖井布置图

1–WLM

1–WPM

习题图 8

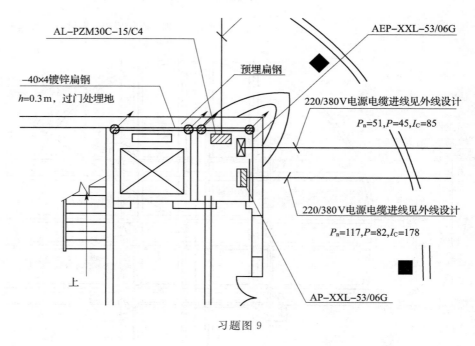

AL–PZM30C–15/C4

–40×4镀锌扁钢
$h=0.3\,\mathrm{m}$, 过门处埋地

预埋扁钢

AEP–XXL–53/06G

220/380V电源电缆进线见外线设计

$P_n=51, P=45, I_C=85$

220/380V电源电缆进线见外线设计

$P_n=117, P=82, I_C=178$

上

AP–XXL–53/06G

习题图 9

第六章　防雷检测有关法律法规

　　防雷减灾是我国防灾减灾可持续发展战略的重要内容之一,关系到国民经济建设、社会发展与稳定和人民生命财产安全。为了加强防雷减灾管理工作,国家以立法的形式出台了一系列法律法规来加强防雷减灾的管理,规范气象灾害防御活动,加强气象灾害防御工作,保障人民生命财产安全,防止和减轻气象灾害造成的损失,促进国家经济社会发展。规范防雷工程检测、设计、施工、审核验收等工作。

　　主要的法律法规有:

　　《中华人民共和国气象法》(主席令第 23 号)

　　《国务院对确需保留的行政审批项目设定行政许可的决定》(国务院第 412 号令)

　　《防雷减灾管理办法》(中国气象局第 8 号令)

　　《防雷工程专业资质管理办法》(中国气象局第 10 号令)

　　《防雷装置设计审核和竣工验收规定》(中国气象局第 11 号令)

　　这些法律法规为增强我国气象灾害防御能力,防止和减轻气象灾害损失,提供了有力的法律保障。是完善自然灾害防御体系,积极应对气候变化,实现人与自然和谐相处的一项重大举措。标志着我国气象灾害防御工作进入了法制化、制度化、规范化的新阶段。

　　现介绍几个主要的法律法规。

§6.1　《中华人民共和国气象法》及理解

　　长期以来,全国气象科技工作者在雷电物理研究、雷电监测和防护技术等方面做了大量的工作,并在国内率先向社会提供避雷装置安全检测,雷电环境评价,防雷系统工程设计,防雷工程设计审核和防雷工程质量监督等服务,已取得防止和减少雷电灾害的明显社会效益。为此,国务院明文规定气象部门负责指导全国防御雷电减灾防灾工作。1999 年 10 月 31 日,第九届全国人民代表大会常务委员会第十二次会议通过《中华人民共和国气象法》(中华人民共和国主席令第 23 号),自 2000 年 1 月 1 日起施行。自此,国家首次明确气象部门作为防雷减灾工作的主管机构。《气象法》

与防雷工作相关的主要条文如下：

第 31 条：各级气象主管机构应当加强对雷电灾害防御工作的组织管理，并会同有关部门指导对可能遭受雷击的建筑物、构筑物和其他设施安装的雷电灾害防护装置的检测工作。

安装的雷电灾害防护装置应当符合国务院气象主管机构规定的使用要求。

第 37 条：违反本法规定，安装不符合使用要求的雷电灾害防护装置的，由有关气象主管机构责令改正，给予警告。使用不符合使用要求的雷电灾害防护装置给他人造成损失的，依法承担赔偿责任。

一、《气象法》第 31 条内容理解

《气象法》第 31 条规定了防御雷电灾害的有关内容。规定了各级气象主管机构在雷电灾害防御工作中的组织管理职责。

长期以来，尽管雷电灾害防御工作得到了各级人民政府及其有关部门的高度重视，雷电灾害防御工作取得了明显的成效，但是，也有许多亟待解决的突出问题。为了明确职责，理顺关系，完善法制建设，强化依法管理，有效地防御和减轻雷电灾害造成的损失，本条明确规定："各级气象主管机构应当加强对雷电灾害防御工作的组织管理"，这是法律赋予各级气象主管机构的权利，也是各级气象主管机构应尽的义务。

本条规定的管理，主要是指对全社会防雷减灾活动的各个方面的规范性管理，主要包括：

1. 组织制定防雷减灾方面的管理法规；
2. 制订全国防雷减灾规划、计划；
3. 组织建立全国雷电监测网；
4. 组织对雷电灾害的研究、监测、预警、灾情调查与鉴定；
5. 对防雷工程的专业设计、施工、检测的监督管理。

此外，为了防御雷电灾害造成的损失，对可能遭受雷击的建筑物、构筑物和其他设施应按规定安装雷电灾害防护装置。但是，这些防护装置是否合格并能真正起到防雷作用，需要定期对其进行检测，为了保证雷电灾害防护装置检测工作的顺利进行，本条要求气象主管机构会同有关部门指导对可能遭受雷击的建筑物、构筑物和其他设施安装的雷电灾害防护装置的检测工作。

本条还规定了安装的雷电灾害防护装置应当符合国务院气象主管机构规定的使用要求。

近年来，由于各类防雷产品的生产经营在我国发展很快，不少国外产品也纷纷打入我国市场。由于防雷产品尚无统一的国家标准，也没有国家级的产品质量检测、测试中心，防雷产品市场较为混乱，产品质量参差不齐，无序竞争严重，一些假冒伪劣防

雷产品,被安装到雷电灾害防护装置上,给国家和人民的生命安全带来极大危害。因此,本条要求安装的雷电灾害防护装置应当符合国务院气象主管机构规定的使用要求。

本条规定的雷电防护装置,是指接闪器、引下线、接地装置、电涌保护器及其他连接导体等防雷产品和设施的总称。

二、《气象法》第三十七条内容理解

本条是关于安装或者使用不符合使用要求的雷电灾害防护装置所应当承担的法律责任的规定。

根据本条规定,安装或者使用不符合使用要求的雷电灾害防护装置所应承担的法律责任形式有两种,即行政责任和民事责任。

1. 行政责任。实施行政处罚的主体是有关气象主管机构;本条规定的行政处罚的种类只有警告,如果执法主体超越了本条所规定的行政处罚种类作出行政处罚决定,行政管理相对人有权拒绝接受。同时,有关气象主管机构可以按照权限对违法行为提出责令改正要求。

2. 民事责任。根据本条规定,凡是使用不符合国务院气象主管机构规定的使用要求的雷电灾害防护装置的,给他人(包括公民、法人和组织)造成经济损失或者其他损失的,应当依照民事法律、法规的规定,承担相应的民事责任。本条规定承担民事责任的方式是赔偿损失。

赔偿责任也称损害赔偿责任,是承担民事法律责任的主要方式之一。按照本条规定,承担赔偿责任的条件是:

第一,使用不符合使用要求的雷电灾害防护装置;

第二,给他人造成损失;

第三,使用不符合使用要求的雷电灾害防护装置同他人的损失之间有着必然的因果关系,即他人的损失是由于使用不符合要求的雷电灾害防护装置造成的。

上述三个条件缺一不可,如果没有使用不符合使用要求的雷电灾害防护装置,或者虽有这一条件,但却未给他人造成损失的,都不应当承担赔偿责任。本条未规定应当如何承担赔偿责任。

按照民事法理论的一般说法,赔偿损失应当坚持完全赔偿的原则,凡属因承担民事责任一方造成的直接经济损失都应当赔偿,同时,赔偿损失也应当坚持公平的原则。

三、其他法规

为了更好地贯彻落实《中华人民共和国气象法》赋予气象部门防雷减灾行政管理职能,进一步加强我国防雷减灾工作,中国气象局 2001 年下发了"中国气象局关于进一步加强防雷减灾工作的意见"(中气法发〔2001〕20号)。2004年又发布了中国气象局令"防雷减灾管理办法"(中国气象局第11号令)(2005年2月1日起实施)。

2006年7月5日,国务院办公厅下发《关于进一步做好防雷减灾工作的通知》(国办发明电〔2006〕28号),要求各地、各部门高度重视当前防雷减灾工作。主要内容如下:

1. 要求各地区、各有关部门要站在全面落实科学发展观、对人民群众生命财产安全极端负责的高度,充分认识防雷减灾工作重要性和当前雷电灾害多发的严峻形势,消除麻痹思想和侥幸心理,切实增强责任感和使命感。

2. 要求各地区、各有关部门要认真贯彻落实"预防为主、防治结合"的方针,按照防雷减灾工作的有关法律法规要求,进一步加强领导,严格落实防雷减灾责任制,要求各地区、各有关部门、各单位要把加强防雷设备设施建设作为预防雷电灾害的重要基础。

3. 石油化工等易燃易爆场所、航空、广播电视、计算机信息系统和学校、宾馆等人口聚集场所以及其他易遭雷击的建筑物和设施,必须按照相关专业防雷设计规范选用和安装防雷装置,特别是架空输电线等电力设施,微波站、卫星地面站等通信设施要严格落实防雷安全措施,确保电力供应和通信畅通。

4. 做到任务逐级分解,责任层层落实,努力减少雷电灾害和损失。

5. 要针对雷击伤亡事件多发生在农村的特点,加快建设农村雷击灾害高发区域的避雷装置。

6. 全面落实雷击森林火灾防范措施。

7. 要认真执行防雷设备设施定期检测制度。

8. 要严格防雷工程的设计审核和竣工验收。

9. 防雷工程设计必须认真执行国家有关技术规范,施工单位必须严格按照设计方案进行施工,并主动接受气象部门的监督,未经验收合格的,不得投入使用。

同年,中国气象局和国家安全生产监督管理总局联合下发的《关于进一步加强防雷安全管理工作的通知》(气发〔2006〕199号)(2006.7.26)要求:

1. 进一步提高对防雷减灾工作重要性的认识;

2. 切实落实防雷安全管理职责;

3. 加强防雷安全监管力度;

4. 加强防雷安全宣传和雷电灾害调查、鉴定工作;

5. 加强执法,严格执行安全生产责任追究制度。

§6.2　《防雷减灾管理办法》及理解

依据《气象法》、《行政许可法》、《国务院 412 号令》,2005 年,中国气象局出台了《防雷减灾管理办法》(中国气象局第 8 号令)。

一、《防雷减灾管理办法》主要内容

1.《防雷减灾管理办法》涉及的主要法律制度:

(1)雷电监测网统一规划和建设制度

①统一规划:国务院气象主管机构应当组织有关部门按照合理布局、信息共享、有效利用的原则,规划全国雷电监测网。

②分级实施:地方各级气象主管机构应当组织本行政区域内的雷电监测网建设。

(2)雷电监测预警制度

①加强雷电灾害预警系统的建设(气象主管机构)。

②开展雷电监测(气象台站)。

③开展雷电预报并及时向社会发布(有条件的气象台站)。

(3)防雷专业资质认定制度

①防雷装置检测单位资质认定

省级气象主管机构负责资质认定,授权省级制定具体办法。

②防雷工程专业设计单位资质认定

分级管理:甲、乙、丙三级(中国气象局 10 号令的依据)。

③防雷工程专业施工单位资质认定

分级管理:甲、乙、丙三级(中国气象局 10 号令的依据)。

(4)防雷装置设计审核和竣工验收制度

县级以上气象主管机构负责具体实施(中国气象局 11 号令的依据)。

(5)防雷装置检测制度

检测类别:

①跟踪检测:新建、扩建、改建工程,逐项检查,验收依据。

②定期检测:一般每年一次,对爆炸危险环境场所每半年检测一次,整改意见(检测单位),限期整改(气象主管机构)。

定期检测所针对的对象:投入使用后的防雷装置实行定期检测制度。

相关义务:

①检测单位——执行国家有关标准和规范,出具检测报告并保证真实性、科学

性、公正性。

②受检单位——主动申报,及时整改,接受监督检查。

(6)雷电灾害调查、鉴定和评估制度;防雷产品管理制度

国务院气象主管机构的职责:

雷电灾害调查、鉴定和评估

各级气象主管机构的职责:

①雷电灾害调查、鉴定和评估

②雷击风险评估(大型建设工程、重点工程、爆炸危险环境)

③向当地人民政府和上级气象主管机构上报本行政区域内的重大雷电灾情和年度雷电灾害情况。

有关组织和个人的义务:

及时报告,协助调查与鉴定。

(7)防雷产品管理制度

防雷产品管理制度设计四个重要环节:

①符合国务院气象主管机构的使用要求

②通过正式鉴定

③测试合格:国务院气象主管机构授权的检验机构

④备案:No.30⋯⋯使用,省气象主管机构备案

(8)专业技术人员管理制度

认定机构:省级气象学会

指导和监督机构:省级气象主管机构

(9)处罚制度

a. 申请单位隐瞒有关情况、提供虚假材料申请资质认定、设计审核或者竣工验收。(No.31)警告,1年。

b. 被许可单位以欺骗、贿赂等不正当手段取得资质、通过设计审核或者竣工验收。(No.32)警告,<3万元罚款;撤销,3年,刑。

c. 涂改、伪造、倒卖、出租、出借、挂靠资质证书、资格证书或者许可文件的。(No.33/1)改正,警告,<3万元罚款;赔;刑。

d. 向负责监督检查的机构隐瞒有关情况、提供虚假材料或者拒绝提供反映其活动情况的真实材料的。(No.33/2)同上。

e. 对重大雷电灾害事故隐瞒不报的。(No.33/3)同上。

f. 不具备防雷检测、防雷工程专业设计或者施工资质,擅自从事防雷检测、防雷工程专业设计或者施工的(No.34/1)同上,无刑。

g. 超出防雷工程专业设计或者施工资质等级从事防雷工程专业设计或者施工

活动的。(No.34/2)改正,警告,<3万元罚款;赔。

　　h.防雷装置设计未经当地气象主管机构审核或者审核未通过,擅自施工的。(No.34/3)改正,警告,<3万元罚款;赔。

　　i.防雷装置未经当地气象主管机构验收或者未取得合格证书,擅自投入使用的。(No.34/4)改正,警告,<3万元罚款;赔。

　　j.应当安装防雷装置而拒不安装的。(No.34/5)同上。

　　k.使用不符合使用要求的防雷装置或者产品的。(No.34/6)同上。

　　l.已有防雷装置,拒绝进行检测或者经检测不合格又拒不整改的。(No.34/7)同上

　　2.适用范围

　　在中华人民共和国领域和中华人民共和国管辖的其他海域内从事防雷减灾活动的组织和个人,应当遵守本办法。

　　3.职责分工

　　(1)国务院气象主管机构职责:组织管理和指导全国防雷减灾工作。

　　(2)地方气象主管机构职责:在上级气象主管机构和本级人民政府的领导下,负责组织管理本行政区域内的防雷减灾工作。

　　(3)国务院其他有关部门和地方各级人民政府其他有关部门:应当按照职责做好本部门和本单位的防雷减灾工作,并接受同级气象主管机构的监督管理。

　　4.防雷减灾工作原则

　　(1)安全第一

　　(2)预防为主

　　(3)防治结合

　　5.涉外规定

　　(1)行政许可:外国组织和个人在中华人民共和国领域和中华人民共和国管辖的其他海域从事防雷减灾活动,应当经国务院气象主管机构会同有关部门批准。

　　(2)备案:在当地省级气象主管机构备案,接受当地省级气象主管机构的监督管理。

§6.3　《防雷装置设计审核和竣工验收规定》及理解

　　2004年,国务院出台《国务院对确需保留的行政审批项目设定行政许可的决定》(国务院第412号令),2004年7月1日起正式实施。该决定将防雷装置的设计审核和竣工验收列为行政许可项目。中国气象局据此出台了《防雷工程专业资质管理办法》(中国气象局第10号令)和《防雷装置设计审核和竣工验收规定》(中国气象局第

11 号令)。

一、《防雷装置设计审核和竣工验收规定》主要内容

1. 一般规定

适用范围:防雷装置设计审核与竣工验收工作。

职责分工:

①县级以上地方气象主管机构负责本行政区域内防雷装置的设计审核和竣工验收工作。未设气象主管机构的县(市),由上一级气象主管机构负责防雷装置的设计审核和竣工验收工作。

②上级气象主管机构应当加强对下级气象主管机构防雷装置设计审核和竣工验收工作的监督检查,及时纠正违规行为。

基本原则:

①防雷装置的设计审核和竣工验收工作应当遵循公开、公平、公正以及便民、高效和信赖保护的原则。

②防雷装置设计审核和竣工验收的程序、文书等应当依法予以公示。

③防雷装置设计未经审核同意的,不得交付施工。防雷装置竣工未经验收合格的,不得投入使用。

④三同时原则:新建、改建、扩建工程的防雷装置必须与主体工程同时设计、同时施工、同时投入使用。

2. 法定范围

防雷装置设计审核和竣工验收规定适用范围是下列建(构)筑物或者设施的防雷装置:

①《建筑物防雷设计规范》规定的一、二、三类防雷建(构)筑物;

②油库、气库、加油加气站、液化天然气、油(气)管道站场、阀室等爆炸危险环境设施;

③邮电通信、交通运输、广播电视、医疗卫生、金融证券,文化教育、文物保护单位和其他不可移动文物、体育、旅游、游乐场所以及信息系统等社会公共服务设施;

④按照有关规定应当安装防雷装置的其他场所和设施。

3. 主要法律制度

防雷装置设计审核和竣工验收规定涉及的法律制度有:

(1)设计审核制度

(2)竣工验收制度

(3)监督检查制度

二、防雷装置设计审核

1. 防雷装置设计审核内容：

(1)申请材料的合法性和内容的真实性

①申请防雷装置施工图设计审核应当提交以下材料：

a.《防雷装置设计审核申请书》(附表3)；

b. 防雷工程专业设计单位和人员的资质证和资格证书；

c. 防雷装置施工图设计说明书、施工图设计图纸及相关资料；

d. 设计中所采用的防雷产品相关资料；

e. 经当地气象主管机构认可的防雷专业技术机构出具的有关技术评价意见。

②防雷装置未经过初步设计的，应当提交总规划平面图；经过初步设计的，应当提交《防雷装置初步设计核准书》。

(2)防雷装置设计是否符合国务院气象主管机构规定的使用要求和国家有关技术规范标准。

2. 法律后果：

(1)施工单位应当按照经核准的设计图纸进行施工。

(2)在施工中需要变更和修改防雷设计的，必须按照原程序报审。

3. 防雷装置设计审核流程(见图 6-1)

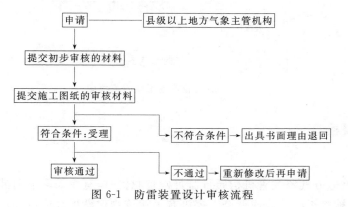

图 6-1 防雷装置设计审核流程

三、防雷装置竣工验收

1. 竣工验收内容：

(1)申请材料的合法性和内容的真实性；

(2)安装的防雷装置是否符合国务院气象主管机构规定的使用要求和国家有关

技术规范标准,是否按照审核批准的施工图施工。

2. 法律后果:

(1)不合格的,整改完成后,按照原程序进行验收。

(2)未经验收合格的,不得投入使用。

3. 防雷装置竣工验收应当提交的材料

(1)《防雷装置竣工验收申请书》;

(2)《防雷装置设计核准书》;

(3)防雷工程专业施工单位和人员的资质证和资格证书;

(4)由省、自治区、直辖市气象主管机构认定防雷装置检测资质的检测机构出具的《防雷装置检测报告》;

(5)防雷装置竣工图等技术资料;

(6)防雷产品出厂合格证、安装记录和由国家认可防雷产品测试机构出具的测试报告。

4. 防雷装置竣工验收流程(见图 6-2)

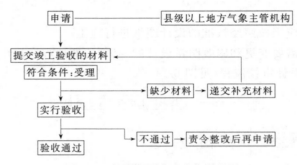

图 6-2　防雷装置竣工验收流程图

四、监督检查

1. 对外:

县级以上地方气象主管机构履行监督检查职责时,有权采取下列措施:

(1)要求被检查的单位或者个人提供有关建筑物建设规划许可、防雷装置设计图纸等文件和资料,进行查询或者复制;

(2)要求被检查的单位或者个人就有关建筑物防雷装置的设计、安装、检测、验收和投入使用的情况作出说明;

(3)进入有关建筑物进行检查。

县级以上地方气象主管机构进行防雷装置设计审核和竣工验收监督检查时,有

关单位和个人应当予以支持和配合,并提供工作方便,不得拒绝与阻碍依法执行公务。(No.28)

2. 对内

(1)县级以上地方气象主管机构进行防雷装置设计审核和竣工验收的监督检查时,不得妨碍正常的生产经营活动,不得索取或者收受任何财物和谋取其他利益。(No.25)

(2)从事防雷装置设计审核和竣工验收的监督检查人员应当经过培训,经考核合格后,方可从事监督检查工作。(No.29)

五、罚则

第三十条　申请单位隐瞒有关情况、提供虚假材料申请设计审核或者竣工验收许可的,有关气象主管机构不予受理或者不予行政许可,并给予警告。(注意无1年)

第三十一条　申请单位以欺骗、贿赂等不正当手段通过设计审核或者竣工验收的,有关气象主管机构按照权限给予警告,撤销其许可证书,可以处三万元以下罚款;构成犯罪的,依法追究刑事责任。

第三十二条　违反本规定,有下列行为之一的,由县级以上气象主管机构按照权限责令改正,给予警告,可以处三万元以下罚款;给他人造成损失的,依法承担赔偿责任;构成犯罪的,依法追究刑事责任:

(1)涂改、伪造防雷装置设计审核和竣工验收有关材料或者文件的;

(2)向监督检查机构隐瞒有关情况、提供虚假材料或者拒绝提供反映其活动情况的真实材料的;

(3)防雷装置设计未经有关气象主管机构核准,擅自施工的;

(4)防雷装置竣工未经有关气象主管机构验收合格,擅自投入使用的。

六、如何理解防雷装置设计审核和竣工验收行政许可

防雷装置设计审核和竣工验收行政许可,是指县级以上地方气象主管机构,根据《中华人民共和国行政许可法》依法对防雷装置的设计审核和竣工验收进行的行政审批,是各级气象主管机构代表当地政府实施的社会管理职能,不允许收取任何费用。防雷装置设计审核和竣工验收的行政许可必须严格按照《行政许可法》的有关规定和中国气象局令第11号《防雷装置设计审核和竣工验收规定》的程序和要求实施。对应当经过行政许可而未经许可而实施的违法行为,各级气象主管机构应按照有关法律法规的规定依法给予行政处罚。

防雷装置设计审核和竣工验收行政许可的实施分为两个阶段,即受理阶段和许

可阶段。

防雷装置设计审核和竣工验收行政许可的受理是指建设单位根据许可程序依法向各级气象主管机构提交申请许可所必需的申请材料，申请材料齐全，审批窗口负责办理许可的工作人员代表气象主管机构予以受理，并对申请单位出具盖有行政许可受理章的受理回执，作为行政许可受理的书面凭证。

许可阶段是指实施许可的行政机关（即各级气象主管机构），在《行政许可法》规定的期限内，依法对申请单位所提交的材料进行核实审查，确认其真实性和合法性，然后做出准予许可或不予许可的决定，并出具盖有行政机关公章的许可证明或不予许可的说明。

七、防雷装置设计审核技术服务与行政许可的区别

防雷装置的技术审核是指具备防雷装置检测资质的技术机构，经气象主管机构授权或委托，对防雷装置的设计方案和施工图纸进行的技术论证和评价，是由技术机构对社会提供的一种技术服务，要求参与论证或评价的人员必须经过由省级气象学会组织的统一考试，取得防雷工程设计和防雷装置检测资格，方可从事该项工作。

各级防雷中心对新建、改建、扩建的防雷装置施工图纸进行的审查，均属于防雷装置的技术审核，可按有关收费标准对送审单位收取适当的技术服务费，并严格按照有关技术规范进行审查，出具由审核员签名的技术评价意见，并对审查结论负责。

中国气象局令第 11 号第九条中对申请防雷装置施工图设计审核应当提交的资料，是针对行政许可而言的，而不是防雷中心进行技术审核的必备资料，因此防雷中心在具体的技术审核中，不应按该条规定要求建设单位提供施工图技术审查所必需的材料之外的其他材料。

第九条第（五）项中要求，申请许可需提供经当地气象主管机构认可的防雷专业技术机构出具的有关技术评价意见。是指由各级防雷中心在技术审核中出具的防雷装置施工图技术评价意见，是防雷装置设计审核行政许可的前置条件，是实施许可的技术依据。

值得注意的是，在具体操作过程中，许可人员混淆行政许可和技术审核的区别，对申请许可需提交的材料不清楚，对申请单位申请材料不齐全或者不符合法定形式的，不能及时告知申请单位需要补正的材料内容或者只是口头告知而不下达书面补正通知，或将接收的部分申请材料（比如施工图纸）直接交由防雷中心进行技术审核。由于许可人员不按要求出具《防雷装置设计审核资料补正通知》等违规操作，按照《中华人民共和国行政许可法》第三十二条第（四）项规定，对申请材料不齐全或者不符合法定形式，逾期不告知的，自收到申请材料之日起即为受理。从而与申请单位形成了事实上的受理关系，申请单位也误以为已接受受理，以致造成一些不必要的误解，为

后续的执法工作带来诸多不利影响。

例如,由于混淆了行政许可与技术服务的区别,申请许可的单位容易将防雷中心技术审核过程中的收费行为误认为是行政许可发生的收费。

由于防雷中心对施工图进行技术审核需要一定的时间,且在具体实施过程中由于收费等原因,申请许可单位往往在很长时间内拿不到防雷装置设计评价意见,使气象主管机构不能及时做出许可决定,从而造成许可机关事实上的不作为。

目前,我国各省、地市开展防雷装置的设计审核多为防雷装置施工图的设计审核,各级气象主管机构在受理许可的过程中,必须严格审查申请单位提交的有关资料,对规定中申请审核许可应提交的材料中的五个条件缺一不可,且不可不做任何说明接受申请单位的申请资料。

需要注意的是,防雷装置设计审核行政许可的受理,应在专门的行政许可窗口进行,不可由防雷中心代办代收,气象主管机构对防雷装置设计审核做出许可决定的,应出具加盖气象局公章的《防雷装置设计核准书》。

八、防雷装置竣工验收技术服务与行政许可的区别

防雷装置竣工验收技术服务是指防雷装置的分阶段检测,包括施工过程中的跟踪检测和工程完工后的竣工检测,是依法取得防雷检测资质的检测机构(以下简称法定防雷检测机构)根据建筑物的工程进度,由防雷检测技术人员在不同的施工阶段对建筑物防雷设施的施工质量实施的跟踪监督检查和测试,属于防雷技术有偿服务的范畴,检测机构按照有关物价标准收取防雷检测费,出具防雷装置检测报告,并对检测结果的真实性承担法律责任。

各级防雷中心的检测站(所)等,是由省气象主管机构认定的、具有防雷装置检测资质的法定检测机构,依法从事的防雷装置的常规年检和对新建建筑物防雷装置的跟踪检测和竣工验收,均属于防雷装置检测技术服务。

检测机构对新建建筑物实施的跟踪验收(分阶段检测),必须实事求是地出具《防雷装置检测技术报告》,且检测技术报告所盖公章必须与检测资质名称一致。防雷中心不得以任何形式向建设单位直接发放《防雷装置竣工验收合格证》,只能出具技术报告。

防雷装置竣工验收行政许可,是各级气象主管机构依法对建设单位的工程项目防雷装置是否具备投入使用条件做出的许可,建设项目只有依法取得由气象主管机构核发的《防雷装置竣工验收合格证》后,工程才能交付使用。

中国气象局令第 11 号第十六条规定的防雷装置竣工验收应提交的材料,是指防雷装置竣工验收许可所必需的材料,其中第(四)项规定由省、自治区、直辖市气象主管机构认定防雷装置检测资质的检测机构出具的《防雷装置检测报告》,是防雷装置

竣工验收许可的前置条件。许可机构只有在申请单位所提交的六项申请材料齐全后,才能受理许可,同时出具受理回执,并在规定期限内依法做出许可决定。

总之,各级气象主管机构在收到全部申请材料之后,应严格按照《中华人民共和国行政许可法》和《防雷装置设计审核和竣工验收规定》规定的审核内容做出受理或不予受理的书面决定,出具有关许可证明。只有彻底分清管理和服务的界限,正确理解和认真履行好管理职能,不断规范和完善自身行为,才能使防雷事业向着更加健康的方向发展。

附录 1　建筑物防雷装置检测技术规范的附录文件（附录 A～附录 H）

（GB/T 21431—2008）

附　录　A
（规范性附录）
爆炸火灾危险环境分区和防雷分类

A.1　爆炸火灾危险环境分区

表 A.1 列举了 0 区、1 区、2 区、21 区、22 区和 23 区共 8 种爆炸火灾危险环境分区的示例，用于按 GB 50057—2010 第 3 章要求对建筑物的防雷分类。

表 A.1　爆炸火灾危险环境分区的示例

0 区	正常情况下能形成爆炸性混合物（气体或蒸汽爆炸性）的爆炸危险场所
	油漆车间：非桶装的地下贮漆间
	石油库：易燃油品灌油间和油罐呼吸阀、量油孔 3 m 内的空间
	汽车加油站：埋地卧式汽油储罐内部油表面以上空间
1 区	在不正常情况下能形成爆炸性混合物（气体或蒸汽爆炸性）的爆炸危险场所
	油漆车间：喷漆室（连续式烘干室，距门框 6 m 以内的空间）；桶装贮漆间；油漆干燥间、漆泵间
	线圈车间：浸漆车间
	线缆车间：漆包线工部
	发生炉煤气站：机器间、加压室、煤气分配间
	乙炔站：发生器间、乙炔压缩机间、电石间、丙酮库、乙炔汇流排间、净化器间、罐瓶间、空瓶间和实瓶间
	液化石油气配气站
	天然气配气站
	电气室：固定式蓄电池
	汽车库：携带式蓄电池充电间、硫化间和汽化器间
	蓄电池车间：蓄电池充电间

（续表）

1区	石油库:易燃油品的油泵房、阀室;易燃油品桶装库房;易燃油罐的 3 m 范围内的空间;易燃油品人工洞库区的主巷道、支巷道、上引道、油泵房,油罐操作间,油罐室等
	汽车加油加气站:加油机壳体内部空间;埋地卧式汽油储罐人孔(阀)井内部空间;以通气管管口为中心,半径 1.5 m 的球形空间及以密闭卸油口为中心,半径 0.5 m 的球形空间
	汽车加油加气站:液化石油加气机内部空间;埋地液化石油气储罐人孔(井)井内部空间和以卸车口为中心,半径为 1 m 的球形空间;地上液化石油气储罐以卸车口为中心,半径为 1 m 的球形空间;液化石油气压缩机、泵、法兰、阀门或类似附件的房间内部空间
	汽车加油加气站:压缩天然气加气机壳体内部空间;天然气压缩机、阀门、法兰或类似附件的房间的内部空间;存放压缩天然气储气瓶组的房间内部空间
	燃气制气车间:焦炉地下室、煤气水封室、封闭煤气预热室;侧喷式焦炉分烟道走廊;焦炉煤塔下直接式计器室;直立炉顶部
	燃气制气车间:油制气车间排送机室;油制气控制室
	燃气制气车间:水煤气车间生产厂房、水煤气排送机间、水煤气管道排水器间;室外缓冲气罐、罐顶和罐壁外 3 m 以内;煤气计量器室
	燃气制气车间:煤气净化车间、鼓风机;吡啶回收装置及贮罐;室外浓氨水槽;粗苯产品泵房、干法脱硫箱室、萃取脱酚泵房
2区	在不正常情况下形成爆炸性混合物可能性较小的爆炸危险的场所
	热处理车间:加热炉的地下部分
	金加工、装配车间:装配线上的喷漆室及距烘室门柜 6 m 以内的空间
	油漆车间:涂漆室(非连续式烘干室距门柜 6 m 的空间内)
	发生炉煤气站:发生炉间、电气滤清器;洗涤塔;下喷式焦炉分烟道走廊;煤塔、炉间台和炉端台底层;集气管直接式计器室;直立炉一般操作层和空间;煤气排送机间、煤气管道排水器间、室外设备和煤气计量器室
	燃气制气车间:油制气车间室外设备
	燃气制气车间:水煤气车间室外设备
	燃气制气车间:煤气净化车间初冷器;电捕焦油器;硫铵饱和器;吡啶回收装置及贮槽;洗萘、终冷、洗氨、洗苯和脱硫等塔;蒸氨装置、粗苯蒸馏装置、粗苯油水分离器、粗苯贮槽、再生塔、煤气放散装置、干法脱硫箱、萃取脱酚萃取塔和氨水泵房
	乙炔站:气瓶修理间;干渣堆物;露天设置的贮气罐
	石油库:易燃油品油泵棚和露天油泵站;易燃油品桶装油品敞棚和场地
	汽车加油加气站:以加油机中心线为中心线,以半径 4.5 m 的地面区域为底面和以加油机顶部以上 0.15 m,半径为 3 m 的平面为顶面的圆台形空间;埋地卧式汽油储罐距入孔(阀)井外边缘 1.5 m 以内,自地面算起 1 m 高的圆柱形空间;以通气管管口为中心,半径为 3 m 的球形空间;以密闭卸油口为中心,半径为 1.5 m 的球形并延至地面的空间

（续表）

2 区	汽车加油加气站:以加气机中心线为中心线,以半径为 5 m 的地面区域为底面和以加气机顶部以上 0.15 m,半径为 3 m 的平面为顶面的圆台形空间;埋地液化石油气储罐距入孔(阀)井边缘 3 m 以内。自地面算起 2 m 高的圆柱形空间;以放散管管口为中心,半径为 3 m 的球形并延至地面的空间、以卸车口为中心,半径为 3 m 球形并延至地面的空间。地上液化石油气储罐以放散管管口为中心,半径为 3 m 的球形空间、距储罐外壁 3 m 范围内并延至地面的空间、防火堤内与防火堤等高的空间、以卸车口为中心,半径为 3 m 的球形并延至地面的空间。露天或棚内设置的液化石油气泵、压缩机、阀门和法兰等距释放源壳体外缘半径为 3 m 范围内的空间和距释放源壳体外缘 6 m 范围内。自地面算起 0.6 m 高的空间。液化石油气泵、压缩机、阀门和法兰等在有孔、洞或开式墙时,以孔、洞边缘为中心半径 3 m 以内与房间等高的空间和以释放源为中心,半径为 6 m 以内,自地面算起 0.6 m 高的圆柱形空间。压缩天然气加气机以中心线为中心线,半径为 4.5 m 高度为地面向上至加气机顶部以上 0.5 m 的圆柱形空间。室外或棚内压缩天然气储气瓶组(储气瓶)以放散管管口为中心,半径为 3 m 的球形空间和距储气瓶壳体(储气瓶)4.5 m 以内并延至地面的空间。天然气压缩机、阀门、法兰等在有孔、洞或开式墙的房间内,以孔、洞边缘为中心半径 3 m 至 7.5 m 以内至地面的空间。露天(棚)设置的天然气压缩机、阀门、法兰等壳体 7.5 m 以内延至地面的空间。存放压缩天然气瓶组的房间有孔、洞或开式墙外,以孔、洞边缘为中心,半径 R 以内并延至地面的空间
	正常情况下能形成粉尘或纤维爆炸性混合物的爆炸危险场所 注:正常情况指连续出现或长期出现爆炸性粉尘环境
	爆炸危险区域的划分应按爆炸性粉尘的量、爆炸极限和通风条件来确定,引燃温度分为 T1—3(150℃＜ t≤200℃)、T1—2(200℃＜ t≤270℃)和 T1—1(t＞270℃)三组。为爆炸性粉尘环境服务的排风机室,应与被排风区域的爆炸危险区域等级相同
	煤气净化车间:室外脱硫剂再生装置
	正常情况下不能形成,但在不正常情况下能形成粉尘或纤维爆炸性混合物的爆炸危险场所 注:11 区指有时会将积留下的粉尘物起而偶然出现爆炸性粉尘混合物的环境
	煤气净化车间:硫黄仓库(室内)
21 区	在生产过程中,产生、使用、加工贮存或转运闪点高于场所环境温度的燃液体,在数量和配置上能引起火灾危险的场所
	可燃液体如:柴油、润滑油、变压器油等
	石油库:油泵房和阀室内有可燃油品;油泵棚或露天油泵站有可燃油品;可燃油品的灌油间;可燃油品桶装库房;可燃油品桶装棚或场地;可燃油品的油罐区;可燃油品的铁路装卸设施或码头;存放可燃油品的人工洞库中的主巷道、支巷道、上引道、油泵房、油罐操作间、油罐室等;石油库内化验室、修洗桶间和润滑油再生间
	热处理车间:地下油泵间、贮油槽间、井式煤气
	金加工、装配车间:乳化脂配制车间
	修理车间:油洗间、变压器修理或拆装间、油料处理间、变压器油贮放间和油泵间

(续表)

21 区	线缆车间:干燥浸油工部
	电碳车间和锅炉房:重油泵间
	发生炉煤气站:焦徊泵房和焦油库
	汽车库:停车间下部(电气设备安装高度低于 1.8 m、线路低于 4 m 处)
	机车库:油料分发室、防水锈剂室
	燃气制气车间:油制气泵房(室内)
	燃气制气车间:煤气净化车间的室外焦油氨水分离装置及贮槽、室外终冷洗萘油贮槽、洗油贮槽(室外)、化验室等
22 区	在生产过程中,悬浮状、堆积状的可燃粉尘或可燃纤维不可能形成爆炸性混合物,但在数量和配置上能引起火灾危险的场所
	可燃粉尘如:铝粉、焦炭粉、煤粉、面粉、合成树脂粉等。可燃纤维如:棉花、麻、丝、毛、木质和合成纤维等
	铸造车间:煤的球磨机间
	木工车间:大锯间
	线圈车间:浸胶车间
	锅炉房:煤粉制备间、碎煤机室、运煤走廊、天然气调压间
	发生炉煤气站:受煤斗室、输碳皮带走廊、破碎筛分间、运煤栈桥
	燃气制气车间:制气车间室内的粉碎机、胶带通廊、转运站、配煤室、煤库和贮焦间
	燃气制气车间:直立炉的室内煤仓、焦仓和操作层
	燃气制气车间:水煤气车间内煤斗室、破碎筛分间和运煤胶带通廊
	燃气制气车间:发生炉车间内敞开建筑或无煤气漏入的贮煤层,运煤胶带通廊和煤筛分间
23 区	具有固体状可燃物质,在数量和配置上能引起火灾危险的环境
	固体状可燃物质如:煤、焦炭、木等
	木工车间:机床工部、机械模型工部、手工制模工部;木材存放间;木制冷却间、装配工部
	修理车间:木工修理和木备料部
	电碳车间:加油浸渍工部
	发生炉煤气站:煤库
	机车库:擦料贮存室
	图书室,资料库、档案库、晒图室
	露天煤场

注:表 A.1 中内容选自 GB 50058—1992《爆炸和火灾危险环境电力装置设计规范》及 GB 50028—1993《城镇燃气设计规范》、GB 50031—1991《乙炔站设计规范》、GB 50156—2002《汽车加油加气站设计和施工规范》、GB 50074—2002《石油库设计规范》和 GB 50195—1994《发生炉煤气站设计规范》等标准。

A. 2　烟花爆竹工厂的危险场所类别见表 A. 2

表 A. 2　工作间和仓库的危险场所类别

名称	危险等级	工作间和仓库名称	危险场所类别	防雷等级
黑火药	A₃	三成分混合,造粒,干燥,凉药,筛选,包装	I	一
	C	硫炭二成分混合,硝酸钾干燥、粉碎和筛选,硫、炭粉碎和筛选	Ⅲ	三
烟火药	A₂	含氯酸盐或高氯酸盐的烟火药、摩擦类药剂、爆炸音剂、笛音剂等的混合或配制、造粒、干燥、凉药	I	一
	A₃	不含氯酸盐或高氯酸盐的烟火药的混合或配制、造粒、干燥、凉药		
	C	称原料、氯酸钾和过氯酸钾粉碎、筛选	Ⅲ	三
爆竹	A₂	含氯酸盐或高氯酸盐的爆竹药的混合或配制、装药	I	一
	A₃	不含氯酸盐或高氯酸盐的爆竹药的混合、装药	I	
		已装药的钻孔、切引、机械压药	Ⅱ	二
	C	称原料,不含氯酸盐或高氯酸盐的爆竹药的筑药,插引,挤引,结鞭,包装	Ⅲ	三
烟花	A₂	筒子并装药装珠,上引线,干燥	I	一
	A₃	筒子单发装药,筑药,机械压药,钻孔,切引	Ⅱ	二
	C	蘸药,按引,组装,包装	Ⅲ	三
礼花弹	A₂	称量,装药,装珠,晒球,干燥	I	一
	A₃	上发射药,上引线	Ⅱ	二
	C	油球,打皮,皮色,包装	Ⅲ	三
引火线	A₂	含氯酸盐的引药的混合、干燥、凉药、制引、浆引、凉干、包装	I	一
	A₃	黑药的三成分混合、干燥、凉药、制引、浆引、凉干、包装		
	C	硫、碳二成分混合,硝酸钾干燥、粉碎和筛选,硫、碳粉碎和筛选	Ⅲ	三
	C	氯酸钾粉碎和筛选	Ⅱ	二
仓库	A₂	引火线,含氯酸盐或高氯酸盐的烟花药、爆竹药、爆炸音剂、笛音剂	I	一
	A₃	黑火药,不含氯酸盐或高氯酸盐的烟火药、爆竹药,大爆竹,单个产品装药在 40 g 以上的烟花或礼花弹,已装药的半成品,黑药引火线		
	C	中、小爆竹,单个产品装药在 40 g 以下的烟花或礼花弹	Ⅱ	二

注:表 A. 2 选自 GB 50161—1992《烟花爆竹工厂设计安全规范》。

A.3　民用爆破器材工厂的危险区域和防雷类别见表 A.3 和 A.4

表 A.3　工作间危险区域和防雷类别

危险品分类		工作间名称	危险区域	防雷类别
粉状铵梯炸药、粉状铵梯油炸药		梯恩梯粉碎,梯恩梯称量	F1 区	Ⅰ
		混药、筛药、凉药、装药、包装	F2 区	Ⅰ
		硝酸铵粉碎、干燥	F2 区	Ⅱ
		运送炸药的敞开或半敞开式廊道	F2 区	Ⅱ
		运送炸药的封闭式廊道	F1 区	Ⅰ
铵油炸药、铵松蜡炸药、铵沥蜡炸药		混药、筛药、凉药、装药、包装	F1 区	Ⅰ
		硝酸铵粉碎、干燥	F2 区	Ⅱ
多孔粒状铵油炸药		混药、包装	F1 区	Ⅰ
粒状黏性炸药		混药、包装	F1 区	Ⅰ
		硝酸铵粉碎、干燥	F2 区	Ⅱ
水胶炸药		硝酸甲胺的制造和浓缩、混药、凉药、装药、包装	F1 区	Ⅰ
		硝酸铵粉碎、筛选	F2 区	Ⅱ
浆状炸药		熔药、混药、凉药、包装	F1 区	Ⅰ
		梯恩梯粉碎	F1 区	Ⅰ
		硝酸铵粉碎	F2 区	Ⅱ
乳化炸药		乳化,乳胶基质冷却,乳胶基质贮存、敏化、敏化后保温(或凉药)、贮存、装药、包装	F1 区	Ⅰ
		硝酸铵粉碎、硝酸钠粉碎	F2 区	Ⅱ
传爆药柱	黑梯药柱	熔药、装药、凉药、检验、包装	F1 区	Ⅰ
	梯恩梯药柱	压制、检验、包装	F1 区	Ⅰ
铵梯黑炸药		铵梯黑三成分混药、筛选、凉药、装药、包装	F1 区	Ⅰ
		铵梯二成分轮碾机混合	F1 区	Ⅰ
太乳炸药		制片、干燥、检验、包装	F1 区	Ⅰ
导火索		黑火药三成分混药、干燥、凉药、筛选、包装,导火索生产中黑火药准备	F0 区	Ⅰ
		导火索制索、盘索、烘干、普检、包装	F2 区	Ⅱ
		硝酸钾粉碎、干燥	F2 区	Ⅱ

（续表）

导爆索	黑索金或太安的筛选、混合、干燥导爆索的包塑、涂索、烘索、盘索、普检、组批、包装	F1 区	I
	导爆索制索	F1 区	I
	黑索金或太安的筛选、混合、干燥	F1 区	I
雷管（包括火雷管、电雷管、导爆管雷管）	黑索金或太安的造粒、干燥、筛选、包装	F1 区	I
	雷管干燥，雷管烘干	F1 区	I
	二硝基重氮酚制造（包括中和、还原、重氮、过滤）	F1 区	I
	二硝基重氮酚的干燥、凉药、筛选，黑索金或太安的造粒、干燥、筛选	F1 区	I
	火雷管装药、压药、电雷管和导爆管雷管装配	F1 区	I
	雷管检验、包装、装箱	F1 区	I
	引火药剂制造（包括引火药头用的引火药剂和延期药用的引火药）	F1 区	I
	引火药头制造	F1 区	I
	延期药的混合、造粒、干燥、筛选、装药、延期体制造	F1 区	I
	雷管试验站	F2 区	II
	二硝基重氮酚废水处理	F2 区	II
塑料导爆管	奥克托金或黑索金的粉碎、干燥、筛选、混合	F1 区	I
	塑料导爆管制造	F1 区	I
继爆管	装配、包装	F1 区	I
射孔器材（包括射孔弹、穿孔弹等）炸药暂存	炸药暂存	F1 区	I
	烘干、称量、压药、装配、包装	F1 区	I
	射孔弹试验室或试验塔	F2 区	I
雷源药柱	高密度	炸药准备、熔混药、装药、压药、凉药、装配、检验、装箱	F1 区	I
	中低密度	炸药准备、震源药柱检验和装箱	F1 区	I
		装药、压药、钻孔、装传爆药柱	F1 区	见 5.1.1.1.1.1
爆裂管	切索、装药、包装	F1 区	I
理化试验室	黑火药、炸药、起爆药的理化试验室	F2 区	II

注 1：在雷管制造中所用药剂（包括单组分药剂或多组分药剂），其作用和起爆药类似者，此类药剂制造的工作间危险区域，应按表内二硝基重氮酚确定。

注 2：表 A.3 选自 GB 50089—1998《民用爆破器材工厂设计安全规范》。

表 A.4 库房危险区域和防雷类别

危险品库房名称	危险区域	防雷类别
黑索金、太安、奥克托金、黑梯药柱、铵梯黑炸药	F0 区	I
干或湿的二硝基重氮酚	F0 区	I
梯恩梯、苦味酸、雷管(包括火雷管、电雷管、导爆管雷管)、导爆索、梯恩梯药柱、继爆管、爆裂管、太乳炸药、震源药柱(高密度)	F0 区	I
粉状铵梯炸药、粉状铵梯油炸药、铵油炸药、铵松蜡炸药、铵沥蜡炸药、多孔粒状铵油炸药、粒状黏性炸药、水胶炸药、浆状炸药、乳化炸药、震源药柱(中、低密度)、黑火药	F0 区	I
射孔弹	F0 区	I
延期药	F0 区	I
导火索	F0 区	I
硝酸铵、硝酸钠	F2 区	II
硝酸钾、高氯酸钾	F2 区	II
塑料导爆管	—	—

注1:在雷管制造中所用药剂(包括单组分药剂或多组分药剂),其作用和起爆药类似者,此类药剂制造的工作间危险区域,应按表内二硝基重氮酚确定。

注2:表 A.4 选自 GB 50089—1998《民用爆破器材工厂设计安全规范》。

附　录　B

（规范性附录）

接地装置冲击接地电阻与工频接地电阻的换算

B.1　接地装置冲击接地电阻与工频接地电阻的换算应按下式确定：

$$R_\sim = A R_i \quad\cdots\cdots\cdots\cdots\cdots\cdots\cdots\cdots\cdots\cdots\text{（B.1）}$$

式中：

　　$R_\sim$——接地装置各支线的长度取值小于或等于接地体的有效长度 l_e 或者有支线大于 l_e 而取其等于 l_e 时的工频接地电阻（Ω）；

　　A——换算系数，其数值宜按图 B.1 确定；

　　R_i——所要求的接地装置冲击接地电阻（Ω）。

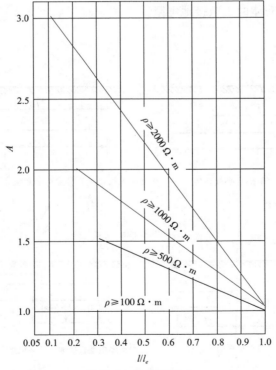

图 B.1　换算系数 A

注：l 为接地体最长支线的实际长度，其计量与 l_e 类同。当它大于 l_e 时，取其等于 l_e。

B. 2 接地体的有效长度应按下式确定:

$$l_e = 2\sqrt{\rho} \cdots\cdots\cdots\cdots\cdots\cdots\cdots\cdots\cdots\cdots\cdots\cdots\cdots\cdots\cdots\cdots (B. 2)$$

式中:

l_e——接地体的有效长度,应按图 B. 2 计量(m);

ρ——敷设接地体处的土壤电阻率(Ω・m)。

B. 3 环绕建筑物的环形接地体应按以下方法确定冲击接地电阻:

B. 3.1 当环形接地体周长的一半大于或等于接地体的有效长度 l_e 时,引下线的冲击接地电阻应为从与该引下线的连接点起沿两侧接地体各取 l_e 长度算出的工频接地电阻(换算系数 A 等于 1)。

B. 3.2 当环形接地体周长的一半 l 小于 l_e 时,引下线的冲击接地电阻应为以接地体的实际长度算出工频接地电阻再除以 A 值。

B. 4 与引下线连接的基础接地体,当其钢筋从与引下线的连接点量起大于 20 m 时,其冲击接地电阻应为以换算系数 A 等于 1 和以该连接点为圆心、20 m 为半径的半球体范围内的钢筋体的工频接地电阻。

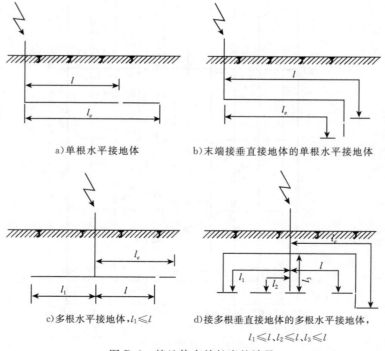

a)单根水平接地体   b)末端接垂直接地体的单根水平接地体

c)多根水平接地体,$l_1 \leqslant l$ d)接多根垂直接地体的多根水平接地体,
$l_1 \leqslant l$、$l_2 \leqslant l$、$l_3 \leqslant l$

图 B. 2 接地体有效长度的计量

附　录　C
（资料性附录）
磁场强度的测量和屏蔽效率的计算

C.1　一般原则

C.1.1　磁场强度指标

（1）GB/T 2887 和 GB 50174 中规定，电子计算机机房内磁场干扰环境场强不应大于 800 A/m。

注：本磁场强度是指在电流流过时产生的磁场强度，由于电流元 $I_{\Delta s}$ 产生的磁场强度可按下式计算：

$$H = I_{\Delta s}/4\pi r^2 \quad \cdots\cdots\cdots\cdots\cdots\cdots\cdots\cdots\cdots\cdots\cdots\cdots\cdots\quad (C.1)$$

距直线导体 r 处的磁场强度可按下式计算：

$$H = I/2\pi r \quad \cdots\cdots\cdots\cdots\cdots\cdots\cdots\cdots\cdots\cdots\cdots\cdots\cdots\cdots\quad (C.2)$$

磁场强度的单位用 A/m 表示，1 A/m 相当于自由空间的磁感应强度为 1.26 μT。T. 特（斯拉）为磁通密度 B 的单位。G_S 是旧的磁场强度的高斯 CGS 单位，新旧换算中，$1G_S$ 约为 79.577 5 A/m，即 2.4G_S 约为 191 A/m，0.07 G_S 约为 5.57 A/m。

（2）GB/T 17626.9 中规定，可按表 C.1 规定的等级进行脉冲磁场试验。

表 C.1　脉冲磁场试验等级

等　级	1	2	3	4	5	×
脉冲磁场强度/(A/m)	—	—	100	300	1 000	特定

注：1. 脉冲磁场强度取峰值。

　　2. 脉冲磁场产生的原因有两种，一是雷击建筑物或建筑物上的防雷装置；二是电力系统的暂态过电压。

　　3. 等级 1、2：无须试验的环境；

　　　　等级 3：有防雷装置或金属构造的一般建筑物，含商业楼、控制楼、非重工业区和高压变电站的计算机房等；

　　　　等级 4：工业环境区中，主要指重工业、发电厂、高压变电站的控制室等；

　　　　等级 5：高压输电线路、重工业厂矿的开关站、电厂等；

　　　　等级×：特殊环境。

（3）GB/T 2887 中规定，在存放媒体的场所，对已记录的磁带，其环境磁场强度应小于 3 200 A/m；对未记录的磁带，其环境磁场强度应小于 4 000 A/m。

C.1.2　信息系统电子设备的磁场强度要求

1971 年美国通用研究公司 R. D 希尔的仿真试验通过建立模式得出：由于雷击电磁脉冲的干扰，对当时的计算机而言，在无屏蔽状态下，当环境磁场强度大于 0.07 G_S 时，计算机会误动作；当环境磁场强度大于 2.4 G_S 时，设备会发生永久性损坏。按新旧单位换算,2.4 G_S约为 191 A/m,此值较 C.1.1 的(1)中 800 A/m 低,较表 C.1 中 3 等高,较 4 等低。

注:IEC 62305—4 中给出在适于首次雷击的磁场(25 kHz)时的 1 000-300-100 A/m 值及适用于后续雷击的磁场(1 MHz)时的 100-30-10 A/m 指标。

C.1.3 磁场强度测量一般方法

(1)雷电流发生器法

IEC 62305—4 提出的一个用于评估被屏蔽的建筑物内部磁场强度而作的低电平雷电电流试验的建议。

(2)浸入法

GB/T 17626.9 规定了在工业设施和发电厂、中压和高压变电所的在运行条件下的设备对脉冲磁场骚扰的抗扰度要求,指出其适用于评价处于脉冲磁场中的家用、商业和工业用电气和电子设备的性能。

(3)大环法

GB/T 12190 规定了屏蔽室屏蔽效能的测量方法,主要适用于各边尺寸在 1.5 m～15 m 之间的长方形屏蔽室。

(4)交直流高斯计法

GB/T 2887—2000 中 5.8.2"磁场干扰环境场强的测试"中指出可使用交直流高斯计,在计算机机房内任一点测试,并取最大值。

C.1.4 屏蔽效率的计算

屏蔽效率的测量一般指将规定频率的模拟信号源置于屏蔽室外时,接收装置在同一距离条件下在室外和室内接收的磁场强度之比,可用下式表示:

$$S_H = 20 \lg(H_0/H_1) \quad \cdots\cdots\cdots\cdots\cdots\cdots\cdots\cdots\cdots \quad (C.3)$$

式中:

H_0——没有屏蔽的磁场强度;

H_1——有屏蔽的磁场强度;

S_H——屏蔽效率(能),单位为 dB。

屏蔽效率与衰减量的对应关系参见表 C.2:

表 C.2 屏蔽效率与衰减量的对应表

屏蔽效率/dB	原始场强	屏蔽后的场强比	衰减量/%
20	1	1/10	90
40	1	1/100	99
60	1	1/100 0	99.9
80	1	1/100 00	99.99
100	1	1/100 000	99.999
120	1	1/1000 000	99.999 9

C.2　测量方法和仪器

C.2.1　雷电流发生器法

试验原理见图 C.1 所示,雷击电流发生器原理见图 C.2 所示。

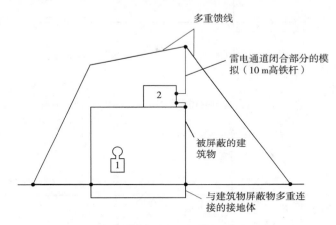

多重馈线

雷电通道闭合部分的模拟（10 m高铁杆）

被屏蔽的建筑物

与建筑物屏蔽物多重连接的接地体

1——磁场测试仪；　2——雷击电流发生器

图 C.1　雷电流发生器法测试原理图

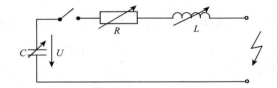

U:电压典型值为数 10 kV；　C:电容典型值为数 10 nF

图 C.2　雷电流发生器原理图

在雷电流发生器法试验中可以用低电平试验来进行,在这些低电平试验中模拟雷电流的波形应与原始雷电流相同。

IEC 标准规定,雷击可能出现短时首次雷击电流 i_f(10/350 μs)和后续雷击电流 i_s(0.25/100 μs)。首次雷击产生磁场 H_f,后续雷击产生磁场 H_s,见图 C.3 和图 C.4：

磁感应效应主要是由磁场强度升至其最大值的上升时间规定的,首次雷击磁场强度 H_f 可用最大值 $H_{f/\max}$(25 kHz)的阻尼振荡场和升至其最大值的上升时间 $T_{p/f}$(10 μs、波头时间)来表征。同样后续雷击磁场强度 H_s 可用 $H_{s/\max}$(1 MHz)和 $T_{p/s}$(0.25 μs)来表征。

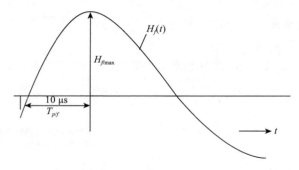

图 C.3　首次雷击磁场强度(10/350 μs)上升期的模拟

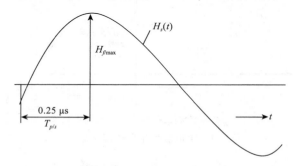

图 C.4　后续雷击磁场强度(0.25/100 μs)上升期的模拟

当发生器产生电流 $i_{o/max}$ 为 100 kA,建筑物屏蔽网格为 2 m 时,实测出不同尺寸建筑物的磁场强度如表 C.3:

表 C.3　不同尺寸建筑物内磁场强度测量实例

建筑物类型	建筑物长、宽、高/m($L \times W \times H$)	$H_{1/max}$(中心区)/(A/m)	$H_{1/max}$($d_w = d_{s/1}$处)/(A/m)
1	$10 \times 10 \times 10$	179	447
2	$50 \times 50 \times 10$	36	447
3	$10 \times 10 \times 50$	80	200

注:$H_{1/max}$——LPZ1 区内最大磁场强度;

d_w——闪电直击在格栅形大空间屏蔽上的情况下,被考虑的点 LPZ1 区屏蔽壁的最短距离;

$d_{s/1}$——闪电击在格栅形大空间屏蔽以外附近的情况下,LPZ1 区内距屏蔽层的安全距离。

C.2.2　浸入法

GB/T 17626.9 对设备进行脉冲磁场抗扰度试验中规定:

受试设备(EUT)可放在具有确定形状和尺寸的导体环(称为感应线圈)的中部,当环中流过电流时,在其平面和所包围的空间内产生确定的磁场。试验磁场的电流波形为 6.4/16 μs 的电流脉冲。试验过程中应从 x、y、z 三个轴向分别进行。

由于受试设备的体积与格栅形大空间屏蔽体相比甚小,此法只适于体积较小设备的测试和在矮小的建筑物屏蔽测量时可参照使用。具体方法见 GB/T 17626.9。

C.2.3　大环法

GB/T　12190 规定了高性能屏蔽室相对屏蔽效能的测试和计算方法,主要适用于 1.5 m～15.0 m 之间的长方形屏蔽室,采用常规设备在非理想条件的现场测试。

为模拟雷电流频率,在测试中应选用的常规测试频率范围为 100 Hz～20 MHz,模拟干扰源置于屏蔽室外,其屏蔽效能计算公式如本标准附录 C.3 式。测试用天线为环形天线,并提出下列注意事项:

(1)在测试之前,应把被测屏蔽室内的金属(及带金属的)设备,含办公用桌、椅、柜子搬走。

(2)在测试中,所有的射频电缆、电源等均应按正常位置放置。

大环法可根据屏蔽室的四壁均可接近时而采用优先大环法或屏蔽室的部分壁面不可接近时而采用备用大环法。现将备用大环法简要介绍如下:

(1)发射环使用频段 I(100 Hz～200 kHz)的环形天线。

(2)当屏蔽室的一个壁面是可以接近时,将磁场源置于屏蔽室外,并用双绞线引至可接近的壁,沿壁边布置发射环,环的平面与壁面平行,其间距应大于 25 cm。可用橡胶吸力杯将发射环固定在壁面上。

(3)磁场源由通用输出变压器、常闭按钮开关、具有 1 W 输出的超低频振荡器、热电偶电流表组成。

(4)屏蔽室内置检测环,衰减器和检测仪,其中检测环的直径为 300 mm。

(5)当检测仪采用高阻选频电压表时:

$$S_H = 20 \lg(V_0/V_1) \quad \cdots\cdots\cdots\cdots\cdots\cdots\cdots\cdots\cdots \quad (C.4)$$

C.2.4　其他测量方法

C.2.4.1　以当地中波广播频点对应的波头作为信号源,将信号接收机分别置于建筑物内和建筑物外,分别测试出信号强度 E_0 和 E_1。用下式计算出建筑物的屏蔽效能:

$$S_E = 20 \lg(E_0/E_1) \quad \cdots\cdots\cdots\cdots\cdots\cdots\cdots\cdots \quad (C.5)$$

测试时,接收机应采用标准环形天线。当天线在室外时,环形天线设置高度应为 0.6 m～0.8 m,与大的金属物,如铁栏杆,汽车等应距 1 m 以外。当天线在室内时,其高度应与室外布置同高,并置在距外墙或门窗 3 m～5 m 远处。室内布置与大环法的要求相同。

用本方法可测室内场强(A_2)和室外场强(A_1),蔽效能为其代数差(A_1-A_2)。

C.2.4.2　可使用专门的仪器设备(如 EMP-2 或 EMP-2HC 等脉冲发生器)进行与备用大环法相似的测试,其区别于备用大环法的内容有:

　　(1)脉冲发生器置于被测墙外约 3 m 处。发生器产生模拟雷电流波头的条件，如 10 μs、0.25 μs 及 2.6 μs、0.5 μs。发生器的发生电压可达 5 kV～8 kV，电流4 kA～19 kA。

　　(2)从被测建筑物墙内 0.5 m 起，每隔 1 m 直至距内墙 5 m～6 m 处每个测点进行信号电势的测量。被测如房间较深，在 5 m～6 m 处之后可每隔 2 m(或 3 m、4 m)测信号电势一次，直至距被测墙体对面墙的 0.5 m 处。

　　平移脉冲发生器，在对应室内测量的各点处测量无屏蔽状况的信号电势。

　　各点的屏蔽效能为：

$$E = 20 \lg(e_0/e_1) \quad \cdots\cdots\cdots\cdots\cdots\cdots\cdots\cdots\cdots\cdots\cdots\cdots (C.6)$$

式中：

　　e_0——无屏蔽处信号电势；

　　e_1——有屏蔽处信号电势。

　　建筑物的屏蔽效能应是各点的平均值。

附　录　D
（规范性附录）
土壤电阻率的测量

D.1　总则

D.1.1　测量目的

　　为解决本标准中涉及土壤电阻率 ρ 的相关规定和计算公式中的要求，附录 D 引用了 GB/T 17949.1 的相关内容。

D.1.2　一般原则

D.1.2.1　土壤电阻率是土壤的一种基本物理特性，是土壤在单位体积内的正方体相对两面间在一定电场作用下，对电流的导电性能。一般取每边长为 10 mm 的正方体的电阻值为该土壤电阻率 ρ，单位为 $\Omega \cdot m$。

D.1.2.2　土壤电阻率的影响因子有：土壤类型、含水量、含盐量、温度、土壤的紧密程度等化学和物理性质，同时土壤电阻率随时深度变化较横向变化要大很多。因此，对测量数据的分析应进行相关的校正。本标准只对接地装置所在的上层（几米以内）土壤层进行测量，不考虑土壤电阻率的深层变化。

D.1.2.3　在进行土壤电阻率测量之前，宜先了解土壤的地质期和地质构造，并参见表 D.1，对所在地土壤电阻率进行估算。

表 D.1　地质期和地质构造与土壤电阻率

土壤电阻率 l(Ω·m)	第四纪	白垩纪 第三纪 第四纪	石炭纪 三叠纪	寒武纪 奥陶纪 泥盆纪	寒武纪前 和寒武纪
1(海水)					
10(特低)		砂质黏土 黏土 白垩			
30(甚低)					
100(低)			白垩 暗色岩 辉绿岩 页岩 石灰石 砂岩		
300(中)					
1 000(高)				页岩 石灰石 砂岩 大理石	
3 000(甚高)					砂岩 石英岩 板石岩 片麻岩
10 000(特高)	表层为沙砾和 石子的土壤				

D.1.2.4　土壤电阻率的测量方法有:土壤试样法、三点法(深度变化法)、两点法(西坡 Shepard 土壤电阻率测定法)、四点法等,本标准主要介绍四点法。

D.1.2.5　在采用四点法测量土壤电阻率时,应注意如下事项:

(1)试验电极应选用钢接地棒,且不应使用螺纹杆。在多岩石的土壤地带,宜将接地棒按与铅垂方向成一定角度斜行打入,倾斜的接地棒应躲开石头的顶部。

(2)试验引线应选用挠性引线,以适用多次卷绕。在确实引线的长度时,要考虑到现场的温度。引线的绝缘应不因低温而冻硬或鞭裂。引线的阻抗应较低。

(3)对于一般的土壤,因需把钢接地棒打入较深的土壤,宜选用 2 kg～4 kg 质量的手锤。

(4)为避免地下埋设的金属物对测量造成的干扰,在了解地下金属物位置的情况下,可将接地棒排列方向与地下金属物(管道)走向呈垂直状态。

(5)在测量变电站和避雷器接地极的时候,应使用绝缘鞋、绝缘手套、绝缘垫及其他防护手段,要采取措施使避雷器放电电流减至最小时,才可测试其接地极。

(6)不要在雨后土壤较湿时进行测量。

D.2　测量方法(四点法)

D.2.1　等距法或文纳(Wenner)法

将小电极埋入被测土壤呈一字排列的四个小洞中,埋入深度均为 b,直线间隔均为 a。测试电流 I 流入外侧两电极,而内侧两电极间的电位差 V 可用电位差计或高阻电压表测量。如图 D.1 所示。设 a 为两邻近电极间距,则以 a,b 的单位表示的电阻率 ρ 为:

$$\rho = 4\pi a R\left(1 + \frac{2a}{\sqrt{a^2 + 4b^2}} - \frac{a}{\sqrt{a^2 + b^2}}\right) \quad\cdots\cdots\cdots\cdots\cdots\cdots (D.1)$$

式中:

ρ——土壤电阻率;

R——所测电阻;

a——电极间距;

b——电极深度。

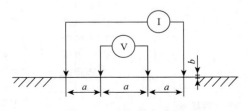

图 D.1　电极均匀布置

当测试电极入地深度 b 不超过 $0.1a$，可假定 $b=0$，则计算公式可简化为：

$$\rho=2\pi aR \quad\cdots\cdots\cdots\cdots\cdots\cdots\cdots\cdots\cdots\cdots\text{(D.2)}$$

D.2.2　非等距法或施伦贝格—巴莫（Schlumberger-Palmer）法

主要用于当电极间距增大到 40 m 以上，采用非等距法，其布置方式见图 D.2。此时电位极布置在相应的电流极附近，如此可升高所测的电位差值。

这种布置，当电极的埋地深度 b 与其距离 d 和 c 相比较甚小时，则所测得电阻率可按下式计算：

$$\rho=\pi c(c+d)R/d \quad\cdots\cdots\cdots\cdots\cdots\cdots\cdots\text{(D.3)}$$

式中：

ρ——土壤电阻率；

R——所测电阻；

c——电流极与电位极间距；

d——电位极距。

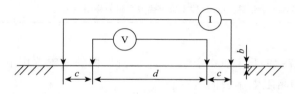

图 D.2　电极非均匀布置

D.3　测量数据处理

D.3.1　为了了解土壤的分层情况，在用等距法测量时，可改变几种不同的 a 值进行测量，如 $a=2$、4、5、10、15、20、25、30(m)等。

D.3.2　根据需要采用非等距法测量，测量电极间距可选择 40、50、60(m)。按公式(D.3)计算相应的土壤电阻率。根据实测值绘制土壤电阻率 ρ 与电极间距的二维曲线图。采用兰开斯特—琼斯(The Laneaste-Jones)法判断在出现曲率转折点时，即是下一层土壤，其深度为所对应电极间距的 $2/3$ 处。

D.3.3　土壤电阻率应在干燥季节或天气晴朗多日后进行，因此土壤电阻率应是所测的土壤电阻率数据中最大的值，为此应按下列公式进行季节修正：

$$\rho=\varphi\rho_0 \quad\cdots\cdots\cdots\cdots\cdots\cdots\cdots\cdots\cdots\cdots\text{(D.4)}$$

式中：

ρ_0——所测土壤电阻率；

φ——季节修正系数，见表 D.2。

表 D.2　根据土壤性质决定的季节修正系数表

土壤性质	深度/m	φ_1	φ_2	φ_3
黏土	0.5~0.8	3	2	1.5
黏土	0.8~3	2	1.5	1.4
陶土	0~2	2.4	1.36	1.2
砂砾盖以陶土	0~2	1.8	1.2	1.1
园地	0~3		1.32	1.2
黄沙	0~2	2.4	1.56	1.2
杂以黄沙的沙砾	0~2	1.5	1.3	1.2
泥炭	0~2	1.4	1.1	1.0
石灰石	0~2	2.5	1.51	1.2

注：φ_1——在测量前数天下过较长时间的雨时选用。

　　φ_2——在测量时土壤具有中等含水量时选用。

　　φ_3——在测量时,可能为全年最高电阻,即土壤干燥或测量前降雨不大时选用。

D.4　测量仪器

可按 GB/T 17949.1—2000 中第 12 章测量仪器的规定选用下列任一种仪器：

a)带电流表和高阻电压表的电源；

b)比率欧姆表；

c)双平衡电桥；

d)单平衡变压器；

e)感应极化发送器和接收器。

附　录　E
（资料性附录）
部分检测仪器的主要性能和参数指标

E.1　测量工具和仪器
E.1.1　尺
　　钢直尺：测量上限(mm)：150、300、500、1 000、1 500、2 000。
　　钢卷尺：自卷式或制动式测量上限(m)：1、2、3、3.5、5。
　　　　　　摇卷盒式或摇卷架式测量上限(m)：5、10、15、20、50、100。
　　卡钳：全长(mm)：100、125、200、250、300、350、400、450、500、600。
　　游标卡尺：全长(mm)：0～150
　　　　　　分度值(mm)：0.02
E.1.2　经纬仪
　　测风经纬仪：测量范围：仰角　　－5°～180°
　　　　　　　　　　　　　　方位　　0°～360°
　　　　读数最小格值：0.1°
E.2　工频接地电阻测试仪
　　测量范围：0～1 Ω　　　　　最小分度值：0.01 Ω
　　　　　　　0～10 Ω　　　　　　　　　　　0.1 Ω
　　　　　　　0～100 Ω　　　　　　　　　　 1 Ω
E.3　土壤电阻率测试仪
　　许多工频接地电阻测试仪具有土壤电阻率测试功能,综合多种测试仪,仪器主要参数指标见表 E.1。

表 E.1　土壤电阻率测试仪主要参数指标

测量范围/($\Omega \cdot m$)	分辨率/($\Omega \cdot m$)	精　度
0～19.99	0.01	$\pm(2\% + 2\pi a 0.02\ \Omega \cdot m)$;
20～199.9	0.1	
200～1 999	1	$\dfrac{\rho}{2\pi a} \leqslant 19.99\ \Omega \cdot m$
$2\times 10^3 \sim 19.99\times 10^3$	10	$\pm(2\% + 2\pi a 0.2\ \Omega \cdot m)$ $19.99\ \dfrac{\rho}{2\pi a} \leqslant 199.9\ \Omega \cdot m$
$20\times 10^3 \sim 199.9\times 10^3$	100	$\pm(2\% + 2\pi a 2\ \Omega \cdot m)$; $\dfrac{\rho}{2\pi a} \leqslant 199.9\ \Omega \cdot m$

E.4　毫欧表

毫欧表主要用以电气连接过渡电阻的测试,含等电位连接有效性的测试,其主要参数指标见表 E.2。

表 E.2　毫欧表参数指标

测量范围/mΩ	分辨率/mΩ	测量电流/A	精度
0～19.9	0.01	0.1	±(0.1%+3d)
20～200	0.1	0.1	±(0.1%+2d)

E.5　绝缘电阻

E.5.1　绝缘电阻测试应用及主要仪器

在本标准中,绝缘电阻测试主要用于采用 S 型连接网络时,除在接地基准点(ERP)外,是否达到规定的绝缘要求和 SPD 的绝缘电阻测试要求。

绝缘电阻测试仪器主要为兆欧表,按其测量原理可分为：

——直接测量试品的微弱漏电流兆欧表;

——测量漏电流在标准电阻上电压降的电流电压法兆欧表;

——电桥法兆欧表;

——测量一定时间内漏电流在标准电容器上积聚电荷的电容充电法兆欧表。

兆欧表可制成手摇式、晶体管式或数字式。

除兆欧表外,也可以使用 1.2/50 μs 波形的冲击电流发生器进行冲击,以测试 S 型网络除 ERP 外的绝缘。

E.5.2　兆欧表或绝缘电阻测试仪主要参数指标见表 E.3

表 E.3　兆欧表或绝缘电阻测试仪主要参数指标

额定电压/V	量限/MΩ	延长量限/MΩ	准确度等级
100	0～200	500	1.0
250	0～500	1 000	1.0
500	0～2 000	∞	1.0
1 000	0～5 000	∞	1.0
2 500	0～10 000	∞	1.5
5 000	$2×10^3～5×10^5$		1.5

E.6　环路电阻测试仪

N—PE 环路电阻测试仪不仅可应用于低压配电系统接地形式的判定,也可用于等电位连接网络有效性的测试,其主要参数指标见表 E.4：

表 E.4　环路电阻测试仪主要参数指标

显示范围/Ω	分辨率/Ω	精　度
0.00～19.99	0.01	
20.0～199.9	0.1	$\pm(2\%+3d)$
200～1 999	1	

E.7　指针或数字万用表

万用表应有交流($a.c$)和直流($d.c$)的电压、电流、电阻等基本测量功能,也可有频率测量的性能,其主要参数指标见表 E.5:

表 E.5　万用表主要参数指标

性能	量程	分辨率	精度
直流电压($d.c$)	0.2 V	0.1 mV	$\pm(0.8\%+2d)$
	2 V	1 mV	
	20 V	10 mV	
	200 V	100 mV	
	400 V	1 000 mV	
交流电压($a.c$)	200 V	0.1 V	$\pm(1.5\%+10d)$
	400 V	1 V	
	750 V	10 V	
电流($a.c$ 或 $d.c$)	10 A	1 mA	$\pm(0.5\%+30d)$
电阻	30 MΩ	1 Ω	$\pm(0.1\%+5d)$

E.8　压敏电压测试仪

压敏电压测试仪主要参数指标见表 E.6:

表 E.6　压敏电压测试仪主要参数指标

量　程	允许误差	恒流误差	0.75 U_{1mA} 下漏电流量程	漏电流测试允许误差	漏电流分辨率
0～1 700 V	≤$\pm(2\%+1d)$	5 μA	0.1 μA～199.9 μA	≤2 μA$\pm1d$	0.1 μA

E.9　电磁屏蔽用测试仪

电磁屏蔽用测试仪主要参数指标见表 E.7:

表 E.7　电磁屏蔽测试仪主要参数指标

频率范围	输入电平范围	参考电平准确度
0.15 MHz～1 GHz	−100 dBm～20 dBm	±1 dBm(80 MHz)

附 录 F
（资料性附录）
防雷装置检测业务表格式样

F.1 表 F.1～F.6 给出了防雷装置检测业务表格的式样。

F.2 填写表 F.1～F.6 的注意事项

F.2.1 受检单位基本情况（表 F.1）

F.2.1.1 受检单位基本情况和防雷类别确定

受检单位基本情况包括：单位名称性质（办公、厂矿、住宅、商贸、医疗等），建（构）筑物长、宽、高，储存爆炸物质、易燃物质情况等。然后按本 GB 50057 中的规定确定其防雷类别。

当受检单位建筑物可同时划为第二类和第三类防雷建筑物时，应划为第二类防雷建筑物。

当受检单位在同一地址有多处建筑物时，表 F.1 只需填写一份；当受检单位在不同地址有多处建筑物时，表 F.1 应按不同地址填写，并归纳到同一档案编号之中。

当一座建筑物中兼有第一、二、三类防雷建筑物时，应按 GB 50057—2010 中第 3.5.1 和第 3.5.2 的规定确定防雷类别。

F.2.1.2 高压供电和低压配电基本情况内容

高压供电应查明架空、埋地形式，架空时是否有防雷措施（避雷线、避雷器、塔杆接地状况等），输电电压值等。

低压配电应查明变压器的防雷措施，低压配电接地形式，低压供电线路的敷设方法，总配电柜（盘）、分配电盘的位置等。

F.2.1.3 保护对象基本情况内容

应查明受检单位防雷装置的主要保护对象（如：人、建筑物、重要管道、电气和信息技术设备），特别应查明被保护设备的耐用冲击电压额定值。

F.2.1.4 防雷装置设置基本情况

指外部防雷装置和内部防雷装置中 SPD 的设置情况，屏蔽如有专用屏蔽室时可作说明，一般情况下屏蔽与等电位连接情况均在具体检测表格中填写。

F.2.1.5 其他情况

其他需调查说明的情况，如防雷区的划分等可填入"其他情况"栏中。

F.2.2 外部防雷装置的检测（表 F.2）

F.2.2.1 接闪器检查

F.2.2.1.1 接闪器不止一种时,应分别填入"接闪器(一)"、"接闪器(二)"栏中,栏目不够时可另加纸。

F.2.2.1.2 接闪器形式可按实际填入,如避雷针、网、带、线(网应标明网格尺寸)、金属屋面、金属旗杆(栏杆、装饰物、广告牌铁架)、钢罐等,应说明是否暗敷。

F.2.2.1.3 检查安装情况见本标准5.2.2的规定。

F.2.2.1.4 首次检测时应绘制接闪器布置平面图和保护范围计算过程及各剖面图示。

F.2.2.1.5 第一类防雷建筑物架空避雷线与风帽、放散管之间距离填入"安全距离"栏内。

F.2.2.2 引下线检查和测量

F.2.2.2.1 引下线检测应符合本标准5.3的要求,并填入相应栏内。

F.2.2.2.2 备注栏

凡表格中未包含的项目,如第一类防雷建筑物与树木的距离,避雷带跨越伸缩缝的补偿措施、接闪器上有无附着的其他电气线路、接闪器和引下线的防腐措施等。

F.2.2.3 接地装置的检测

F.2.2.3.1 土壤电阻率估算值可根据表D.1选取填入相应的栏内。

F.2.2.3.2 为防止地电位反击,第一类防雷建筑物的独立地检测数值可分别填入对应的栏内,如独立地超过6处,栏目不够时可另加纸。

F.2.2.3.3 两相邻接地装置的电气连接检测应按本标准5.4.2.2的规定执行,并将阻值填入相应的栏内,同时确认是否为电气导通。

F.2.2.3.4 共用接地系统由两个以上地网组成时,应分别填入第一,第二地网栏内,只有一个地网时,只填第一地网,并填明地网材料、网格尺寸和所包围的面积及测得的接地电阻值。

F.2.2.4 防侧击装置

当被检建筑物需防侧击时,应进行防侧击装置检测并填入表F.2相应栏内。

F.2.2.5 外部防雷装置检测综评

在完成了外部防雷装置检测后,检测员(负责人)应就外部防雷装置是否符合本标准的有关规定进行综评,同时可提出整改意见。

F.2.3 磁场强度和屏蔽效率的检测(表F.3)

F.2.3.1 建筑物格栅形大空间屏蔽

F.2.3.1.1 本栏适用于建筑物为钢筋混凝土(或砖混)结构,同时按闪电直接击在位于 LPZ0$_A$ 区格栅形大空间屏蔽上的最严重的情况下计算建筑物内 LPZ1 区内 V_s 空间某点的磁场强度 H_1。由于首次雷击产生的磁场强度大于后续雷击产生的磁场强度,本栏只对首次雷击产生的磁场强度进行计算。

F.2.3.1.2　H_1 值计算可按实际需要计算的 A、B、C 各点所在位置，分别将 d_w（该点距 LPZ1 区屏蔽壁的最短距离/m），d_r（该点距 LPZ1 区屏蔽顶的最短距离/m）填入表格中，i_o 取（200 000 A/一类、150 000 A/二类、100 000 A/三类）、ω 取屏蔽层（建筑物主钢筋）网格尺寸/m，代入公式 $H_1 = 0.01 \times i_o \times \omega/(d_w \times \sqrt{d_r})$ 计算。

F.2.3.1.3　对处于 LPZ2 区内各点（如 D 点、E 点）的磁场强度 H_2 计算应按 $H_2 = H_1/10^{SF/20}$ 公式计算，其中屏蔽系数应按 GB 50057—2010 中表 A.6.3.2 中 25 kHz 栏选取，其中要代入不同金属材料的半径值（m）。

F.2.3.2　磁场强度的实测

磁场强度采用仪器实测时，可将相关数据填入对应表格中。

F.2.3.3　综合评估

在对被保护设备所在位置进行磁场强度计算或实测后，应查明该位置上设备电磁兼容的磁场强度耐受值。并进行防护安全性的评估。

F.2.4　等电位连接测试（表 F.4）

F.2.4.1　大尺寸金属物的等电位连接

大尺寸金属物是指：设备、管道、构架、电缆金属外皮、钢屋架、钢门窗、金属广告牌、玻璃幕墙的支架、擦窗机、吊车、栏杆、放散管和风管等物。其等电位连接检测应符合本标准 5.7.2.1 的要求。

F.2.4.2　平行敷设长金属物的等电位连接

平行敷设的管道、构架和电缆金属外皮等长金属物，其净距小于规定值时，应按本标准 5.7.2.2 的规定进行检测。

F.2.4.3　长金属物的弯头等连接检查

第一类防雷建筑物中长金属物连接处，如弯头、阀门、法兰盘的连接螺栓少于 5 根时，或虽多于 5 根但处于腐蚀环境中时，应用金属线跨接。应按本标准 5.7.2.3 的规定进行检测。

F.2.4.4　信息技术设备等电位连接检测

F.2.4.4.1　信息技术所在空间（如计算机房）的概况含：房间在建筑物中的位置（含是否在顶层、是否处于其他房间中央等），房间的长、宽、高度，是否有防静电地板，设备数量和布置等。

F.2.4.4.2　如信息技术设备的系统相对较小，采用了星型连接结构（S 型），应按本标准 5.7.1.4 和 5.7.2.10 的要求对 ERP 处及信息设备的所有金属组件进行连接过渡电阻和绝缘电阻的测试。

F.2.4.4.3　如信息系统较大，采用了网型连接结构（M 型），应按本标准 5.7.1.4 和 5.7.2.10 的要求进行检测和测试。

F.2.5　电涌保护器（SPD）检测（表 F.5）

F.2.5.1　连接至低压配电系统的 SPD 第一级可安在建筑物入口处的配电柜上或与屋面电气设备相连的配电盘上,第二级可安在各楼层的配电箱上。

F.2.5.2　SPD 的检测应符合本标准 5.8 的规定。

F.2.5.3　表中 U_c 值应根据生产厂提供的数据抄入,同时应按本标准中表 4 的要求进行检查。表中 I_{imp} 值或 I_n 值应根据生产厂提供的数据抄入,同时应按本标准 5.8.2 的要求进行检查。

F.2.5.4　除 U_c 和 I_{imp} 或 I_n 值外,表中其他各栏需进行实测,并按本标准 5.8 的规定检查是否合格。

F.2.5.5　连接至电信和信号网络的 SPD 的检测,与连接至低压配电系统的 SPD 基本相同,其中标称频率范围和插入损耗值应按生产厂提供的数据抄入。

表 F.1　防雷装置检测原始记录表

受检单位基本情况

检测日期:　　　　　　　　档案编号:　　　　　　　　　　　页数　共　　页

单位名称		地址	
联系部门		联系人	
联系电话		邮编	

受检单位基本情况和防雷类别确定

受检单位高压供电和低压配电基本情况

受检单位主要防雷保护对象和电气、信息设备基本情况

受检单位防雷装置设置基本情况及雷灾历史

其他情况(LPZ 划分等)

表 F.2　防雷装置检测原始记录表
外部防雷装置的检测

页数　　共　　页

接闪器(一)	形式(针、网、带)									
	架设高度及位置									
	检查	材料						规格尺寸		
		安装								
		电气连接								
		安全距离								
		保护范围								
接闪器(二)	形式(针、网、带)									
	架设高度及位置									
	检查	材料						规格尺寸		
		安装								
		电气连接								
		安全距离								
		保护范围								
引下线	形式(明、暗敷)									
	主材及规格尺寸									
	引下线根数及间距									
	断接卡及保护措施									
	安装情况检查									
	引下线各测点工频接地电阻值测量									
	测点编号	1	2	3	4	5	6	7	8	9	10
	工频电阻(Ω)										
	测点编号	11	12	13	14	15	16	17	18	19	20
	工频电阻(Ω)										
	测点编号	21	22	23	24	25	26	27	28	29	30
	工频电阻(Ω)										
备注										

（续表）

接地装置	土壤电阻率	土壤性质（构造）						
		土壤电阻率估算值						
		测试深度和方法						
		测试值						
		季节修正系数			修正值			
	独立地检测	测点编号	1	2	3	4	5	6
		空气中距离/S_{a1}						
		地中距离/S_{e1}						
		接地工频电阻						
		接地冲击电阻/R_i						
		被保护物高度/h_x						
		合格判定						
	架空金属管道接地电阻值							
	架空线金具接地电阻值							
	两相邻接地装置电气连接							
	共用接地系统检测	共地网的组成						
		第一地网构成				地阻值		
		第二地网构成				地阻值		
		第三地网构成				地阻值		
	人工接地体的检测	人工水平接地体构成						
		人工重垂直接地体构成						
		防跨步电压措施						

		测量编号	1	2	3	4	5	6	7	8	9	10
	工频接地电阻与冲击接地阻抗换算	工频电阻										
		冲击阻抗										
		测点编号	11	12	13	14	15	16	17	18	19	20
		工频电阻										
		冲击阻抗										
		测点编号	21	22	23	24	25	26	27	28	29	30
		工频电阻										
		冲击阻抗										

备注	

防侧击装置	均压环的构成形式	
	均压环的间距/m	
	钢构架和主钢筋的连接	
	外墙栏杆、金属门窗和主钢筋的连接	

	编号	仪器名称	仪器型号	仪器号	仪器检定有限期
检测仪器设备	1				
	2				
	3				
	4				
	5				
	6				
	7				
	8				
	9				
	10				
	11				
	12				

外部防雷装置检测综评	

检测员		校核人	
检测日期		天气状况	

表 F.3 防雷装置检测原始记录表
磁场强度和屏蔽效率的检测

页数　　共　　页

建筑物的格栅形屏蔽	磁场强度 H_1 值	A 点所在位置：						
		d_r 值/m			d_w 值/m			
		$H_1 = 0.01 \times i_o \times \omega/(d_w \times \sqrt{d_r})$						
		B 点所在位置：						
		d_r 值/m			d_w 值/m			
		$H_1 = 0.01 \times i_o \times \omega/(d_w \times \sqrt{d_r})$						
		C 点所在位置：						
		d_r 值/m			d_w 值/m			
		$H_1 = 0.01 \times i_o \times \omega/(d_w \times \sqrt{d_r})$						
	磁场强度 H_2 值	D 点所在位置：						
		屏蔽材料			材料半径			
		$H_2 = H_1/10^{sf/20}$						
		E 点所在位置：						
		屏蔽材料			材料半径			
		$H_2 = H_1/10^{sf/20}$						
磁场强度实测	各点实测值	位置编号	A	B	C	D	E	F	G
		$H(A/m)$							
		$S_H(dB)$							
	使用仪器说明：								
磁场强度检测综评									

检测员			校核人	
检测日期			天气状况	

表 F.4　防雷装置检测原始记录表
等电位连接测试表

页数　　共　　页

	序号	连接物名称	外观检查	连接导体的材料和尺寸	连接过渡电阻值/Ω
大尺寸金属物连接	1				
	2				
	3				
	4				
	5				
	6				
	7				
	8				
	9				
	10				
	11				
	序号	长金属物名称和净距	跨接状况	跨接导体的材料和尺寸	跨接过渡电阻值/Ω
平行敷设长金属物连接	1				
	2				
	3				
	4				
	5				
	6				
	7				
	序号	检查对象名称及位置	螺栓根数	跨接导体的材料和尺寸	跨接过渡电阻值/Ω
长金属物的弯头等连接	1				
	2				
	3				
	4				
	5				
	6				
	7				
	8				

（续表）

	序号	连接物名称和位置	外观检测	连接导体的材料和尺寸	连接过渡电阻/Ω
LPZ0 与 LPZ1 连接	1				
	2				
	3				
	4				
	5				
	6				

	序号	连接物名称和位置	外观检测	连接导体的材料和尺寸	连接过渡电阻/Ω
LPZ1 与 LPZ2 连接	1				
	2				
	3				
	4				
	5				

信息技术设备连接	信息设备（机房）概况：											
	星型结构（S 型）概况：											
	星型结构检查											
	网型结构检查	网格尺寸/m					材料和尺寸					
		连接点序号	1	2	3	4	5	6	7	8	9	10
		相邻点间距/m										
		连接过渡电阻										
		设备连接电阻/Ω										

检测综评	

检测员		校核人	
检测日期		天气状况	

表 F.5 防雷装置检测原始记录表

电涌保护器(SPD)检测表

页数　　共　　页

连接至低压配电系统的 SPD 检测										
级　别	第一级		第二级				第三级			
编　号	1	2	1	2	3	4	1	2	3	4
安装位置										
产品型号										
安装数量										
U_c 标称值										
检查电流 I_{imp}、I_n 或 U_{oc}										
U_p 检查值										
脱离器检查										
I_{ie} 测试值										
U_{1mA} 测试值										
状态指示器										
引线长度										
连线色标										
连线截面/mm²										
过渡电阻/Ω										
过电流保护										

（续表）

连接至电信和信号网络的 SPD 检测								
编号	1	2	3	4	5	6	7	8
安装位置								
产品型号								
安装数量								
U_c 标称值								
电流 I_{imp} 或 I_n								
U_p 检查值								
绝缘电阻值								
I_{ie} 测试值								
U_{1mA} 测试值								
引线长度								
连线色标								
连线截面/mm²								
过渡电阻/Ω								
标称频率范围								
线路对数								
插入损耗								

检测仪器设备	编号	仪器名称	仪器型号	仪器号	仪器检定有限期
	1				
	2				
	3				

检测综评：

检测员			校核人	
检测日期			天气状况	

表 F.6 防雷装置检测原始记录表
防雷检测综合评估报告

检测日期: 　　　　　　　　　档案编号: 　　　　　　　　　　　页数　共　页

单位名称		地　址	
联系部门		联系人	
联系电话		邮　编	

外部防雷装置检测综评:

屏蔽效率检测综评:

等电位连接检测综评:

SPD 安装检测综评:

综合布线检测综评:

总评:

年　月　日(公章)

检测员		校核人		负责人	

附　录　G

（资料性附录）
检测中常见问题处理

G. 1　防雷装置电气通路和工频接地电阻的检测

当引下线暗敷且未设断接卡而与接地装置直接连接时，可在引下线与接地装置不断开的情况下对防雷装置电气通路和工频接地电阻值进行检测。其检测方法是：

G. 1.1　当被测建筑物是用多根暗敷引下线接至接地装置时，应根据建筑物防雷类别所规定的引下线间距（一类 12 m、二类 18 m、三类 25 m）在建筑物顶面敷设的避雷带上选择检测点，每一检测点作为待测接地极 G'，由 G' 将连接导线引至接地电阻仪，然后按仪器说明书的使用方法测试。

G. 1.2　当接地极 G' 和电流极 C 之间的距离大于 40 m 时，电位极 P 的位置可插在 G'、C 连线中间附近，其距离误差允许范围为 10m，此时仅考虑仪表的灵敏度。当 G' 和 C 之间的距离小于 40 m 时，则应将电位极 P 插于 G' 与 C 的中间位置。

G. 1.3　三极（G、P、C）应在一条直线上且垂直于地网，应避免平行布置。

G. 1.4　当建筑物周边为岩石或水泥地面时，可将 P、C 极与平铺放置在地面上每块面积不小于 250 mm×250 mm 的钢板连接，并用水润湿后实施检测。

G. 1.5　在测量过程中由于杂散电流、工频漏流、高频干扰等因素，使接地电阻表出现读数不稳定时，可将 G 极连线改成屏蔽线（屏蔽层下端应单独接地），或选用能够改变测试频率、采用具有选频放大器或窄带滤波器的接地电阻表检测，以提高其抗干扰的能力。

G. 1.6　当地网带电影响检测时，应查明地网带电原因，在解决带电问题之后测量，或改变检测位置进行测量。

G. 1.7　G 极连接线长度宜小于 5 m。当需要加长时，应将实测接地电阻值减去加长线阻值后填入表格。也可采用四极接地电阻测试仪进行检测。加长线线阻应用接地电表二极法测量。

G. 1.8　首次检测时，在测试接地电阻值符合设计要求的情况下，可通过查阅防雷装置工程竣工图纸，施工安装技术记录等资料，将接地装置的形式、材料、规格、焊接、埋设深度、位置等资料填入防雷装置原始记录表。

G. 2　土壤电阻率（ρ）的测量可按照 GB/T 17949.1 规定的方法进行，见附录 D（规范性附录）。

G. 3　电源线、综合布线系统缆线的最小净距，电、光缆暗管敷设与其他管线最小净距的距离要求应符合 GB/T 50312—2000 中表 5. 1. 1-1 和表 5. 1. 1-2 的要求。

附　录　H
（规范性附录）
本规范用词说明

H.1　执行本规范条文时,对于要求严格程度的用词说明如下,以便在执行中区别对待:

H.1.1　表示很严格,非这样做不可的用词:

正面词采用"必须";

反面词采用"严禁"。

H.1.2　表示严格,在正常情况下均应这样做的用词:

正面词采用"应";

反面词采用"不应"或"不得"。

H.1.3　表示允许稍有选择,在条件许可时首先应这样做的用词:

正面词采用"宜"或"可";

反面词采用"不宜"。

H.2　条文中指明必须按其他有关标准和规范执行的写法为"应按……执行"或"应符合……要求或规定"。

附录 2　防雷装置设计审核和竣工验收规定

（2005 年中国气象局第 11 号令）

第一章　总　则

第一条　为了规范防雷装置设计审核和竣工验收工作，维护国家利益，保护人民生命财产和公共安全，依据《中华人民共和国气象法》、《中华人民共和国行政许可法》等有关规定，制定本规定。

第二条　县级以上地方气象主管机构负责本行政区域内防雷装置的设计审核和竣工验收工作。未设气象主管机构的县（市），由上一级气象主管机构负责防雷装置的设计审核和竣工验收工作。

第三条　防雷装置的设计审核和竣工验收工作应当遵循公开、公平、公正以及便民、高效和信赖保护的原则。

第四条　下列建（构）筑物或者设施的防雷装置应当经过设计审核和竣工验收：

（一）《建筑物防雷设计规范》规定的一、二、三类防雷建（构）筑物；

（二）油库、气库、加油加气站、液化天然气、油（气）管道站场、阀室等爆炸危险环境设施；

（三）邮电通信、交通运输、广播电视、医疗卫生、金融证券、文化教育、文物保护单位和其他不可移动文物、体育、旅游、游乐场所以及信息系统等社会公共服务设施；

（四）按照有关规定应当安装防雷装置的其他场所和设施。

第五条　防雷装置设计未经审核同意的，不得交付施工。防雷装置竣工未经验收合格的，不得投入使用。新建、改建、扩建工程的防雷装置必须与主体工程同时设计、同时施工、同时投入使用。

第六条　防雷装置设计审核和竣工验收的程序、文书等应当依法予以公示。

第二章　防雷装置设计审核

第七条　防雷装置设计实行审核制度。申请单位应当向本规定第二条规定的气象主管机构(以下称许可机构)提出申请,填写《防雷装置设计审核申报表》(附表1、附表2)。

第八条　申请防雷装置初步设计审核应当提交以下材料:

(一)《防雷装置设计审核申请书》(附表3);

(二)总规划平面图;

(三)防雷工程专业设计单位和人员的资质证和资格证书;

(四)防雷装置初步设计说明书、初步设计图纸及相关资料。

需要进行雷击风险评估的项目,需要提交雷击风险评估报告。

第九条　申请防雷装置施工图设计审核应当提交以下材料:

(一)《防雷装置设计审核申请书》(附表3);

(二)防雷工程专业设计单位和人员的资质证和资格证书;

(三)防雷装置施工图设计说明书、施工图设计图纸及相关资料;

(四)设计中所采用的防雷产品相关资料;

(五)经当地气象主管机构认可的防雷专业技术机构出具的有关技术评价意见。

防雷装置未经过初步设计的,应当提交总规划平面图;经过初步设计的,应当提交《防雷装置初步设计核准书》(附表4)。

第十条　防雷装置设计审核申请符合以下条件的,应当受理。

(一)防雷工程专业设计单位和人员取得国家规定的资质、资格;

(二)申请单位提交的申请材料齐全且符合法定形式;

(三)需要进行雷击风险评估的项目,提交了雷击风险评估报告。

第十一条　防雷装置设计审核申请材料不齐全或者不符合法定形式的,许可机构应当在收到申请材料之日起五个工作日内一次告知申请单位需要补正的全部内容,并出具《防雷装置设计审核资料补正通知》(附表5、附表6)。逾期不告知的,收到申请材料之日起即视为受理。

第十二条　许可机构应当在收到全部申请材料之日起五个工作日内,按照《中华人民共和国行政许可法》第三十二条的规定,根据本规定的受理条件做出受理或者不予受理的书面决定,并对决定受理的申请出具《防雷装置设计审核受理回执》(附表7)。对不予受理的,应当书面说明理由。

第十三条　防雷装置设计审核内容:

(一)申请材料的合法性和内容的真实性;

（二）防雷装置设计是否符合国务院气象主管机构规定的使用要求和国家有关技术规范标准。

第十四条　许可机构应当在受理之日起二十个工作日内作出审核决定。

防雷装置设计经审核合格的，许可机构应当办结有关审核手续，颁发《防雷装置设计核准书》（附表 8）。施工单位应当按照经核准的设计图纸进行施工。在施工中需要变更和修改防雷设计的，必须按照原程序报审。

防雷装置设计经审核不合格的，许可机构出具《防雷装置设计修改意见书》（附表 9）。申请单位进行设计修改后，按照原程序报审。

第三章　防雷装置竣工验收

第十五条　防雷装置实行竣工验收制度。申请单位应当向许可机构提出申请，填写《防雷装置竣工验收申请书》（附表 10）。

第十六条　防雷装置竣工验收应当提交以下材料：

（一）《防雷装置竣工验收申请书》；

（二）《防雷装置设计核准书》；

（三）防雷工程专业施工单位和人员的资质证和资格证书；

（四）由省、自治区、直辖市气象主管机构认定防雷装置检测资质的检测机构出具的《防雷装置检测报告》；

（五）防雷装置竣工图等技术资料；

（六）防雷产品出厂合格证、安装记录和由国家认可防雷产品测试机构出具的测试报告。

第十七条　防雷装置竣工验收申请符合以下条件的，应当受理。

（一）防雷装置设计取得当地气象主管机构核发的《防雷装置设计核准书》；

（二）防雷工程专业施工单位和人员取得国家规定的资质和资格；

（三）申请单位提交的申请材料齐全且符合法定形式。

第十八条　防雷装置竣工验收申请材料不齐全或者不符合法定形式的，许可机构应当在收到申请材料之日起五个工作日内一次告知申请单位需要补正的全部内容，并出具《防雷装置竣工验收资料补正通知》（附表 11）。逾期不告知的，收到申请材料之日起即视为受理。

第十九条　许可机构应当在收到全部申请材料之日起五个工作日内，按照《中华人民共和国行政许可法》第三十二条的规定，根据本规定的受理条件作出受理或者不予受理的书面决定，并对决定受理的申请出具《防雷装置竣工验收受理回执》（附表 12）。对不予受理的，应当书面说明理由。

第二十条 防雷装置竣工验收内容:

(一)申请材料的合法性和内容的真实性;

(二)安装的防雷装置是否符合国务院气象主管机构规定的使用要求和国家有关技术规范标准,是否按照审核批准的施工图施工。

第二十一条 许可机构应当在受理之日起五个工作日内作出竣工验收决定。

防雷装置经验收合格的,许可机构应当办结有关验收手续,颁发《防雷装置验收合格证》(附表 13)。

防雷装置验收不合格的,许可机构应当出具《防雷装置整改意见书》(附表 14)。整改完成后,按照原程序进行验收。

第四章　监督管理

第二十二条 申请单位不得以欺骗、贿赂等手段提出申请或者通过许可;不得涂改、伪造防雷装置设计审核和竣工验收有关材料或者文件。

第二十三条 县级以上地方气象主管机构应当加强对防雷装置设计审核和竣工验收的监督与检查,建立健全监督制度,履行监督责任。公众有权查阅监督检查记录。

第二十四条 上级气象主管机构应当加强对下级气象主管机构防雷装置设计审核和竣工验收工作的监督检查,及时纠正违规行为。

第二十五条 县级以上地方气象主管机构进行防雷装置设计审核和竣工验收的监督检查时,不得妨碍正常的生产经营活动,不得索取或者收受任何财物和谋取其他利益。

第二十六条 单位和个人发现违法从事防雷装置设计审核和竣工验收活动时,有权向县级以上地方气象主管机构举报,县级以上地方气象主管机构应当及时核实、处理。

第二十七条 县级以上地方气象主管机构履行监督检查职责时,有权采取下列措施:

(一)要求被检查的单位或者个人提供有关建筑物建设规划许可、防雷装置设计图纸等文件和资料,进行查询或者复制;

(二)要求被检查的单位或者个人就有关建筑物防雷装置的设计、安装、检测、验收和投入使用的情况作出说明;

(三)进入有关建筑物进行检查。

第二十八条 县级以上地方气象主管机构进行防雷装置设计审核和竣工验收监督检查时,有关单位和个人应当予以支持和配合,并提供工作方便,不得拒绝与阻碍依法执行公务。

第二十九条　从事防雷装置设计审核和竣工验收的监督检查人员应当经过培训，经考核合格后，方可从事监督检查工作。

第五章　罚　则

第三十条　申请单位隐瞒有关情况、提供虚假材料申请设计审核或者竣工验收许可的，有关气象主管机构不予受理或者不予行政许可，并给予警告。

第三十一条　申请单位以欺骗、贿赂等不正当手段通过设计审核或者竣工验收的，有关气象主管机构按照权限给予警告，撤销其许可证书，可以处三万元以下罚款；构成犯罪的，依法追究刑事责任。

第三十二条　违反本规定，有下列行为之一的，由县级以上气象主管机构按照权限责令改正，给予警告，可以处三万元以下罚款；给他人造成损失的，依法承担赔偿责任；构成犯罪的，依法追究刑事责任：

（一）涂改、伪造防雷装置设计审核和竣工验收有关材料或者文件的；

（二）向监督检查机构隐瞒有关情况、提供虚假材料或者拒绝提供反映其活动情况的真实材料的；

（三）防雷装置设计未经有关气象主管机构核准，擅自施工的；

（四）防雷装置竣工未经有关气象主管机构验收合格，擅自投入使用的。

第三十三条　县级以上地方气象主管机构在监督检查工作中发现违法行为构成犯罪的，应当移送有关机关，依法追究刑事责任；尚构不成犯罪的，应当依法给予行政处罚。

第三十四条　国家工作人员在防雷装置设计审核和竣工验收工作中由于玩忽职守，导致重大雷电灾害事故的，由所在单位依法给予行政处分；构成犯罪的，依法追究刑事责任。

第三十五条　违反本规定，导致雷击造成火灾、爆炸、人员伤亡以及国家或者他人财产重大损失的，由主管部门给予直接责任人行政处分；构成犯罪的，依法追究刑事责任。

第六章　附　则

第三十六条　各省、自治区、直辖市气象主管机构可以根据本规定制定实施细则，并报国务院气象主管机构备案。

第三十七条　本规定自 2005 年 4 月 1 日起施行。

参考文献

[1] GB/T 21431—2008. 建筑物防雷装置检测技术规范[S]. 2008

[2] GB 16895.3—2004　建筑物电气装置第5-54部分:电气设备的选择和安装　接地配置、保护导体和保护联结导体(IEC 60364-5-54:2002,IDT)[S].

[3] GB 16895.4—1997　建筑物电气装置　第5部分:电气设备的选择和安装　第53章:开关设备和控制设备(idt IEC 60364-5-53:1994)[S].

[4] GB/T 16895.9—2000　建筑物电气装置　第7部分:特殊装置或场所的要求　第707节:数据处理设备用电气装置的接地要求(idt IEC 60364-7-707:1984)[S].

[5] GB 16895.12—2001　建筑物电气装置　第4部分:安全防护　第44章:过电压保护 第443节:大气过电压或操作过电压保护(idt IEC 60364-4-443:1995)[S].

[6] GB/T 16895.16—2002　建筑物电气装置　第4部分:安全防护　第44章:过电压保护　第444节:建筑物电气装置电磁干扰(EMI)防护(IEC 60364-4-444:1996,IDT)[S].

[7] GB/T 16895.17—2002　建筑物电气装置　第5部分:电气设备的选择和安装　第548节:信息计术装置的接地配置和等电位联结(IEC 60364-5-548:1996,IDT)[S].

[8] GB 16895.22—2004　建筑物电气装置　第5-53部分:电气设备的选择和安装隔离、开关和控制设备　第534节:过电压保护器(IEC 60364-5-534:2001 A1:2002,IDT)[S].

[9] GB/T 17949.1—2000　接地系统的土壤电阻率、接地阻抗和地面电位测量导则　第1部分:常规测量(idt ANSI/IEEE81:1983)[S].

[10] GB 18802.1—2002　低压配电系统的电涌保护器(SPD)　第1部分:性能要求和试验方法(IEC 61643-1:1998,IDT)[S].

[11] GB/T 18802.21—2004　低压电涌保护器　第21部分:电信和信号网络的电涌保护器(SPD)——性能要求和试验方法(IEC 61643-21:2000,IDT)[S].

[12] GB/T 19271.1—2003　雷电电磁脉冲的防护　第1部分:通则(IEC 61312-1:1995,IDT)[S].

[13] GB/T 19663—2005　信息系统雷电防护术语[S].

[14] GB 50057—2010　建筑物防雷设计规范[S].

[15] GB 50174　电子计算机机房设计规范[S].

[16] GB 50303—2002　建筑电气工程施工质量验收规范[S].

[17] GB/T 50312—2000　建筑与建筑群综合布线系统工程验收规范[S].

[18] IEC 61643—12:2002　低压配电系统电涌保护器(SPD)　第12部分:选择和使用导则[S].

[19] IEC 61643—22:2004　低压电涌保护器(SPD)　第22部分:电信和信号网络的电涌保护器—选择和使用导则[S].

[20] IEC 62305-1, Protection against lightning—Part 1: General principles[S].

[21] IEC 62305-2, Protection against lightning—Part 2: Risk management[S].

[22] IEC 62305-3，Protection against lightning—Part 3：Physical damages and life hazard in structures[S].

[23] IEC 62305-4，Protection against lightning—Part 4：Electrical and electronic systems within structures[S].

[24] IEC 62305-5，Protection against lightning—Part 5：Services[S].

[25] ITU-T Recommendation K. 46：2000，Protection of telecommunication lines using metallic symmetric conductors against lightning induced surges[S].

[26] ITU-T Recommendation K. 47：2000，Protection of telecommunication lines using metallic conductors against direct lightning discharges[S].

[27] 杨克俊. 电磁兼容原理与设计技术(M). 北京：人民邮电出版社，2004.

[28] IEEE Std C62.36—2000，IEEE Standard Test Methods for Surge Protectors Used in Low-voltage Data，Communication，and Signaling Circuits[S].

[29] GB18802.1—2002：低压配电系统的电涌保护器(SPD)第一部分：性能要求和测试方法[S].

[30] 崔利俊. 工艺决定质量—西门子限压型 SPD 内部工艺介绍与对比[J]. 电工技术杂志，2004，(8)：29-31.

[31] 吴维韩，何金良，高玉明. 金属氧化物非线性电阻特性和应用(M). 北京：清华大学出版社，1998.

[32] 陈泽同. 限压型 SPD 中 MOV 选用探讨[J]. 中国电子商情——防雷技术，2003，**398**（4）：38-40.

[33] 莫付江，阮江军，陈允平. 电涌防护技术研究[J]. 高电压技术，2003，**29**(4)：51-52

[34] 于华都. 浅谈压敏电阻在电源防雷中的使用寿命[J]. 铁路工程，2007，10-12

[35] 王智明，邵锦江，顾育仁. 低压电源避雷器的应用[J]. 低压电器，2000，(5)：57-59

[36] 吴维韩，何金良，高玉明. 金属氧化物非线性电阻特性和应用(M). 北京：清华大学出版社，1998.

[37] 寇晓，李梅，孙宏伟等. 基于复合波响应的压敏电阻状态检测研究[J]. 高压电器，2004，40(2)：91-93.

[38] 李军浩，王晶，寇晓等. 利用单次流通能量分析氧化锌压敏电阻老化程度的研究[J]. 电瓷避雷器，2004，206(4)：31-34.

[39] 陈小川. 氧化锌电阻 2ms 方波击穿机理分析[J]. 高电压技术，1996，**22**(4)：76-80.

[40] 李军浩，梁岗岩，路俊勇等. 钳位型 SPD 带电检测仪的研制[J]. 高压电器，2005，**41**(3)：212-214.

[41] [德]Peter Hasse 著，傅正财 叶蜚誉译. 低压系统防雷保护(第二版)[M]. 北京：中国电力出版社，2005.

[42] 王智明，邵锦江，顾育仁. 低压电源避雷器的应用[J]. 低压电器，2000，(5)：57-59.

[43] 高攸纲编著. 电磁兼容总论[M]. 北京：北京邮电大学出版社，2001

[44] 川濑太郎著. 接地技术与接地系统[M]. 北京：科学出版社，2001

[45] 陈先禄等编著. 接地[M]. 重庆：重庆大学出版社，2001

[46] 陆文华编.建筑电气识图教材[M].上海:上海科学技术出版社,2000

[47] 国家质量技术监督局认证与实验室评审管理司编.计量认证/审查认可(验收)评审准则宣贯指南[M].北京:中国计量出版社,2001

[48] 国际计量局(BIPM)编.李慎安,赵燕译.国际单位制(原第七版)[M].北京:科学出版社,2000

[49] Metrel D. D. 编.电气装置测量理论与实践.斯洛文尼亚:http://www. metrel. si,2003

[50] 关象石.防雷及相关标准介绍[J].中国雷电防护,2003,1(1)

[51] 信息产业部.通信局(站)低压配电系统用电涌保护器技术要求 YD/T 1235.1 2002.北京:中国标准出版社,2002

[52] 李丽等.防雷工程设计施工、验收与防雷预警预报装置检测维护及雷电事故预防处理实用手册[M].长春:吉林音像出版社,2005

[53] 梁奎端.接地电阻测量误差的分析[M].建筑电气.1992年第4期

[54] IEEE Power Engineering Society, IEEE Guide for Measurement of Impedance and Safety Characteristics of Large, Extended or Interconnected Grounding Systems, IEEE Std. 81. 2—1991, Sept. 1991, p. 82-95.

[55] 韩亮,程玉芬.4102、4102A、4105 接地电阻测试仪检测及降阻方法[J].气象水文海洋仪器.2007年9月第3期

[56] Larsen S L. Nordell D E. The measurement of substation ground resistance and its use in determining protection for metallic communication circuits. 1EEE,T73：0-367

[57] Resistance-Grounded Systems,Engineered,July,2001,by Timothy Coyle

[58] 应顺潮.接地电阻测量中引线互感误差的消除[J].高电压技术.1992年6月第2期

[59] A frequency conversion measure system of grounding resistance,High Voltage Engineering,1999. Eleventh International Symposium on (Conf. Publ. No. 467)Volume 2,Issue,1999 Page (s)：369-371 vol. 2